中等职业学校教学用书

中文 PowerPoint 2010 应用基础

邢小茹　史　文　主　编

電子工業出版社
Publishing House of Electronics Industry
北京・BEIJING

内 容 简 介

本书是关于演示文稿制作方法和应用技术的教材，全面系统地介绍演示文稿制作组件 PowerPoint 2010 中文版的全新功能和使用技巧。通过实例并配以大量图形，详细介绍了该应用软件的功能，包括幻灯片文字编排、图形绘制与编辑、图表的插入、声音的添加、图像与视频片段等多媒体效果以及演示文稿播放的操作方法，同时对幻灯片播放时的动画设计、切换效果设计和演示文稿的打印、打包方法及中文 PowerPoint 2010 网络功能进行了深入浅出的介绍。文字叙述简单明了，通俗易懂，符合学生的认知规律。

本书可以作为各类职业院校计算机专业的通用教材，也可以作为各类培训班的授课教材及广大计算机应用人员的自学用书。

图书在版编目（CIP）数据

中文 PowerPoint 2010 应用基础 / 邢小茹，史文主编．—北京：电子工业出版社，2016.6
中等职业学校教学用书

ISBN 978-7-121-24105-5

Ⅰ. ①中… Ⅱ. ①邢… ②史… Ⅲ. ①图形软件—中等专业学校—教材 Ⅳ. ①TP391.41

中国版本图书馆 CIP 数据核字（2014）第 188918 号

策划编辑：关雅莉
责任编辑：关雅莉
印　　刷：北京七彩京通数码快印有限公司
装　　订：北京七彩京通数码快印有限公司
出版发行：电子工业出版社
　　　　　北京市海淀区万寿路 173 信箱　邮编　100036
开　　本：787×1 092　1/16　印张：12.5　字数：320 千字
版　　次：2016 年 6 月第 1 版
印　　次：2019 年 8 月第 3 次印刷
定　　价：25.00 元

凡所购买电子工业出版社图书有缺损问题，请向购买书店调换。若书店售缺，请与本社发行部联系，联系及邮购电话：（010）88254888，88258888。

质量投诉请发邮件至 zlts@phei.com.cn，盗版侵权举报请发邮件至 dbqq@phei.com.cn。

本书咨询联系方式：（010）88254617，Luomn@phei.com.cn。

前言

中文 PowerPoint 2010 是 Office 中文版中的一个重要组件，是 Windows 下中文版最佳的演示文稿制作和幻灯片播放软件，被广泛应用于教学、科研和商务办公领域。使用该软件可以把作者的意图、方案和其他需要展示的内容，制作成类似幻灯片的图片一幅幅演示给观众。演示文稿主要应用于学术交流、远程教育、演讲报告、产品展示和各种报表等场合的幻灯片制作和演示。用它制作的演示文稿可以拥有文字、图形、数据、图表、图像、声音及视频片段，从而大大增加演示文稿的渲染力，增强演示效果。

本书文字叙述简单明了、通俗易懂。按照中文 PowerPoint 2010 的系统内容，由浅入深、循序渐进，符合学习者的认知规律。书中列举了大量的实例，各章都编排了适量的习题、思考题和上机实习内容，以使学习者更好地理解和掌握书中所讲述的内容。

建议本课程至少使用 72 课时，按每学期 18 周计算周课时为 4 课时。一般来说，相对集中使用课时，教学效果会好一些，其中学生操作练习不得少于一半时间。

总学时：72；实际授课：30；上机实验：36；机动：6。

本书由邢小茹、史文任主编，由王红、马莹、张东菊、段霞、王帅、郭军平、张佩枞任副主编，全书由邢小茹统稿。

由于编者水平有限，书中难免存在疏漏、错误之处，敬请广大读者和有关专家提出宝贵意见，以便及时修订和完善。

编　者

2016 年 6 月

目 录

第 1 章

PowerPoint 2010 概述

PowerPoint 2010 是 Microsoft 公司演示文稿应用程序的较新版本，它能够制作出集文字、图形、图像、声音及视频剪辑等于一体的演示文稿，使演示文稿声情并茂，从而加强演示效果。PowerPoint 2010 作为一个组件集成在 Office 2010 的应用程序中，它不仅可以利用自身的强大功能，还可以利用 Office 2010 中其他软件的功能，使整个演示文稿的制作过程更加专业和简洁。

用 PowerPoint 2010 制作完演示文稿后，可以将演示文稿制成投影片，在幻灯机上使用；也可以用与计算机相连的大屏幕投影仪直接演示；甚至可以通过网络，以会议的形式进行交流，使所要表现的信息得到最大限度的可视化，从而收到最好的效果。

1.1 PowerPoint 2010 的启动

启动 PowerPoint 的方法很多，这里主要介绍两种常见的启动方法。

1. 单击“开始”按钮启动 PowerPoint 2010

① 单击“开始”按钮，从弹出的菜单中选择“所有程序”选项，打开子菜单，从子菜单中选择“Microsoft Office”选项，如图 1.1 所示。

② 单击级联子菜单中的“Microsoft PowerPoint 2010”选项，进入了 PowerPoint 2010。

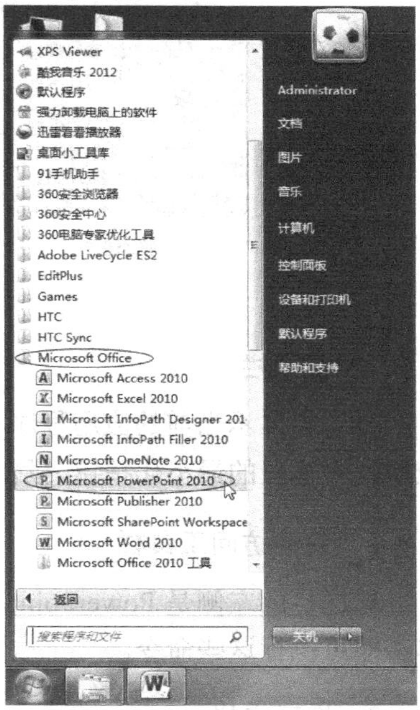

图 1.1　从菜单启动 PowerPoint 2010

2. 用快捷方式启动 PowerPoint 2010

这是一种最简捷的启动方法，直接用鼠标双击桌面上的 PowerPoint 2010 快捷方式图标进入 PowerPoint 2010，如图 1.2 所示。

图 1.2　快捷方式图标

1.2 PowerPoint 2010 的工作窗口

启动 PowerPoint 2010 后，将显示如图 1.3 所示的工作窗口。工作窗口最上面是标题栏和快速访问工具栏。从标题栏向下是 PowerPoint 2010 特有的选项卡工具栏，依次是“文件”选项卡、“开始”选项卡、“插入”选项卡、“设计”选项卡、“切换”选项卡、“动画”选项卡、“幻灯片放映”选项卡、“审阅”选项卡和“视图”选项卡。选项卡工具栏下面是各选项卡的工具组，中间是幻灯片编辑区，编辑区的左侧是“大纲”和“幻灯片”两个选项卡，下面是备注窗格、状态栏和视图切换按钮。

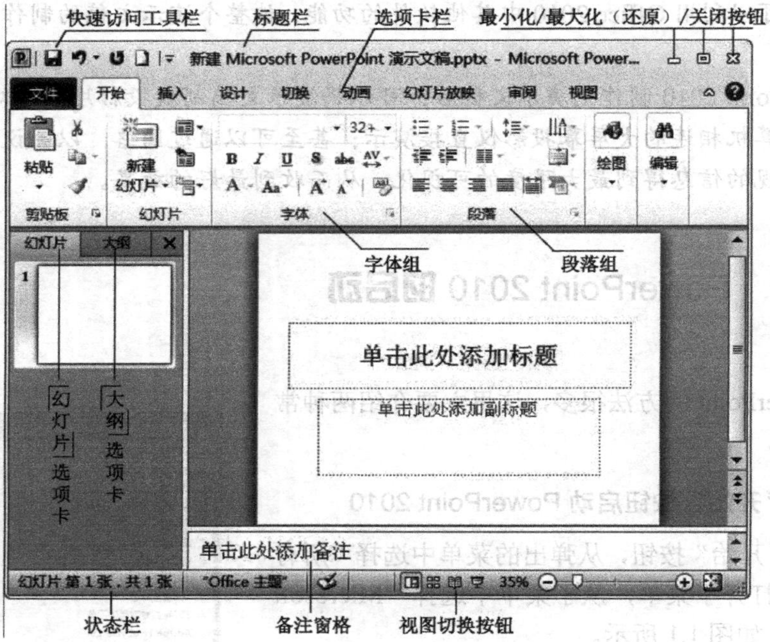

图 1.3　工作窗口

1. 标题栏

标题栏显示当前的应用程序名和文件名。在标题栏的右端有三个按钮，分别是应用程序窗口的最小化按钮、最大化/还原按钮和关闭按钮。

2. 快速访问工具栏

标题栏的左侧是 PowerPoint 2010 的快速访问工具栏，包含了常用命令的快速执行按钮，单击即可执行这些命令。

3. 选项卡栏

与以前版本的 PowerPoint 有很大的不同，PowerPoint 2010 采用了名为 Ribbon 的全新用户界面，并将 PowerPoint 中丰富的菜单按钮按照其功能分为了多个选项卡，包含了 PowerPoint 2010 的所有功能，其各选项卡功能如下。

（1）“文件”选项卡

在“文件”选项卡中可以完成“保存”、“另存为”、“打开”、“关闭”、“新建”、“打印”、“选项”、“退出”等操作，如图 1.4 所示。

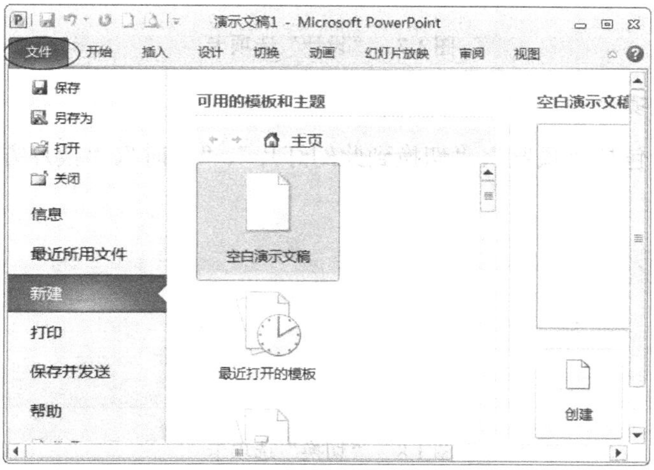

图 1.4 “文件”选项卡

（2）“开始”选项卡

“开始”选项卡包括了日常使用的 PowerPoint 的常用基本功能，包括“剪贴板”、“幻灯片”、“字体”、“段落”、“绘图”、“编辑”等功能组，如图 1.5 所示。

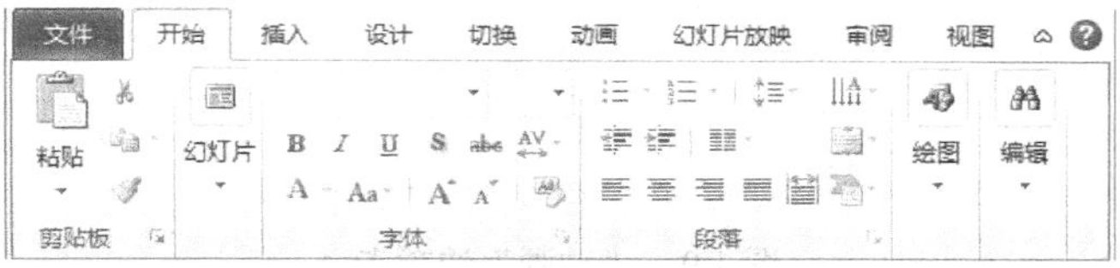

图 1.5 “开始”选项卡

（3）“插入”选项卡

“插入”选项卡可以轻松地在演示文稿中插入表格、图片、剪贴画、形状、SmartArt 图形、图表、文本框、艺术字、符号、公式、视频、音频等对象。它包括“表格”、“图像”、“插图”、“链接”、“文本”、“符号”、“媒体”等功能组，如图 1.6 所示。

图 1.6 “插入”选项卡

（4）“设计”选项卡

“设计”选项卡包括“页面设置”、“主题”、“背景”等功能组，如图 1.7 所示。

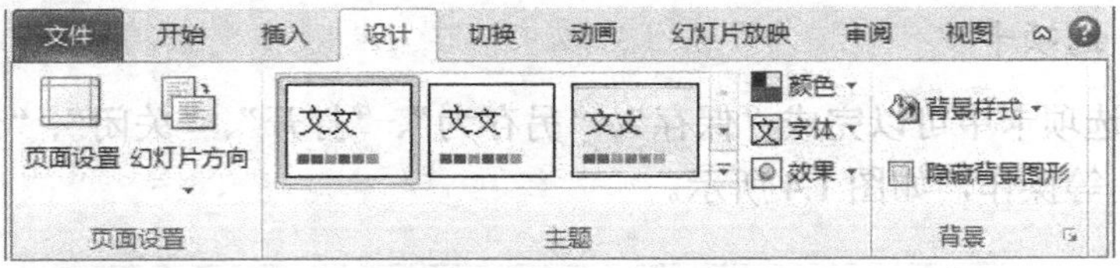

图 1.7　“设计”选项卡

（5）“切换”选项卡

“切换”选项卡包括“预览”、“切换到此幻灯片”、“计时”、“换片方式”等功能组，如图 1.8 所示。

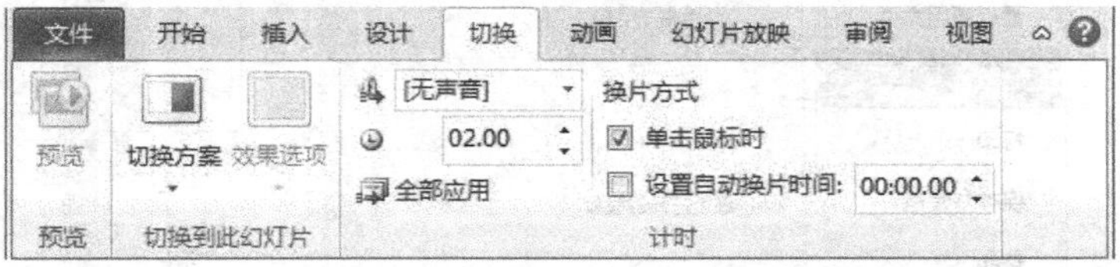

图 1.8　“切换”选项卡

（6）“动画”选项卡

“动画”选项卡包括“预览”、“动画”、“高级动画”、“计时”、“对动画重新排序”等功能组，如图 1.9 所示。

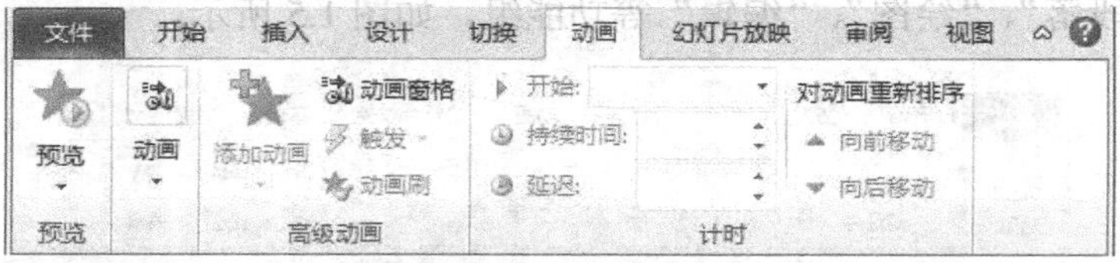

图 1.9　“动画”选项卡

（7）“幻灯片放映”选项卡

“幻灯片放映”选项卡包括“开始放映幻灯片”、“设置”、“监视器”等功能组，如图 1.10 所示。

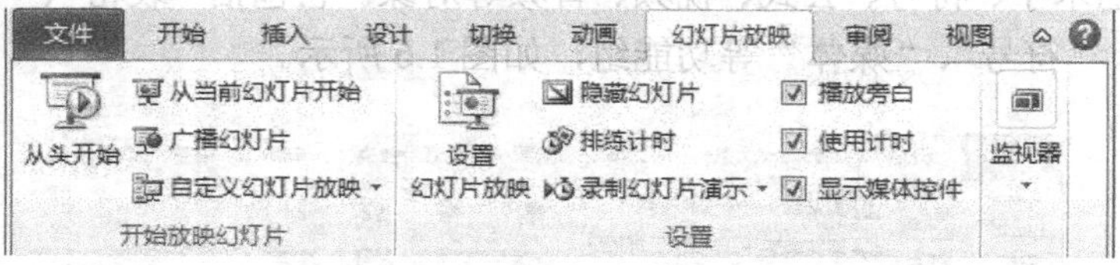

图 1.10　“幻灯片放映”选项卡

（8）“审阅”选项卡

“审阅”选项卡包括“校对”、“语言”、“中文简繁转换”、“批注”、“比较”等功能组，如图 1.11 所示。

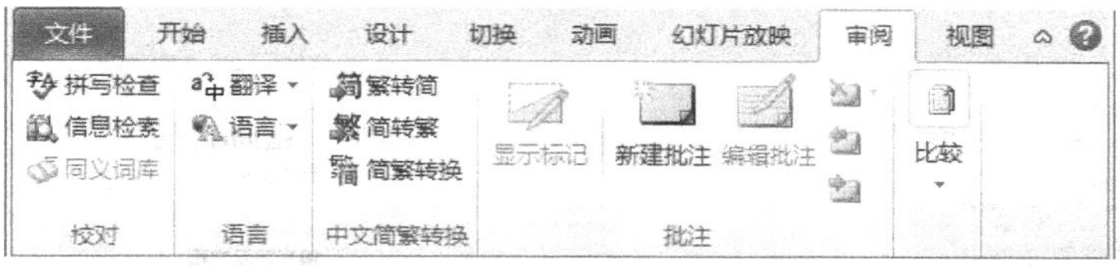

图 1.11 “审阅”选项卡

（9）“视图”选项卡

“视图”选项卡包括“演示文稿视图”、“母版视图”、“显示”、“显示比例”、“颜色/灰度”、“窗口”、“宏”等功能组，如图 1.12 所示。

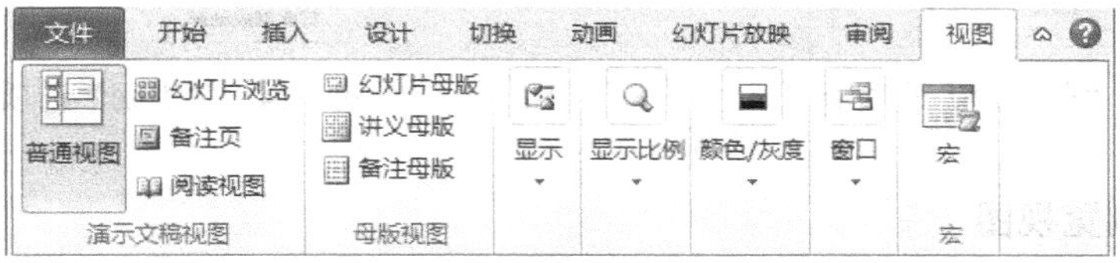

图 1.12 “视图”选项卡

4. 状态栏

状态栏位于窗口的底部，显示当前幻灯片的序号、演示文稿所包含幻灯片的页数及演示文稿所用模板等信息和视图切换按钮工具栏。

1.3 PowerPoint 2010 视图窗口

PowerPoint 2010 提供了 4 种视图窗口：普通视图、幻灯片浏览视图、阅读视图和备注页视图。在演示文稿的制作过程中，不同的视图窗口有着不同的作用和优势。

PowerPoint 2010 取消了大纲视图，将它集成在普通视图中，这样普通视图就综合了大纲视图和普通视图的优点。

1. 普通视图

启动 PowerPoint 2010，默认情况是直接进入如图 1.3 所示的普通视图。在普通视图中可以同时利用“大纲”、“幻灯片”选项卡和备注页视图的优势制作和编辑幻灯片。

（1）“幻灯片”选项卡

单击“幻灯片”选项卡，其窗口界面如图 1.13 所示。在“幻灯片”选项卡中，演示文稿中的各幻灯片按照缩略图的方式，整齐地排列在下面的窗格中，呈现演示文稿的总体效果。利用幻灯片视图可以方便地编辑幻灯片。

（2）“大纲”选项卡

单击“大纲”选项卡，其窗口界面如图 1.14 所示。在“大纲”选项卡中，显示当前演示文稿的各张幻灯片标题。利用“大纲”选项卡能够快速地创建演示文稿中的幻灯片。

图 1.13 “幻灯片”选项卡

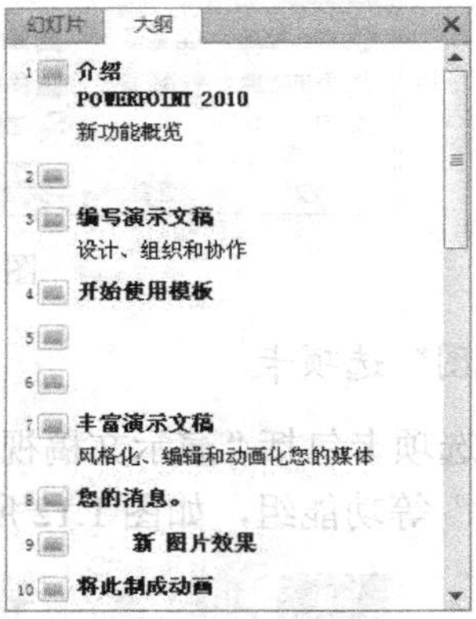

图 1.14 “大纲”选项卡

2．幻灯片浏览视图

单击“视图”选项卡上“演示文稿视图”组中的“幻灯片浏览”按钮，切换到幻灯片浏览视图，如图 1.15 所示。幻灯片浏览视图可以展示同一演示文稿中的所有幻灯片。在这个视图中，可以方便地变换幻灯片的排列顺序或者插入新的幻灯片。

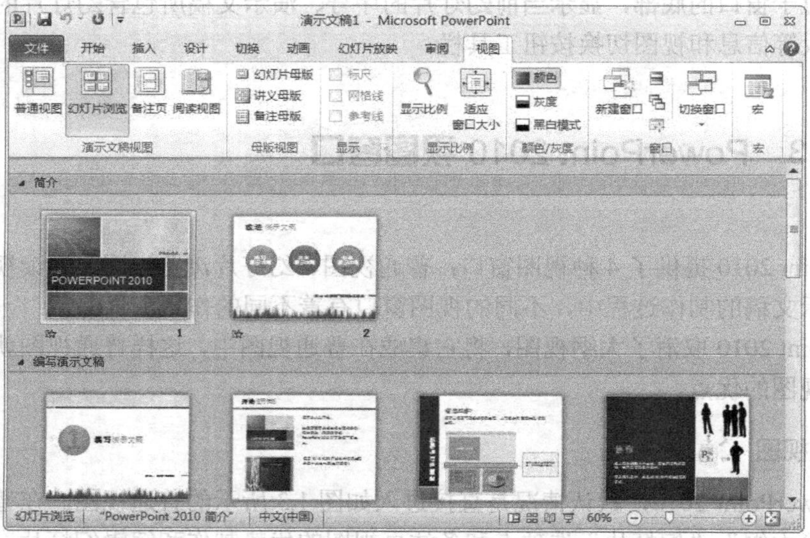

图 1.15 幻灯片浏览视图

3．阅读视图

单击“视图”选项卡上“演示文稿视图”组中的“阅读视图”按钮，切换到阅读视图，如图 1.16 所示。在此视图窗口中能够展示幻灯片的全貌，对幻灯片进行全屏幕展示。

4．备注页视图

单击“视图”选项卡上“演示文稿视图”组中的“备注页”按钮，切换到备注页视图，如图 1.17 所示。在该视图中，幻灯片编辑区被分为上下两个部分，上面是一个缩小了的幻灯片，而下面的区域可以输入幻灯片的备注信息，供用户在演示幻灯片的过程中使用。备注信息在幻灯片放映视图中是被隐藏的，不与幻灯片一起放映。

图 1.16　阅读视图

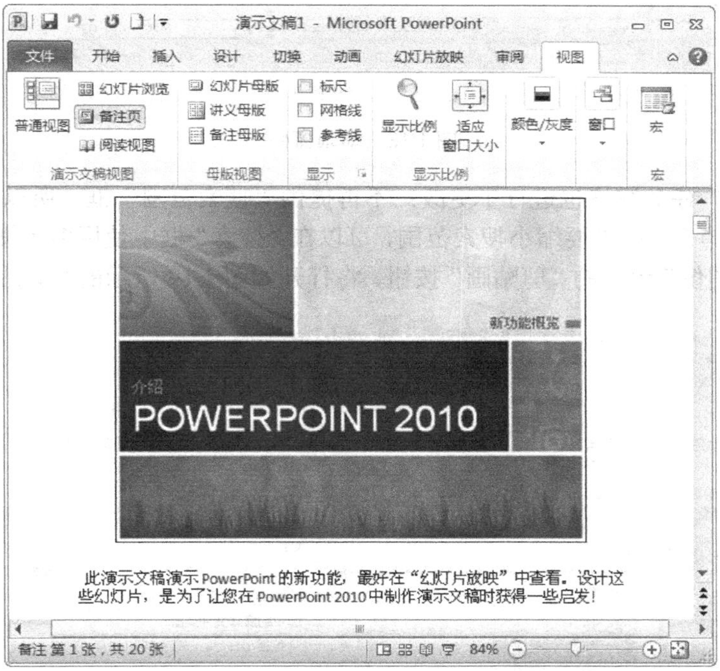

图 1.17　备注页视图

1.4　PowerPoint 2010 任务窗格

相比较以前的版本，PowerPoint 2010 的任务窗格也有了很大的改变。取消了“自定义动画”任务窗格，并重命名为“动画窗格”，如图 1.18 所示。在 PowerPoint 2010 中，不再使用“动画窗格”向对象中添加动画。当需要添加、更改或修改动画效果时，可以使用“动画”

选项卡上的“动画”、“高级动画”和“计时”选项组中的命令按钮。

图 1.18 动画窗格

对“剪贴画”任务窗格也进行了更改：不再提供“搜索范围”框，所以不能够将搜索限制到特定的内容集合。如果要缩小搜索范围，可以在“搜索”框中使用多个搜索词。单击“插入”选项卡上“图像”组中的“剪贴画”按钮，将打开如图 1.19 所示的“剪贴画”任务窗格。

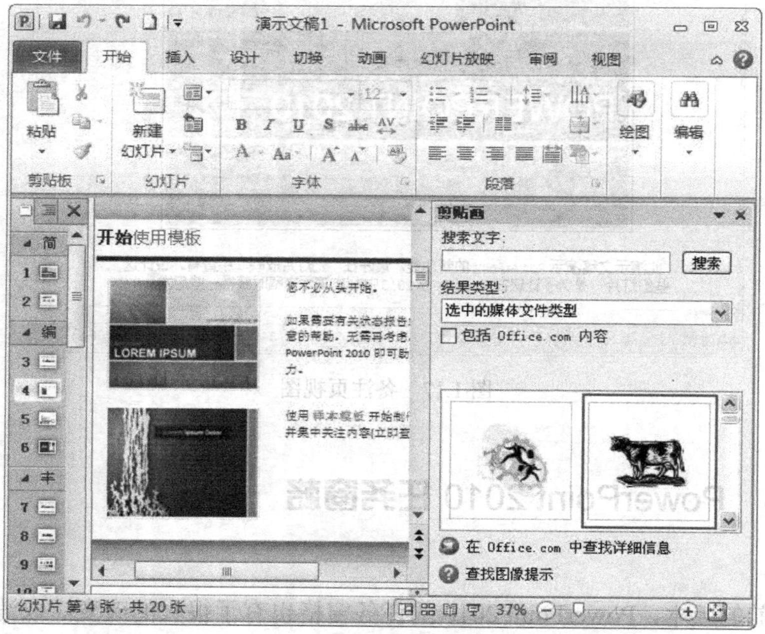

图 1.19 “剪贴画”任务窗格

1.5 保存文件及退出 PowerPoint 2010

1. 保存 PowerPoint 文件

在演示文稿的编辑过程中要注意随时保存演示文稿文档。

（1）新建文档的保存

若 PowerPoint 文件是第一次建立的新文件，其操作方法如下。

① 单击“文件”选项卡上的“保存”命令或单击“快速访问工具栏”中的“保存”按钮，弹出“另存为”对话框如图 1.20 所示。

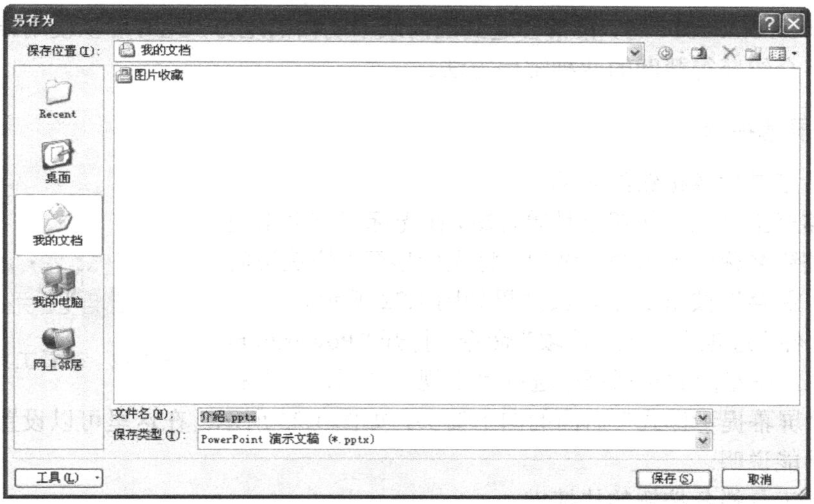

图 1.20 “另存为”对话框

② 在“文件名”右侧的文本框中输入文件名，在“保存位置”文本框中，选择保存文件的文件夹，然后单击“保存”按钮。

③ PowerPoint 的默认文件扩展名为.pptx。

（2）对已存在文档的保存

若正在编辑的 PowerPoint 文档是一个已经保存过的文件，按如下方法操作。

① 单击“文件”选项卡上的“保存”命令，或者单击“快速访问工具栏”中的“保存”按钮，将文件用原文件名保存在原文件夹中。

② 当需要重新更换文件夹或更改文件名时，单击“文件”选项卡上的“另存为”命令，弹出“另存为”对话框，如图 1.20 所示。在对话框中为文件选择新文件夹或输入新文件名，然后单击“保存”按钮。

2. 退出 PowerPoint 2010

演示文稿文档制作或编辑完成后，需要退出 PowerPoint 时，有以下两种常用的退出方法。

（1）利用“关闭”按钮退出

在 PowerPoint 窗口中，单击标题栏右端的“关闭”按钮。

（2）利用“文件”选项卡退出

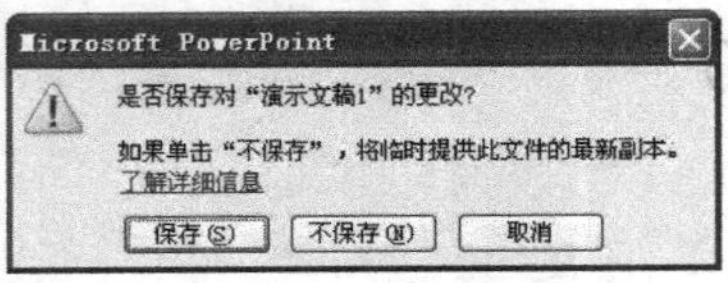

图 1.21 退出 PowerPoint 提示框

单击“文件”选项卡上的“退出”命令。

用以上两种方法退出 PowerPoint 程序时，若当前文件尚未被保存，会出现如图 1.21 所示的退出提示框。根据需要单击“保存”或“不保存”按钮。如果不希望保存演示文稿的修改结果，单击“不保存”按钮，如果希望保存演示文稿的修改结果，单击“保存”按钮。

1.6 使用帮助

初学 PowerPoint 2010 时，常常会遇到疑问或不明白的地方，此时可以使用帮助获取有关信息。下面将介绍获得帮助的两种常用方法。

1. 使用屏幕提示

（1）查看工具栏各按钮的名称

将光标移至工具栏的按钮上稍等片刻，在光标下方会出现一个显示该按钮名称的提示框。例如：将光标移至“快速访问工具栏”中“保存”按钮上，其结果如图 1.22 所示。

图 1.22 查看工具按钮的名称

单击“文件”选项卡上的“选项”命令，打开“PowerPoint 选项”对话框，在左侧的对话框中选择“常规”选项，单击右侧对话框中“屏幕提示样式”后面的向下箭头，如图 1.23 所示。在这里可以设置是否在屏幕提示中显示功能说明。

（2）查看工具栏各按钮的快捷键

① 单击“文件”选项卡上的“选项”命令，打开“PowerPoint 选项”对话框。

② 在左侧的对话框中选择“高级”，选中右侧对话框中的“在屏幕提示中显示快捷键”复选框，如图 1.24 所示。然后单击“确定”按钮。

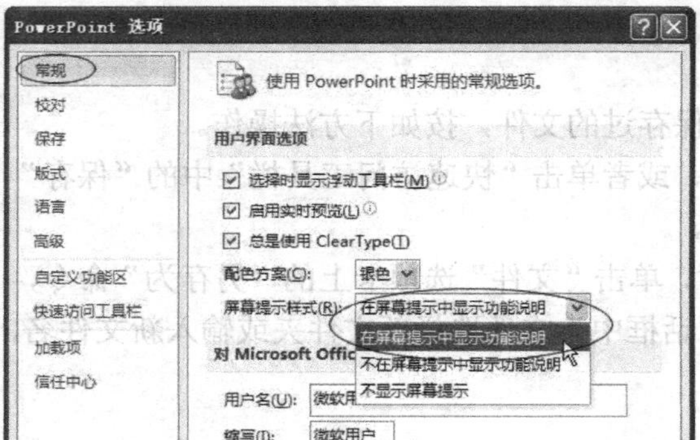

图 1.23 “屏幕提示样式”下拉列表

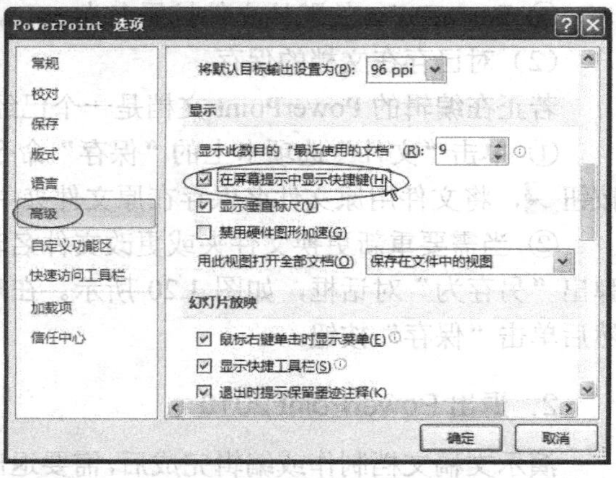

图 1.24 “在屏幕提示中显示快捷键”复选框

③ 将光标移至“快速访问工具栏”中“保存”按钮上，稍等片刻，在光标下方出现

的提示框中将显示该按钮的名称和相应的快捷键，如图 1.25 所示。

2．使用 Office 帮助

① 单击“文件”选项卡中的“帮助”命令，在右侧的对话框中选择“Microsoft Office 帮助”按钮，如图 1.26 所示，或者按下键盘上的【F1】键，将弹出“PowerPoint 帮助”对话框，如图 1.27 所示。

图 1.25 查看工具栏中工具按钮的快捷键

图 1.26 使用 Office 帮助

图 1.27 “PowerPoint 帮助”对话框

② 单击“PowerPoint 帮助”对话框工具栏上的“显示目录”按钮，将展开“目录”对话框，如图 1.28 所示。

图 1.28 “目录”对话框

③ 单击“目录”对话框中的“PowerPoint 入门”按钮，将在右侧对话框中显示相关的帮助信息，如图 1.29 所示。

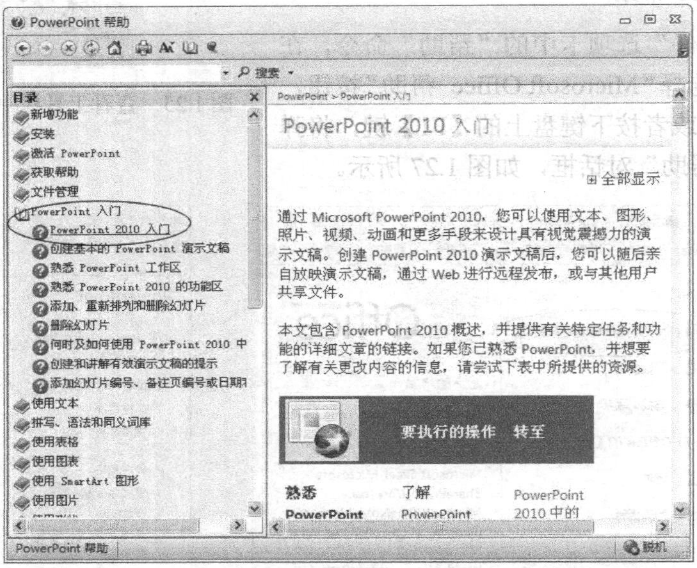

图 1.29 “PowerPoint 2010 入门”帮助文档

PowerPoint 2010 还新增了通过 Internet 获得帮助功能。

① 单击如图 1.27 所示的“PowerPoint 帮助”对话框的右下角“脱机”选项，弹出如图 1.30 所示的“脱机”的菜单。

图 1.30 “脱机”菜单

② 选择“显示来自 Office.com 的内容”，将自动访问 Office.com 获取有关 PowerPoint 2010 的更多帮助，如图 1.31 所示。在这里不仅可以寻找到很多免费的资料，获得最新的产品信息，还可以阅读到常见问题，并获得联机帮助。

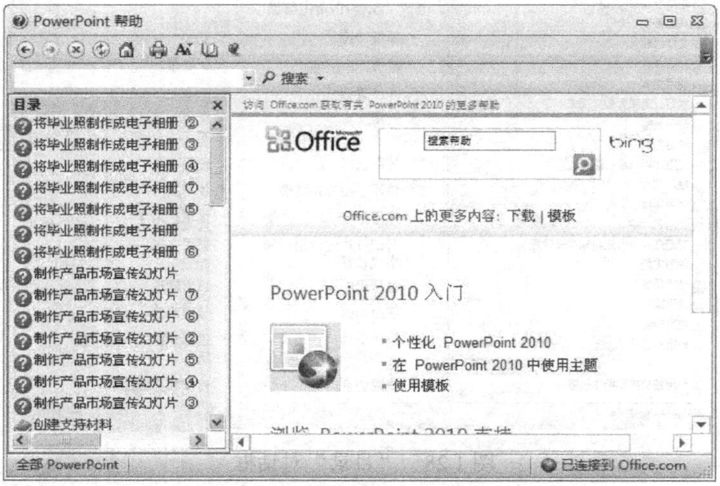

图 1.31 “显示来自 Office.com 的内容”

上机实习 1

1．采用两种不同的方法进入 PowerPoint 2010。

2．利用“视图”选项卡上演示文稿视图组中的按钮，在 4 种工作窗口之间进行切换。

3．利用 PowerPoint 2010 所提供的帮助功能查看工具栏中的按钮名称与快捷键。

4．利用 PowerPoint 2010 所提供的帮助功能查看 2010 的新增功能，查看工具按钮、命令及选项卡中各功能组的作用和功能。

5．在幻灯片普通视图中输入一段文字“自学式多元媒体教材的设计”，然后，将演示文稿以文件名“PP1”保存在“PP”文件夹中。

6．退出 PowerPoint 2010。

习题 1

一、问答题

1．如何进入 PowerPoint 2010？

2．PowerPoint 2010 的工作窗口由哪些部分组成？

3．PowerPoint 2010 有哪 4 种不同的视图窗口？

4．PowerPoint 2010 提供了哪些选项卡？

5．如何使用 PowerPoint 2010 提供的帮助功能，查看工具栏中各按钮的名称和快捷键？

二、选择题

1．幻灯片浏览视图中，关于每行显示幻灯片的数量，下列说法正确的是_________。

A．每行只能显示 3 张幻灯片　　B．每行显示幻灯片的张数是固定的

C．每行只能显示 5 张幻灯片　　D．每行显示幻灯片的张数可以调整

2．在 4 种不同的视图窗口之间切换，操作方法为_________。

A．单击“快速访问工具栏”中相应按钮　　B．执行“视图”选项卡中的相应命令

C．执行“编辑”快捷菜单中的相应命令　　C．执行“开始”选项卡中的相应命令

3．PowerPoint 2010 改进了任务窗格功能，任务窗格可出现在__________中。

A．普通视图　　B．备注页视图

C．大纲视图　　D．幻灯片浏览视图

三、判断题

1．启动 PowerPoint 2010 的唯一方法是单击“开始”按钮。（　　）

2．在默认情况下，启动 PowerPoint 2010 后，自动显示“快速访问”和“选项卡”两个工具栏。（　　）

第 2 章

创建演示文稿

演示文稿是由一系列相关幻灯片组成的，扩展名为.pptx 的 PowerPoint 文件。通过对幻灯片的设置，以及添加文本、图像及动画效果等可以向观众表达用户的观点，展示成果及传达信息。

本章将介绍如何创建演示文稿，并通过实例展示用 PowerPoint 制作出的演示文稿。

2.1 创建演示文稿

启动 PowerPoint，会自动生成一个名为“新建 Microsoft PowerPoint 演示文稿.pptx”的演示文稿。如果在此基础上要建立一个新的演示文稿，方法非常简单。具体操作方法如下：

使用“自定义快速访问”工具栏中的“新建”按钮新建演示文档。

① 单击“自定义快速访问”工具栏中的按钮，在弹出的菜单中选择“新建”选项，将在“自定义快速访问”工具栏中添加“新建”按钮，单击该按钮将打开一个名为“演示文档 1”的空白演示文档，如图 2.1 所示。

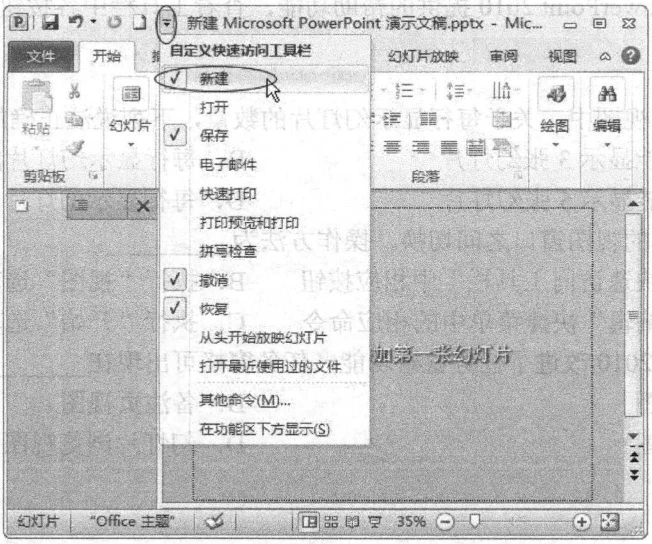

图 2.1　使用“自定义快速访问”工具栏新建空白演示文档

② 为新的演示文档选择一种需要的版式，如“标题幻灯片”版式。所谓版式，就是幻灯片上的元素，如标题文本、副标题文本、列表、图片、表格、图表、自选图形等的排列方式，其操作步骤如下。

- 单击“开始”选项卡上“幻灯片”组中的“版式”按钮，此时将弹出“Office 主题”任务窗格，如图 2.2 所示。

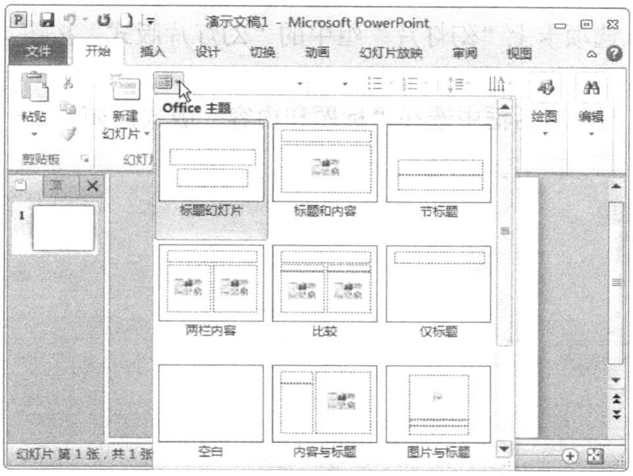

图 2.2　幻灯片版式任务窗格

- PowerPoint 2010 根据用户的不同情况提供了多种类型的自动版式，分别为“标题幻灯片”、“标题和内容”、“节标题”、“两栏内容”、“比较”、“仅标题”、“空白”、“内容与标题”、“图片与标题”、“标题和竖排文字”和“垂直排列标题与文本”版式。

③ 单击“单击此处添加标题”占位符，然后输入幻灯片的标题。单击“单击此处添加副标题”占位符，然后输入幻灯片的副标题。

④ 重复操作步骤②、③，制作出多张幻灯片，直到完成演示文稿的制作。

2.2　创建演示文稿举例——第一个演示文稿

现在开始举例创建一个 PowerPoint 演示文稿。观察用 PowerPoint 制作的演示文稿效果，从而对 PowerPoint 有一个感性认识。制作 PowerPoint 2010 演示文稿的过程大致分为如下六步。

① 启动 PowerPoint 2010，然后选择创建新演示文稿的方式。

② 确定创建新演示文稿的方式后，向演示文稿输入和编辑文本内容。

③ 在幻灯片中插入图片、声音、图表、表格等，使演示文稿的内容图文并茂、丰富多彩。

④ 设计演示文稿的样式，使文稿更加美观大方，吸引观众。

⑤ 观看放映幻灯片的效果，修改演示文稿中不满意之处。

⑥ 保存和打印演示文稿。

创建演示文稿的具体操作方法如下。

（1）进入中文 PowerPoint 2010

启动 PowerPoint 后，系统会自动新建一个空白演示文稿，用户可以直接利用此空白演示文稿工作，也可以用鼠标单击“快速访问”工具栏上的“新建”按钮，自行新建。新建的演示文稿会包含一张幻灯片。

（2）在一个新文件中工作

① 单击“开始”选项卡上“幻灯片”组中的“幻灯片版式”按钮，打开“Office 主题”对话框。

② 在“Office 主题”对话框中选择“标题和内容”版式，如图 2.3 所示。

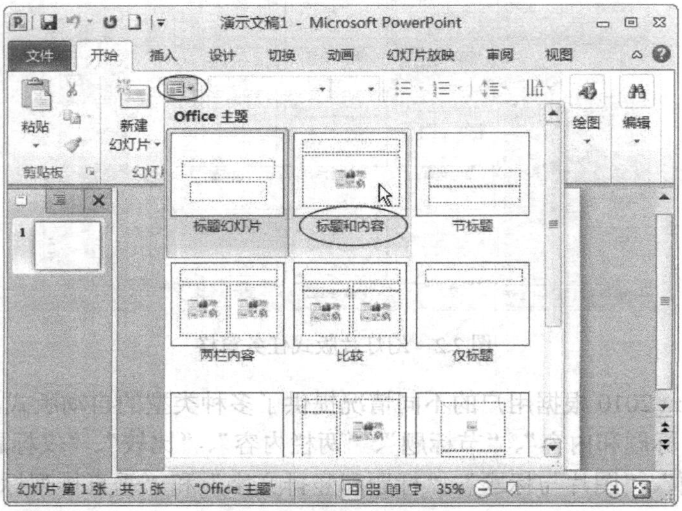

图 2.3 “标题和内容”版式

此时就可以开始在编辑区输入编辑第一张幻灯片了。

（3）输入一段文字

输入中文文字之前首先要选择中文输入法：按【Ctrl+Space】键可以切换到预设的中文输入法。如果切换到的输入法不是想要的输入法，可重复用【Ctrl+Shift】键进行更换，直到切换到合适的中文输入法为止。

编辑第一张幻灯片内容的操作方法如下。

① 在普通视图中，单击“单击此处添加标题”，然后输入文字：“这是第一个演示文稿—小故事”，如图 2.4 所示。

② 单击“单击此处添加文本”，然后，输入文字：“一只大老虎和一只小兔子的故事，一天早晨天气很好，小兔子高高兴兴出了门，要去地里拔萝卜。”，如图 2.5 所示。

图 2.4 在标题栏中输入文字

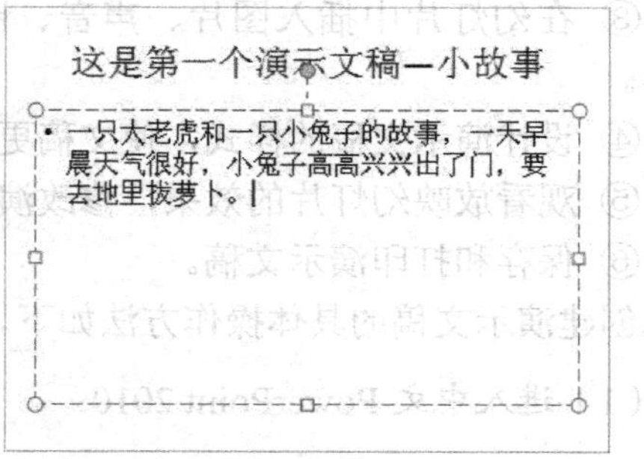

图 2.5 在正文框中输入文字

（4）绘制一个简单的图形

绘制一个简单的图形的操作方法如下。

① 单击“开始”选项卡上“绘图”组中的“形状”按钮，在弹出的子菜单中选择“基本形状”选项组，如图2.6所示。

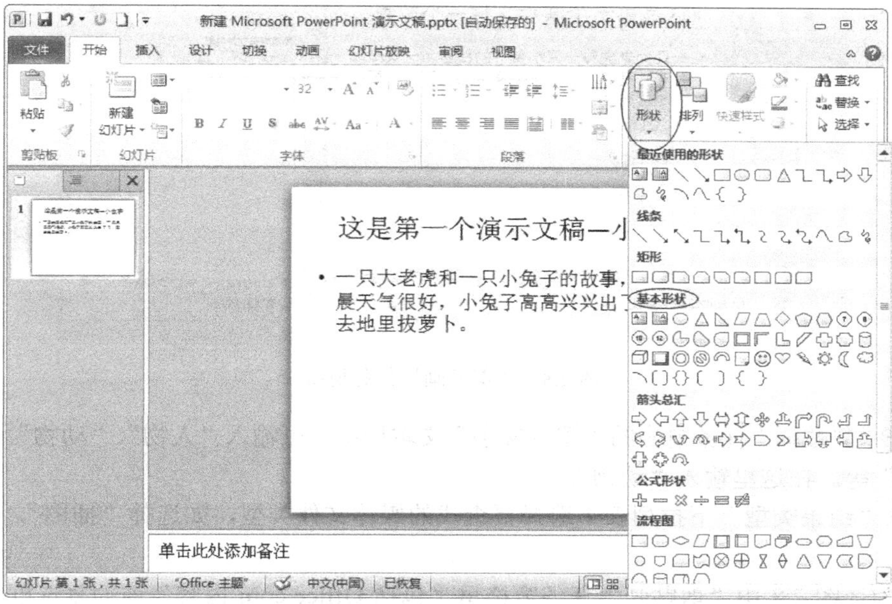

图2.6 “基本形状”选项组

② 单击“基本形状”选项组中的“椭圆”按钮，将指针移至幻灯片中，此时指针变为“十”字形状。

③ 按下并拖动鼠标，在屏幕上出现一个椭圆，当椭圆大小合适后松开鼠标，这时就在幻灯片中绘制出了一个椭圆，如图2.7所示。

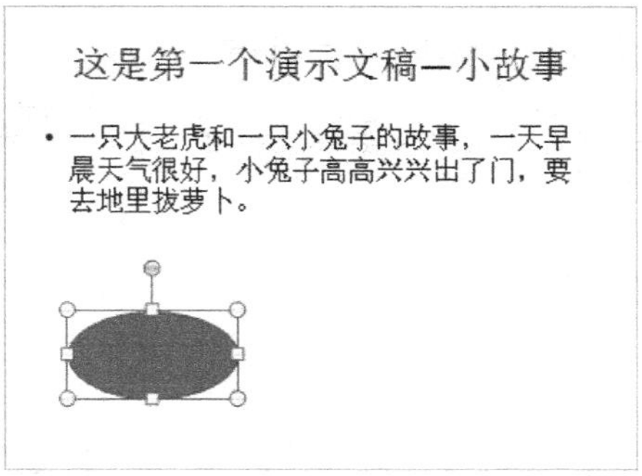

图2.7 在幻灯片中绘制一个椭圆

（5）在幻灯片中插入剪贴画

① 将光标移至要插入剪贴画的位置。

② 单击“插入”选项卡上“图像”组中的“剪贴画”按钮，打开“剪贴画”任务窗格，如图2.8所示。

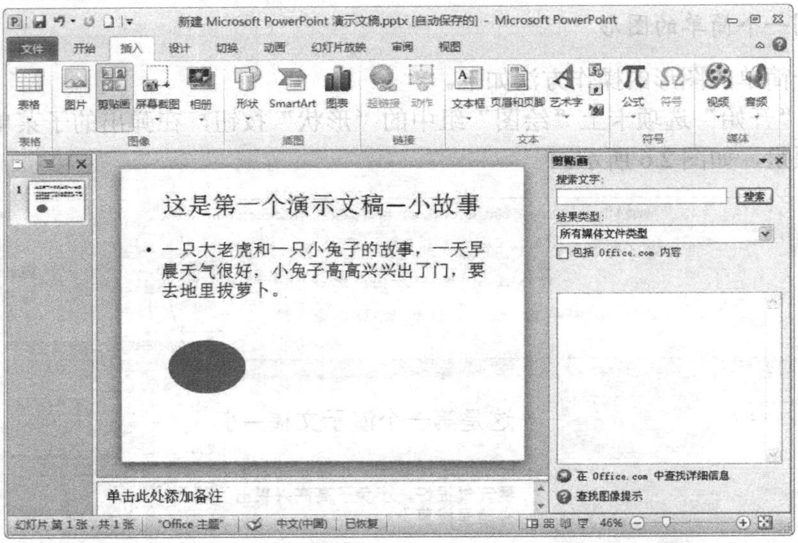

图 2.8 “剪贴画”任务窗格

③ 在“剪贴画”任务窗格的“搜索文字”文本框中，可输入“人物”、“动物”、“科学”或“自然”等。在这里输入“动物”。

④ 在“结果类型”下拉列表中选择要查找的媒体文件类型，如选择“插图”，如图 2.9 所示。

如果勾选图 2.8 中“剪贴画”任务窗格里“包括 Office.com 内容”前的复选框，那么搜索的范围将包括 Office.com。

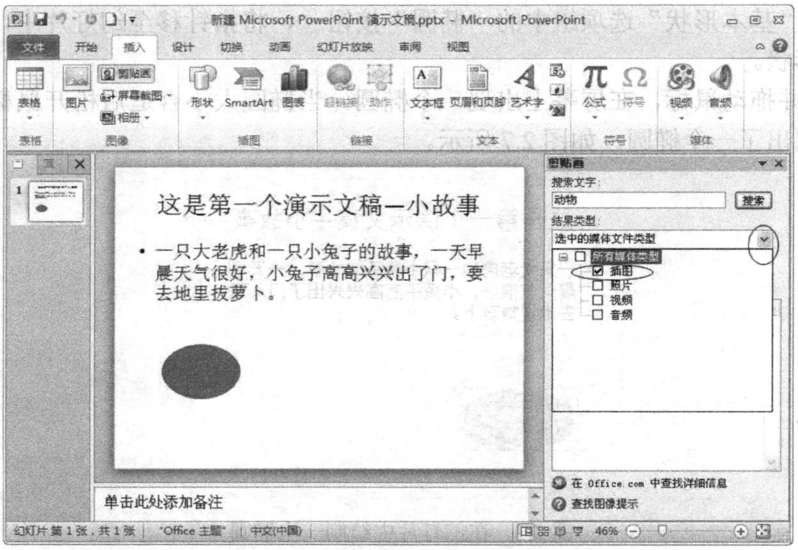

图 2.9 “结果类型”下拉列表

⑤ 单击“搜索”按钮。在“剪贴画”任务窗格的“结果”列表框中，显示搜索的有关“动物”类的图片，如图 2.10 所示。

⑥ 在“剪贴画”任务窗格中，单击要插入的图片，将剪贴画插入到光标所在位置。

此外，如果要在文档中插入声音或视频剪辑，可单击“插入”选项卡上“媒体”组中的

“视频”或“音频”按钮进行具体操作。

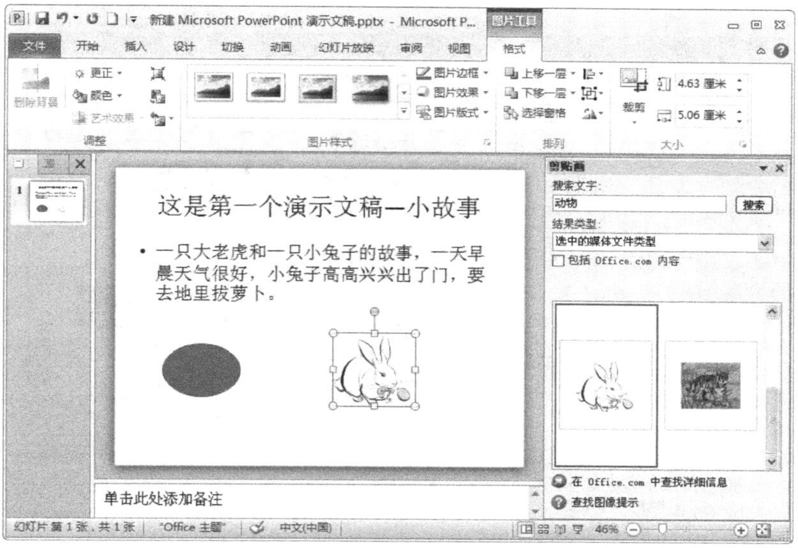

图 2.10　在幻灯片中插入剪贴画

⑦ 将光标移到剪贴画四周的控制点上，当光标变为双剪头形状时，按下鼠标并拖动可调整剪贴画的大小，如图 2.11 所示。

⑧ 将光标移到剪贴画上，当光标变为双十字剪头的形状时，按下鼠标并拖动可调整剪贴画的位置，如图 2.12 所示。

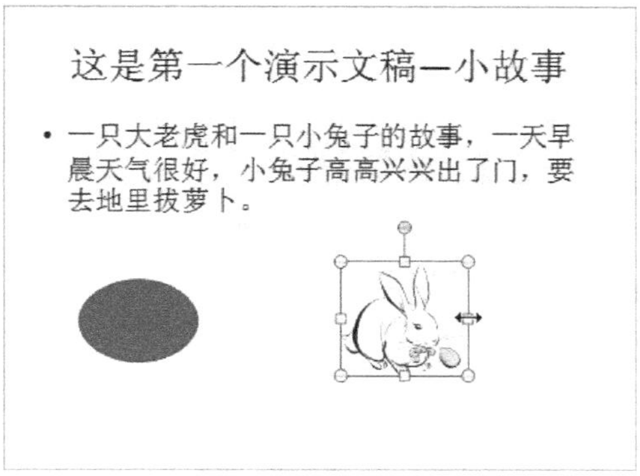

图 2.11　调整剪贴画的大小

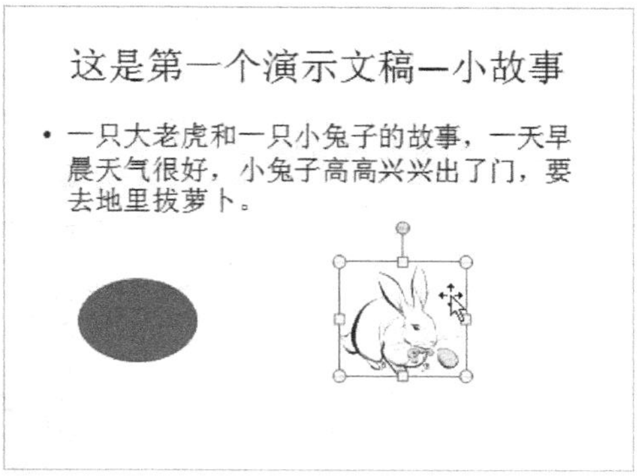

图 2.12　调整剪贴画的位置

剪贴画的位置和大小调整后，在剪贴画外的任意位置单击鼠标，剪贴画周围的控制点消失。

2.3　建立一张新的幻灯片

创建一张新的幻灯片的操作方法如下：

① 单击“开始”选项卡上“幻灯片”组中的“新建幻灯片”按钮旁的向下箭头，如图 2.13 所示。

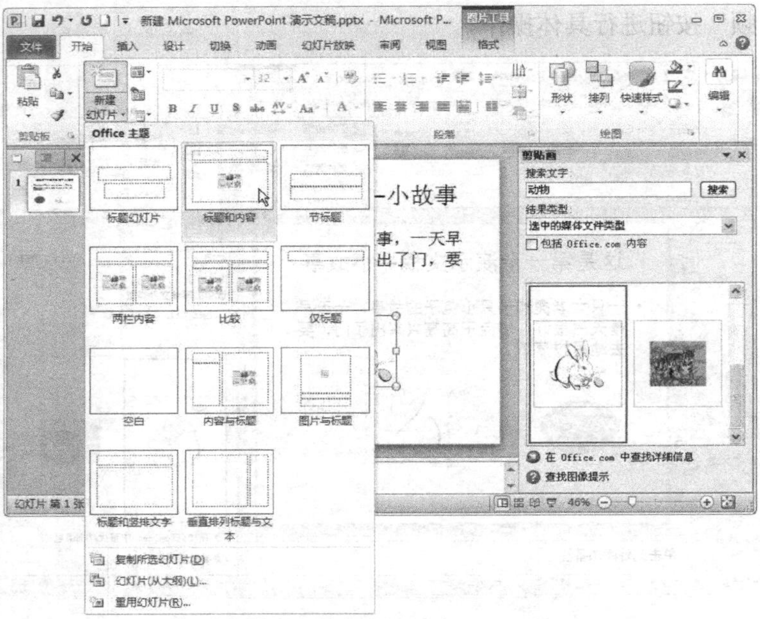

图 2.13　新建幻灯片

② 重复建立第一张幻灯片的步骤，在幻灯片中输入标题、正文、再根据需要绘制简单图形（基本形状）、插入剪贴画（在“搜索文字”文本框中输入“动物”）等，操作结果如图 2.14 所示。

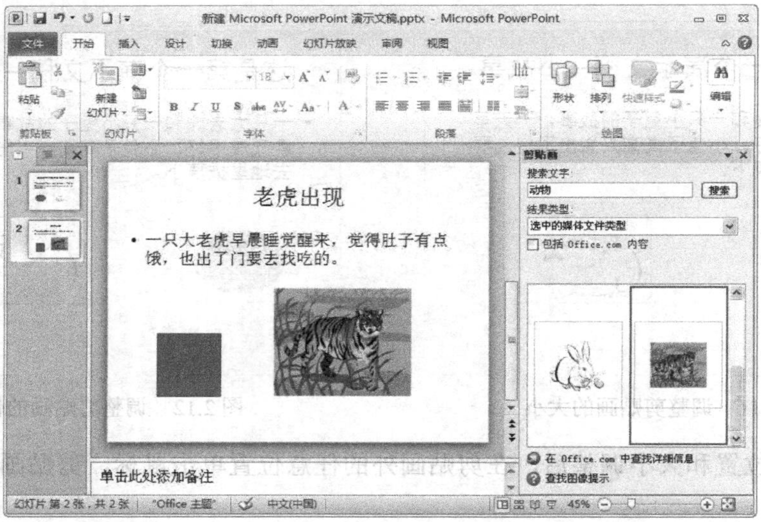

图 2.14　建立第二张幻灯片

2.4　在演示文稿中应用设计主题模板

在“设计”选项卡上的“主题”组中，PowerPoint 2010 提供了丰富多彩的主题模板。在演示文稿中应用设计主题模板的操作方法：在设计模板任务窗格中为演示文稿选择一种设计模板。例如，选择“跋涉”模板，单击该模板，幻灯片的效果如图 2.15 所示。

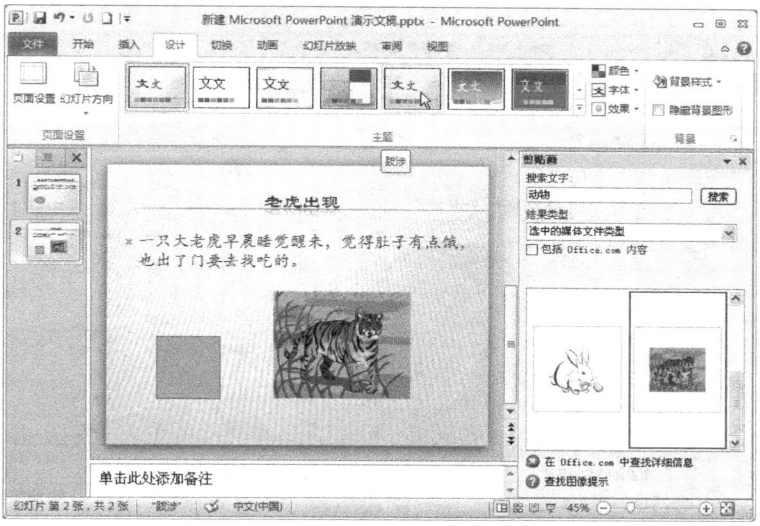

图 2.15　在“主题”组中选择“跋涉”模板

2.5　设置幻灯片的放映方式及保存文件

1．设置幻灯片的放映方式

① 在“普通”视图中，单击左侧的第一张幻灯片。

② 在“幻灯片编辑区”中，单击标题“这是第一个演示文稿—小故事”，在标题四周出现选中框，如图 2.16 所示。

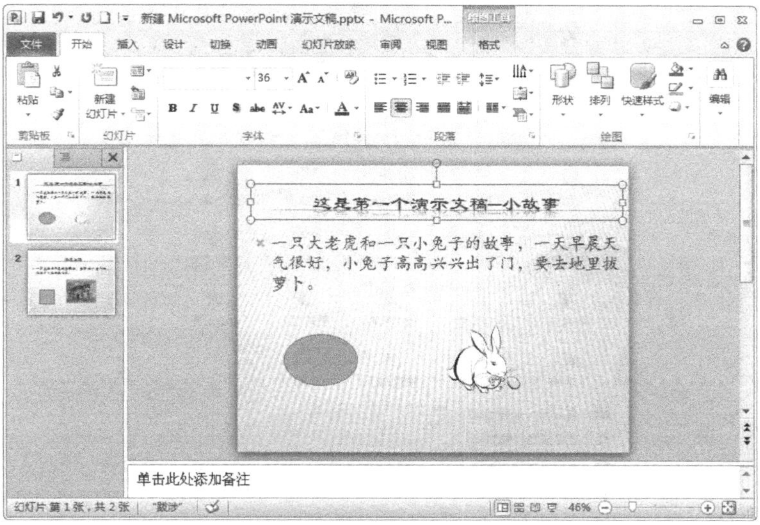

图 2.16　选中幻灯片中的标题

③ 单击“动画”选项卡上“高级动画”组中的“添加动画”命令，弹出“添加动画”

对话框，如图 2.17 所示。

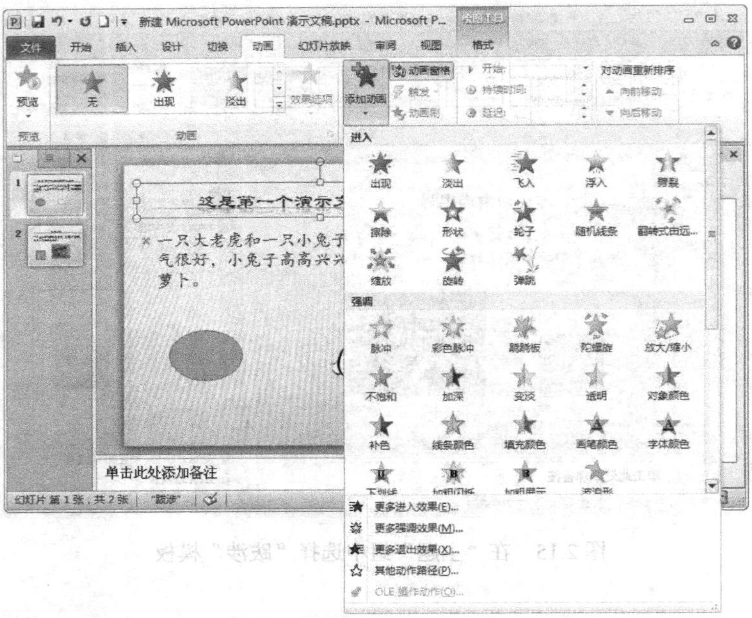

图 2.17 “添加动画”对话框

④ 在“添加动画”对话框中，选择“进入”选项，在子菜单中选择一种效果，如选择“飞入”动画效果，如图 2.18 所示。

图 2.18 在“添加动画”对话框中选择“飞入”动画效果

⑤ 单击幻灯片中正文框的文字，选中幻灯片中的正方框。

⑥ 重复步骤③、④，在子菜单中选择动画效果，单击“淡出”选项。

⑦ 选中幻灯片中的剪贴画，重复步骤④，单击图2.18中的“更多进入效果”命令，弹出“添加进入效果”对话框，在“基本型”选项组中选择 “百叶窗”动画效果，如图2.19所示。

⑧ 选中幻灯片中的图形，重复步骤⑦，在“基本型”选项组中单击选择“菱形”动画效果。

⑨ 单击第二张幻灯片。与第一张幻灯片设置动画的方法相同，分别给标题文字、正文文字、图形和剪贴画设置与第一张幻灯片中各个对象一样的动画效果。

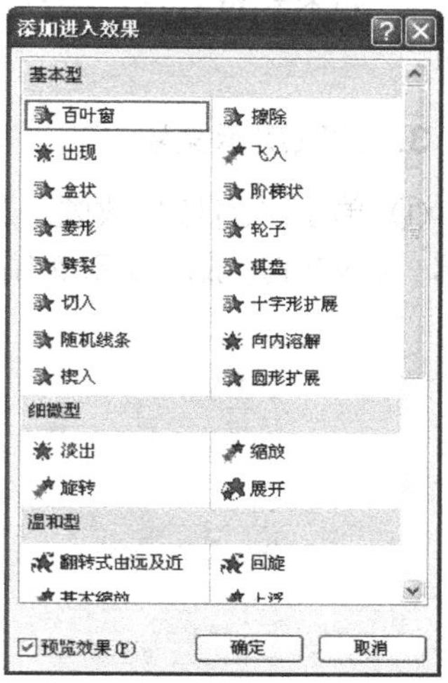

图2.19 “添加进入效果”对话框

2. 设置幻灯片的切换效果

设置幻灯片切换效果的方法如下：

① 在“切换”选项卡上“切换到此幻灯片”选项组中可以为幻灯片设置切换效果。

② 单击需要设置切换效果的幻灯片。单击“切换”选项卡上“切换到此幻灯片”选项组中的“时钟”按钮，如图2.20所示。

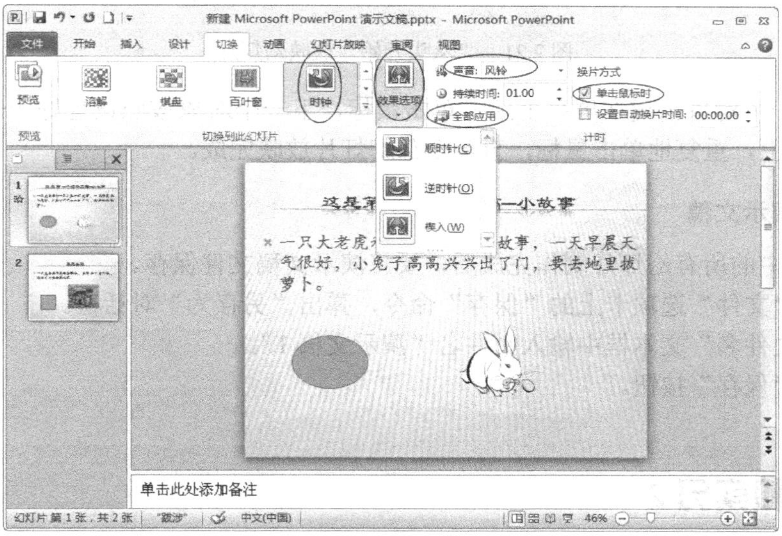

图2.20 给幻灯片切换设置“时钟”效果

③ 单击“效果选项”按钮，可以为“时钟”切换设置“顺时针”、“逆时针”、“楔入”等效果，如选择“楔入”效果。

④ 单击“声音”下拉菜单，在弹出的声音列表中选择一种合适的声音。这里选择“风铃”。

⑤ 在“换片方式”框中有两个复选框，选中“单击鼠标时”复选框，则在放映时，通过单击鼠标换页。

⑥ 如果要将设置的幻灯片切换效果应用于演示文稿的全部幻灯片，单击“全部应用”按钮。

3. 放映演示文稿

① 单击“幻灯片放映”选项卡上“开始放映幻灯片”组中的“从头开始”按钮，开始从第一张幻灯片放映演示文稿，如图 2.21 所示。

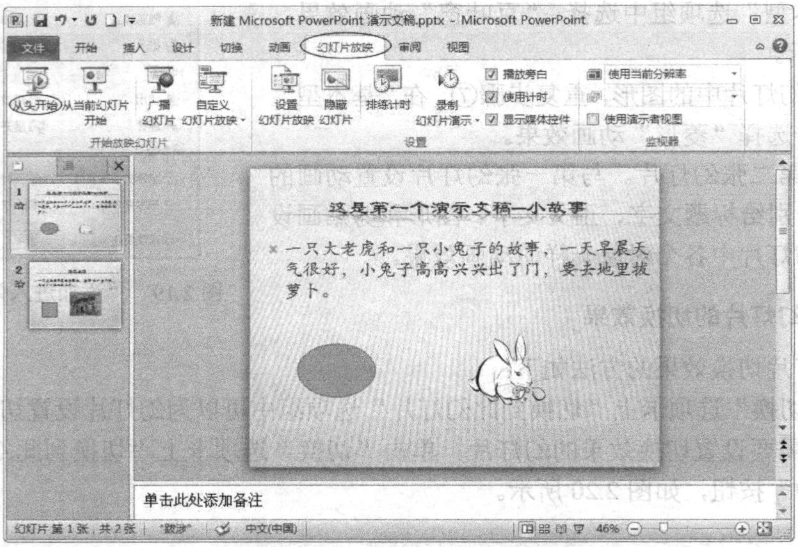

图 2.21　“从头开始”放映幻灯片

② 当前一个对象出现在屏幕上后，单击鼠标，下一个对象按照设置好的幻灯片切换效果切换到屏幕上，重复地单击鼠标，直至全部幻灯片放映完成。

4. 保存演示文稿

演示文稿中的所有幻灯片制作完成后，要将演示文稿文件保存。

① 单击“文件”选项卡上的“保存”命令，弹出“另存为”对话框。

② 在“文件名”文本框中输入文件名“演示文稿 1”。

③ 单击“保存”按钮。

上机实习 2

1. 启动中文 PowerPoint 2010。
2. 单击“新建幻灯片”按钮，选择“空白演示文稿”，进入 PowerPoint 2010 的普通视图。
3. 单击“版式”按钮，选择“标题和内容”幻灯片版式。
4. 在第一张幻灯片中输入标题文字：“这是我的第一个演示文稿”。输入正文文字：“直观、简单、易用，这是中文 PowerPoint 2010 演示文稿制作软件最大的特点”。
5. 在幻灯片中绘制一个矩形。

6. 在幻灯片中插入一幅剪贴画。

7. 建立第二张幻灯片，在幻灯片中输入标题文字："PowerPoint 2010 演示文稿的特点"。输入正文文字："使用 PowerPoint 2010，制作一个包括文本、图形、音乐、图片和声音的演示文稿，将是一件轻而易举的事情"。

8. 在第二张幻灯片中，绘制一个椭圆图形。

9. 在第二张幻灯片中，插入一幅剪贴画。

10. 将"奥斯汀"主题模板应用于演示文稿中。

11. 给两张幻灯片中的文字、图形及剪贴画设置动画效果。

12. 在演示文稿中设置幻灯片的切换效果。

13. 放映演示文稿。

14. 将演示文稿用文件名 PP2 保存在 PP 文件夹中。

15. 退出中文 PowerPoint 2010。

习题 2

一、问答题

1. 创建演示文稿的方法有哪几种？各自的特点是什么？
2. 如何在幻灯片中绘制如下图形：椭圆、直线、箭头、矩形和圆。

二、判断题

1. 新建一张幻灯片，默认的幻灯片版式为"标题和内容"幻灯片版式。 （　　）
2. 新建一个空白演示文稿，默认的幻灯片版式为"标题"幻灯片版式。 （　　）

第 3 章

文本处理和幻灯片编辑

文本处理是制作演示文稿最基本的操作，要使制作的演示文稿美观大方，具有吸引力，必须很好地处理幻灯片中的文本。文本处理包括文本输入、文本编辑、文本格式化和文本段落格式化等。

幻灯片的编辑包括插入新幻灯片、删除、复制、移动幻灯片等一系列的操作。

3.1 文本输入

1. 在占位符中输入文本

占位符是一种带有虚线边缘的框，如图 3.1 所示，绝大部分幻灯片版式中都有这种虚线框，在这些框内可以放置标题、正文、图表、表格和图片等对象。在没有输入文本之前，占位符中是一些提示性的文字，在占位符中单击，这些字被闪烁的文字光标所代替，此时就可以输入文字了。

输入文字的具体操作方法如下所述。

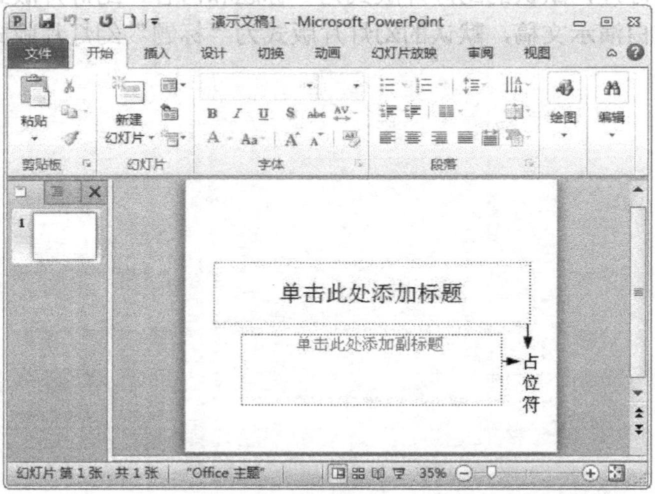

图 3.1　占位符

① 用鼠标单击幻灯片编辑区的“单击此处添加标题”占位符，如图 3.2 所示。

② 按下【Ctrl+Space】键可以切换到预设的中文输入法。如果切换的输入法不是想要的输入法，可重复用【Ctrl+Shift】键进行更换，直到切换到合适的中文输入法为止。

③ 在标题框中输入幻灯片的标题，如“第一章 计算机概述”。

④ 用同样的方法输入幻灯片的副标题，结果如图 3.3 所示。

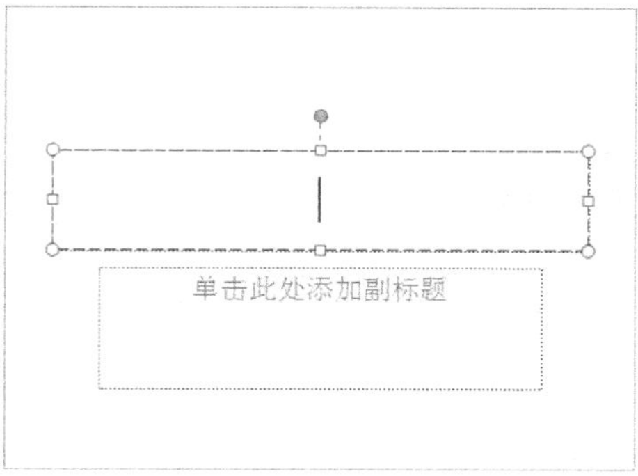

图 3.2 准备输入文字

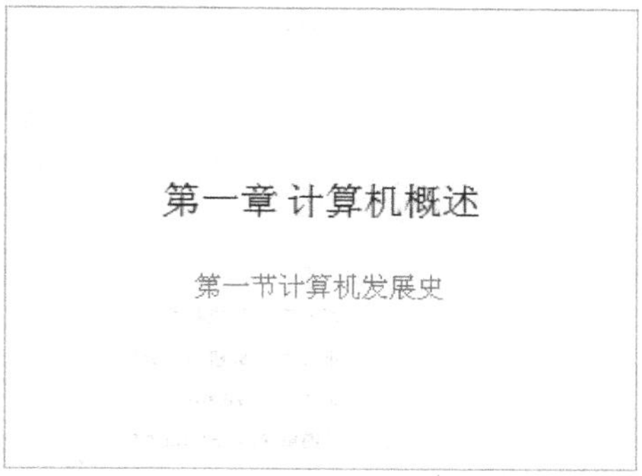

图 3.3 输入主标题和副标题

2. 在“大纲”选项卡中输入文本

PowerPoint 2010 演示文稿的大纲由一系列标题构成，标题下可有子标题，子标题下还可以再有层次小标题，不同层次的文本有不同程度的左缩进。大纲中的文本也在幻灯片上显示出来，所以可以直接在大纲中输入文本，这样就更加直观、方便。

（1）输入演示文稿的标题

输入演示文稿标题的操作方法如下：

① 新建一个空白演示文稿，再单击“大纲”选项卡，如图 3.4 所示。

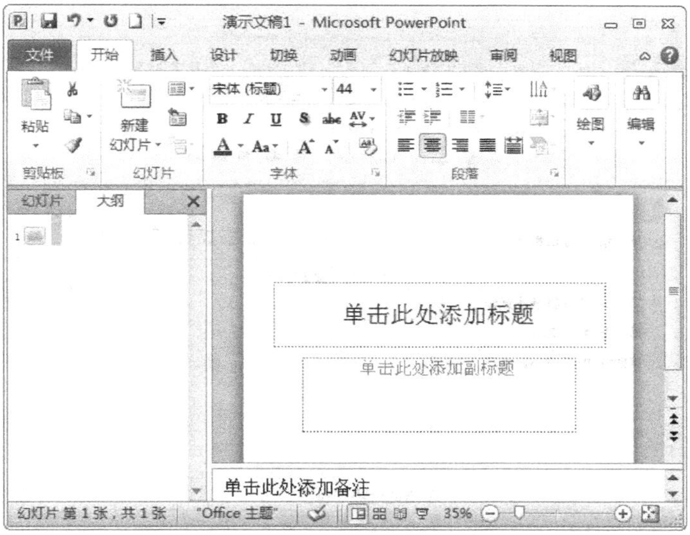

图 3.4 “大纲”选项卡

② 在代表幻灯片的文本框右侧输入幻灯片的标题，如输入“第一章 计算机概述”，再按【Enter】键，这时就新建了一张幻灯片。

③ 输入下一张幻灯片的标题，如输入“第二章 计算机基本操作”，再按【Enter】键，即可新建另一张幻灯片。

可以发现，每按一次【Enter】键，就新建一张幻灯片。如图 3.5 所示是输入了所有幻灯片标题的演示文稿的“大纲”选项卡。

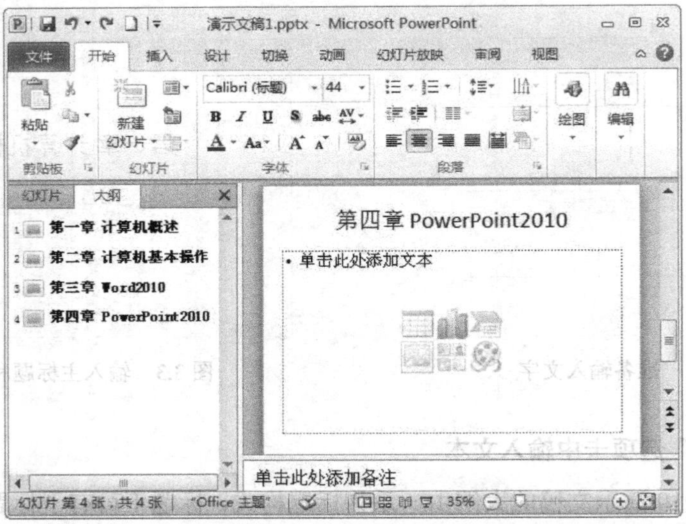

图 3.5　输入了所有标题后的“大纲”选项卡

（2）输入层次小标题

输入层次小标题的操作方法如下：

① 把光标移到要添加小标题的标题末尾，按【Enter】键，如在“第一章 计算机概述”后，按【Enter】键。产生一个新的幻灯片图标，原来幻灯片编号被改变了，如图 3.6 所示。

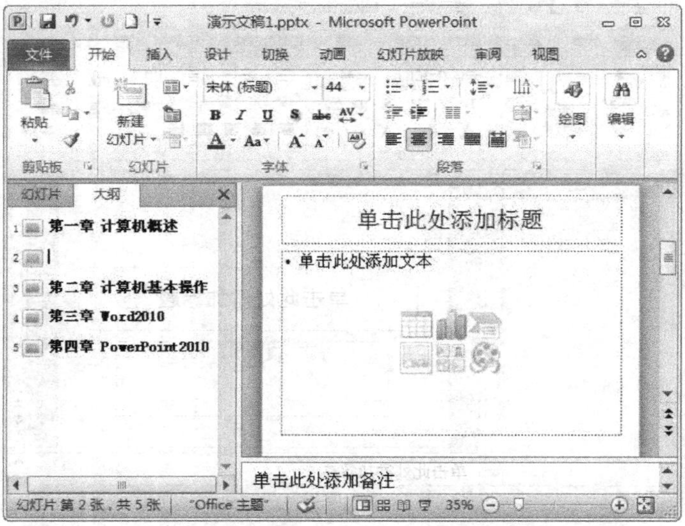

图 3.6　产生一个新的幻灯片图标

② 在新幻灯片图标后按【Tab】键将删除当前幻灯片左边的图标，并恢复原来幻灯片编号。此时，就可以输入层次小标题了，例如图 3.7 所示。

③ 输入第 1 层次小标题，例如：输入“第一节 计算机发展史”，然后按【Enter】键。

④ 依次输入第 2 个、第 3 个小标题，直至输入完毕。

⑤ 如果要在某个层次小标题下再加入一层小标题，可以重复以上步骤。

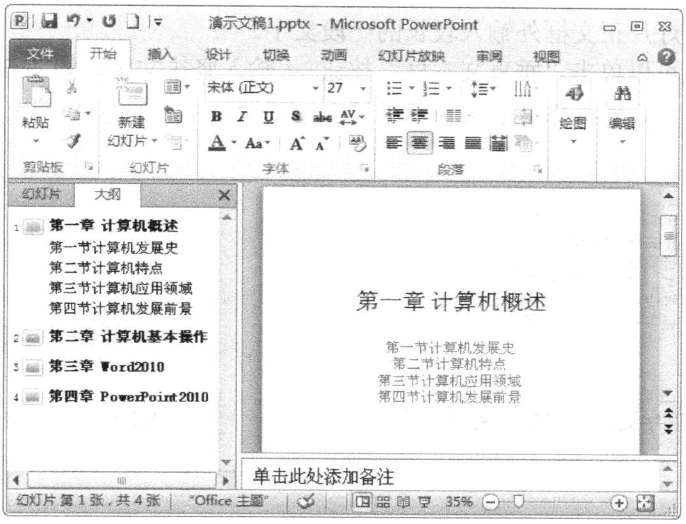

图 3.7 输入层次小标题后的“大纲”选项卡

3. 用文本框按钮输入文本

当需要在幻灯片的占位符之外的位置添加文本时，可以利用“插入”选项卡上“文本”组中的“文本框”下的“横排文本框”按钮或“垂直文本框”按钮来完成。

（1）以文字标签方式输入文字

以文字标签方式输入文字的操作方法如下：

① 单击“插入”选项卡上“文本”组中的“文本框”下的“横排文本框”按钮，然后在需要输入文本的地方单击鼠标，此时将出现一个插入光标。

② 输入文字。例如，输入“以文字标签方式输入文本”，如图3.8所示。

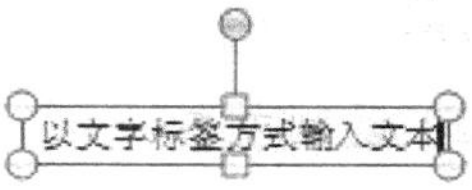

图 3.8 以文字标签方式输入文字

③ 在文本框以外的任意位置单击鼠标，文字周围的文本框将消失。

这种以文字标签方式输入文字的方法，输入的文字不会自动换行，当输入的文字超过边界时，按【Enter】键换行。因此，它主要适用于输入一段比较短的文字。

（2）以字处理方式输入文字

① 单击“插入”选项卡上“文本”组中的“文本框”下的“横排文本框”按钮，在需要输入文本的位置按下并拖动鼠标向右移动，可以拉出一个带控制点的虚线框，松开鼠标后，在虚线框中可以看到文字输入的光标，如图3.9所示。

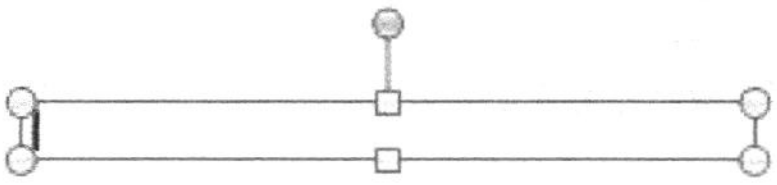

图 3.9 带控制点的文本框

② 在文本框中输入文字。例如，输入“PowerPoint 2010 输入文本的方法有多种，本节主要介绍三种输入文本的方法：在普通视图幻灯片占位符中输入文本，在“大纲”选项卡中输入文本和使用“插入”选项卡上“文本”功能组中的“文本框”输入文本。输入后的效果如图3.10所示。

使用字处理方式输入文本时，当输入的文字超过文本框的边界时，文字将自动换行。这种方式适用于在幻灯片正文框外输入较长的一段文字。

如果需要，还可以单击“垂直文本框”按钮输入竖排文字，如图 3.11 所示。在“垂直文本框”中输入文本的操作方法和使用横排文本框输入文本的方法一样。

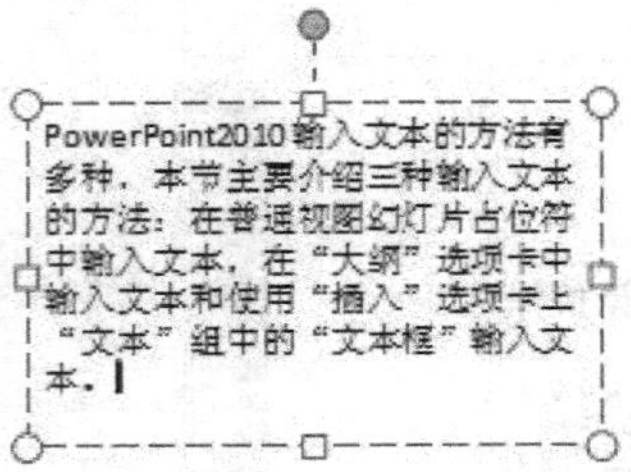

图 3.10　以字处理方式输入文字

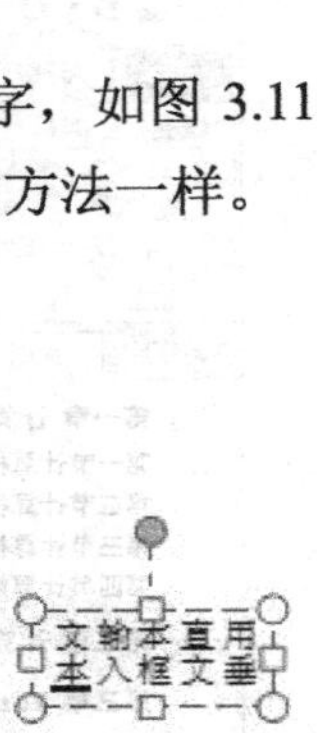

图 3.11　输入垂直文本

3.2　文本的编辑和格式化

文本编辑是指对文本进行插入、移动、删除及复制等一系列的操作。

1．文本编辑

（1）选中文本

① 进入文字编辑状态，即用鼠标单击所要编辑的文字，在文字周围出现了文本框，同时在文字中出现了文字输入光标，如图 3.12 所示。

② 在文本的某处按住鼠标左键拖动到另一处，两处之间的文本被高亮显示，称为被选中的对象。

（2）复制文本

① 在文本编辑状态，选中需要复制的文本，如图 3.13 所示，然后单击“开始”选项卡上“剪贴板”组中的“复制”按钮 复制 ▾，或右击鼠标，在弹出的快捷菜单中选择“复制”命令，将选中的内容复制到剪贴板上。

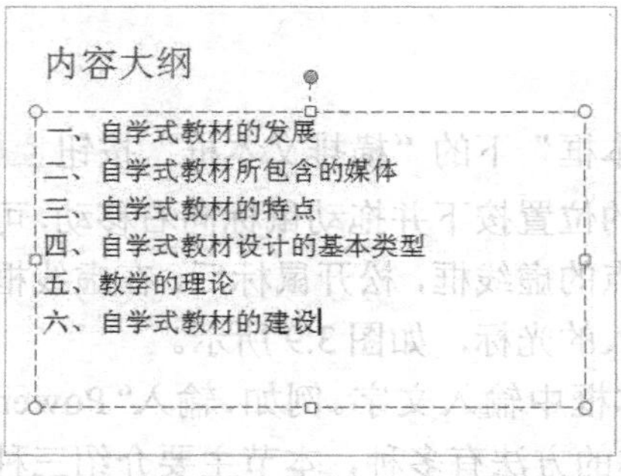

图 3.12　进入文字编辑状态

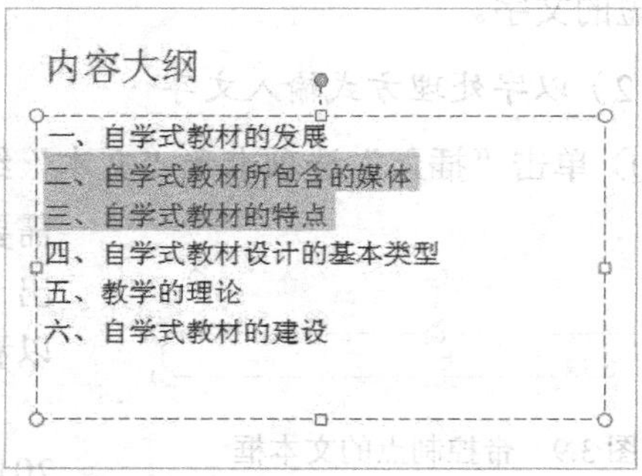

图 3.13　选中文本

② 将光标置于需要插入文本的位置，单击“开始”选项卡上“剪贴板”组中的“粘贴”按钮，或者右击鼠标，在弹出的快捷菜单中选择“粘贴选项”下的“只保留文本”按钮 A，

将文本复制到光标所在的位置。

（3）移动文本

① 单击所要移动的文字进入文字编辑状态。

② 如果要移动一段文字，首先选中该段文字，在选中的文字上按下并拖动鼠标到所需要的位置，然后释放鼠标。

③ 如果整体移动一个文本框，可以将鼠标指针指向文本框的边缘上，当光标变为四方箭头时，如图 3.14 所示，按下鼠标并拖动文本框到新的位置即可。

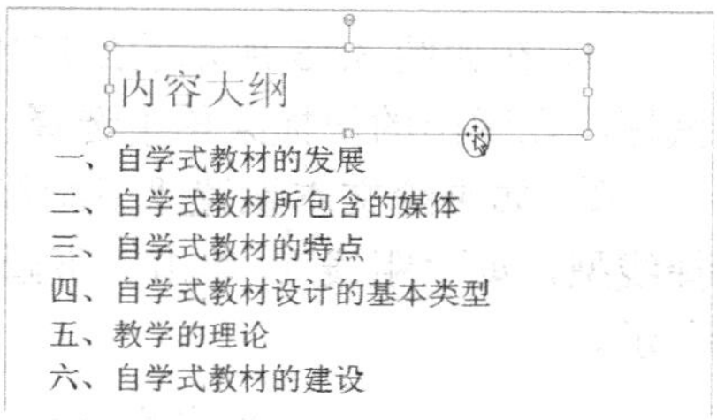

图 3.14　移动文本框

（4）删除文本

① 进入文字编辑状态，按一次键盘上的【Backspace】键，可删除文字光标左侧的一个字符。按一次【Delete】键，可删除文字光标右侧的一个字符。

② 选中一段文字，在按【Delete】键，便可把选中的文字删除。

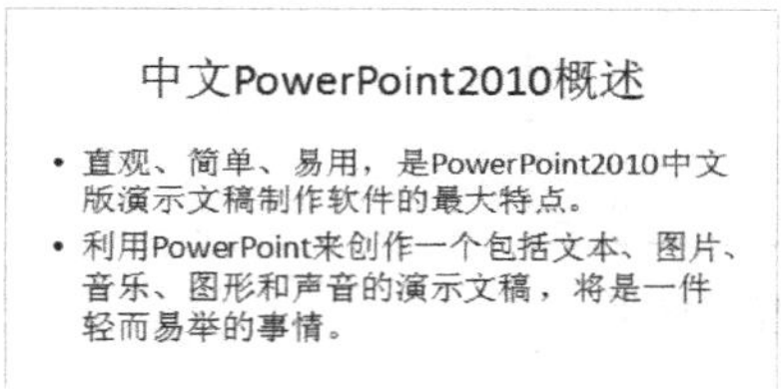

图 3.15　改变文字的字体、字形和字号

2. 格式化文本

（1）改变文字的字体、字形和字号

下面以如图 3.15 所示的幻灯片为例介绍如何改变文字的字体、字形和字号。

① 单击标题栏中的文字并选中“中文 PowerPoint 2010 概述”。

② 右击鼠标，在弹出的快捷菜单中选择“字体”选项，如图 3.16 所示。弹出“字体”对话框，如图 3.17 所示。

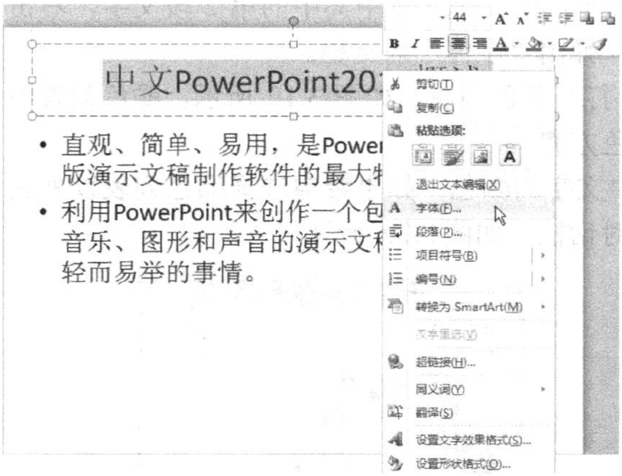

图 3.16　在快捷菜单中选择“字体”命令

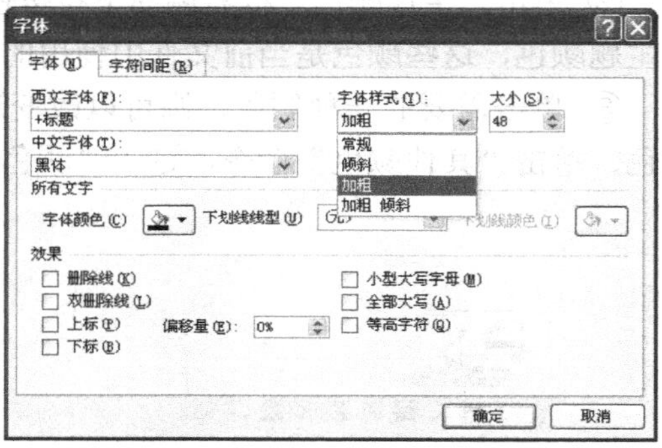

图 3.17　“字体”对话框

③ 如果设置文本的字体，单击“中文字体”文本框右侧的下拉按钮，弹出字体列表。选择一种字体，如“黑体”。

④ 如果设置文本的字形，单击“字体样式”文本框中的选项，如选择“加粗”。

⑤ 如果设置文本的字号，单击“大小”文本框中的选项，如输入“48”。

⑥ 设置完成后，单击“确定”按钮。

（2）改变字体的显示效果

① 在如图 3.15 所示的幻灯片中，单击正文框中的文本，选中其中的第 1 段文字。右击鼠标，在弹出的快捷菜单中选择“字体”命令，弹出“字体”对话框。

② 如果给文本设置“下画线”效果，单击“下画线线型”文本框右侧的下拉按钮，选择线型，如“粗线”。单击“下画线颜色”文本框右侧的颜色按钮，选择“黑色”，如图 3.18 所示。

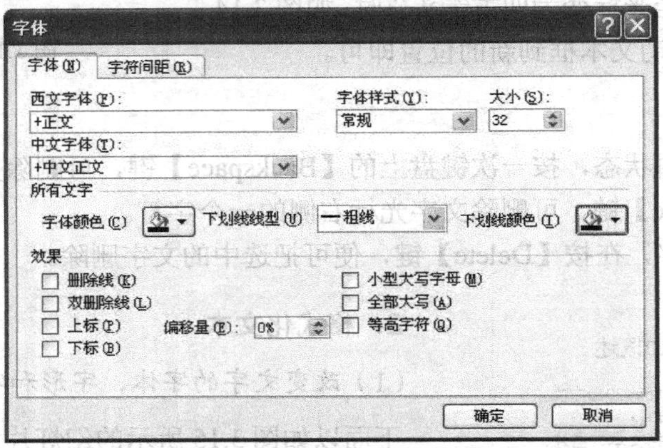

图 3.18　在“字体”对话框中设置文本的显示效果

③ 如果想去除文字的效果，如下画线，单击“下画线线型”文本框右侧的下拉按钮，选择“无”。

（3）设置字体的颜色

① 在如图 3.15 所示的幻灯片中，单击正文框中的文本，选中其中的第 2 段文字，右击鼠标，在弹出的快捷菜单中选择“字体”选项，弹出“字体”对话框。

② 单击“字体颜色”框右侧的下拉按钮，打开颜色列表，如图 3.19 所示。颜色列表中有主题颜色，这些颜色是当前文件中使用的配色方案。

③ 单击需要的一种颜色，则可以改变选中文字的颜色。如果希望选择颜色列表以外的颜色，单击“其他颜色”命令，进入“颜色”对话框，如图 3.20 所示。

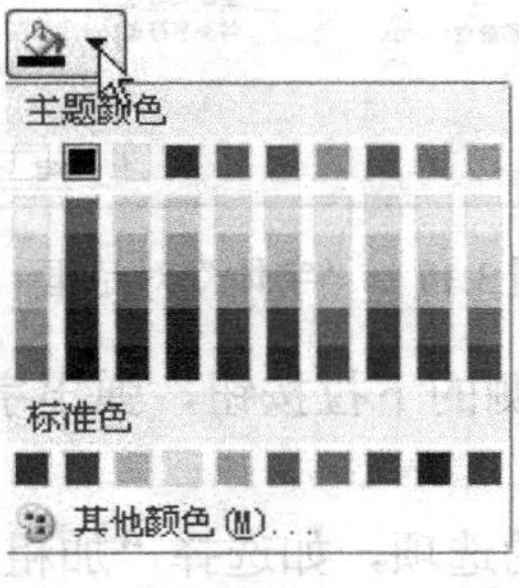

图 3.19　打开颜色列表

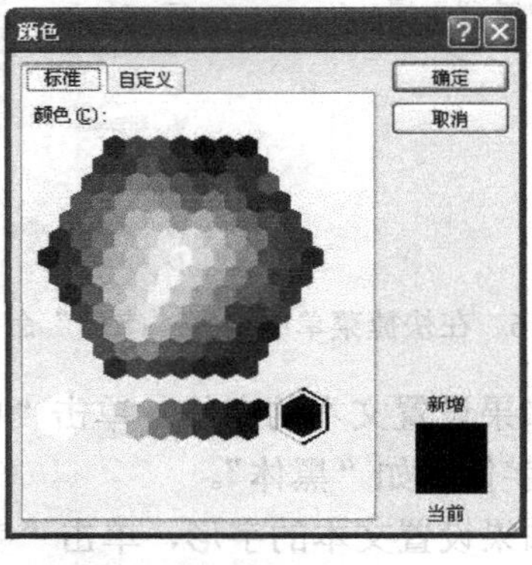

图 3.20　“颜色”对话框

④ 在对话框中单击“标准”选项卡，“标准”选项卡中共提供了 144 种不同的颜色，其中包括 17 种不同的黑白灰度颜色。从中选择某一种颜色，然后单击“确定”按钮，返回“字体”对话框，在“字体”对话框中单击“确定”按钮。

⑤ 如图 3.15 所示幻灯片中的文本经格式化后的效果如图 3.21 所示。其中标题框中的文本为“黑体”、“加粗”、字号为“48”。正文框中的第 1 段文字为加“粗线下画线”。正文框的第 2 段文字为红色。

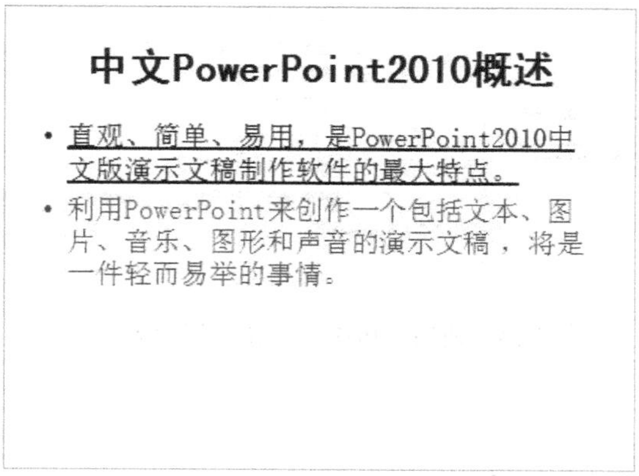

图 3.21 格式化后的文本效果

3. 文本的段落操作

文本的段落操作主要包括：设置段落的对齐方式，更改段落内的行距和修改项目符号等。

（1）设置段落的对齐方式

在幻灯片中输入一段文字，如图 3.22 所示。下面以此为例介绍段落对齐方式的操作方法。

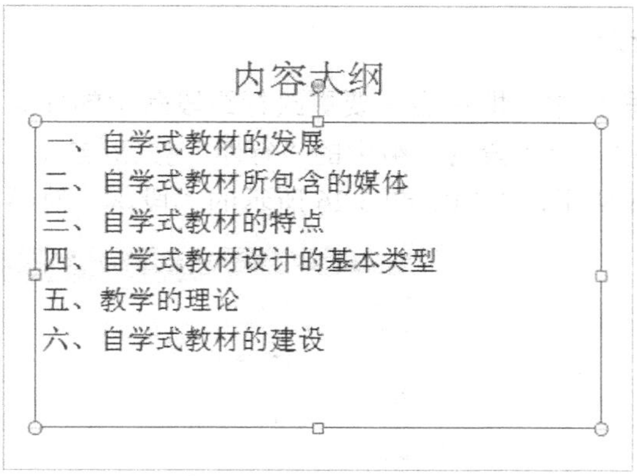

图 3.22 在幻灯片中输入一段文字

① 将文字光标插入需要进行对齐排列的段落中，例如，将光标插入如图 3.22 所示的正文文字的第 1 段中。

② 单击“开始”选项卡上“段落”组中的“居中”按钮，如图 3.23 所示。使光标所在的段落居中对齐，其操作结果如图 3.24 所示。

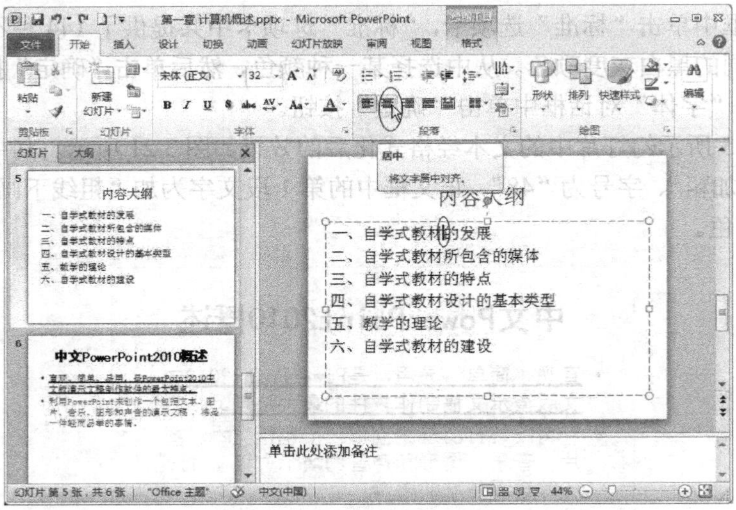

图 3.23　使用“居中”按钮进行对齐操作

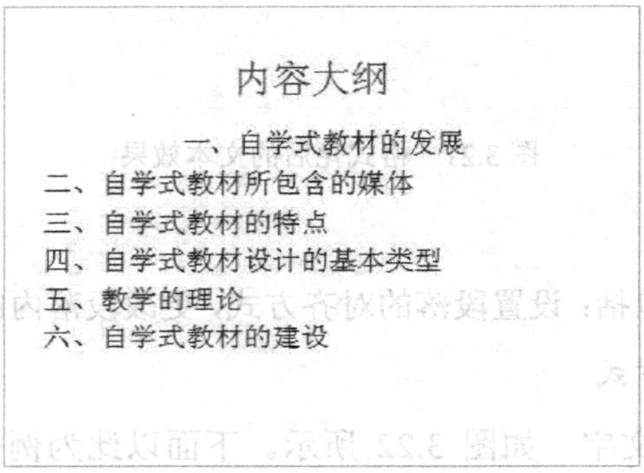

图 3.24　段落的居中对齐效果

（2）更改段落内的行距

① 将文字光标插入段落中，即单击需要更改行距段落中的任意文字。

② 单击“开始”选项卡上“段落”组中的“行距”按钮，在弹出的菜单中选择“行距选项”命令，如图 3.25 所示，弹出如图 3.26 所示的“段落”对话框。

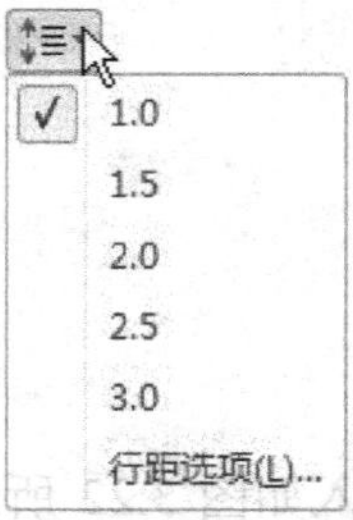

图 3.25　“行距选项”命令

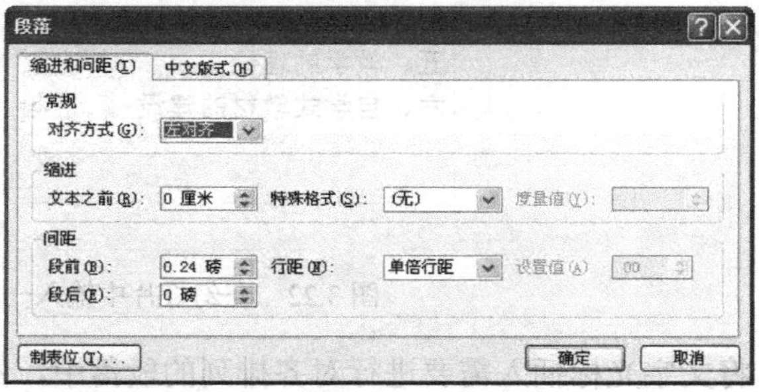

图 3.26　“段落”对话框

③ 在“缩进和间距”选项卡中，更改行距的数值、段落前行距的数值和段落后行距的数值，然后单击“确定”按钮。

（3）修改项目符号

正文框中的文本段落是有层次的，最高可以有五个层次。每个层次前有一默认的项目符号，按下面的方法操作，可以显示、取消或更改段落的项目符号。

① 将文字光标插入段落的起始位置，即项目符号和文字之间。

② 单击“开始”选项卡上“段落”组中的“项目符号”按钮☰ ▾右侧的向下箭头，如图 3.27 所示，在弹出的对话框中选择“项目符号和编号”命令，弹出“项目符号和编号”对话框，如图 3.28 所示。

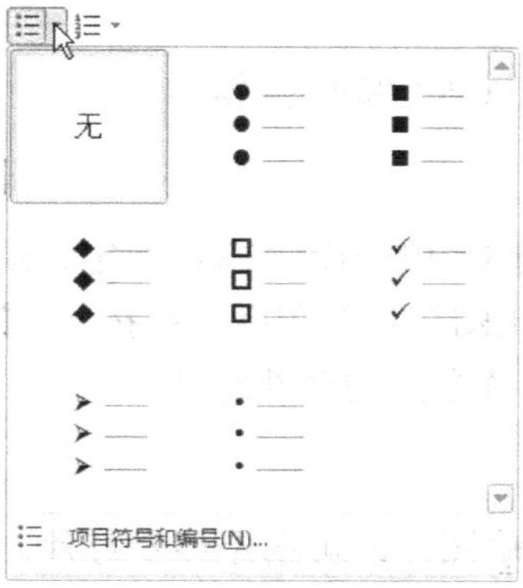

图 3.27 “项目符号”对话框

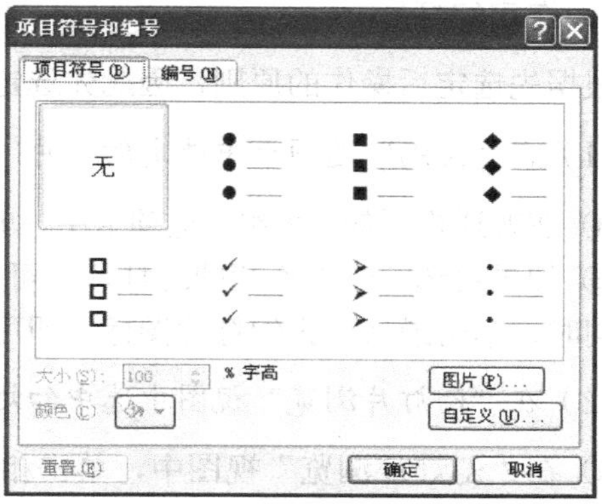

图 3.28 “项目符号和编号”对话框

③ 在对话框中单击“项目符号”选项卡，选择一种满意的项目符号，然后单击“确定”按钮。

④ 选择“无”项目符号，然后单击“确定”按钮，可以取消段落的项目符号。

⑤ 如果希望选择更多的项目符号，在对话框中单击“自定义”按钮，弹出“符号”对话框，如图 3.29 所示。

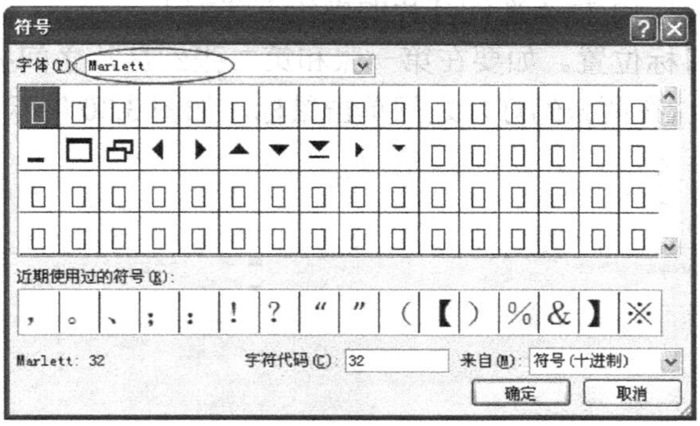

图 3.29 “符号”对话框

⑥ 在“符号”对话框中，单击“字体”下拉菜单，在弹出的列表中选择一种项目后，在对话框的下方将显示符号列表。例如，在“字体”框中选择“Marlett”，则在对话框下方给出了与之对应的项目符号列表。

⑦ 在“符号”对话框中，选中一种合适的符号，单击“确定”按钮，新的项目符号便出现在段落的起始位置。

3.3 幻灯片的编辑

制作了一个演示文稿后，就可以在“幻灯片浏览”视图中观看幻灯片，检查幻灯片是否符合逻辑，有没有重复的地方。如有不合理的地方，通过对幻灯片的编辑，使之更加合理和具有条理性。因此，编辑幻灯片是制作演示文稿中的一项重要的工作。

1．选定幻灯片

根据先选定后操作的原则，因此先选定幻灯片，再对其进行编辑操作。

（1）在“大纲”选项卡中选定幻灯片

① 在普通视图的“大纲”选项卡中，单击幻灯片标题左边的图标，即可选定该幻灯片。

② 如果要选定一组连续的幻灯片，可以先单击第一张幻灯片的图标，在按住【Shift】键的同时，单击最后一张幻灯片图标，即可选中两张幻灯片之间的全部幻灯片。

（2）在“幻灯片浏览”视图中选中幻灯片

① 在“幻灯片浏览”视图中，单击相应的幻灯片缩略图，即可选定该幻灯片，被选定幻灯片的边框处于高亮显示。

② 如果要选中多张不连续的幻灯片，在按住【Ctrl】键的同时，分别单击需要选中的幻灯片的缩略图即可。

③ 如果要选择多张连续的幻灯片，先单击第一张幻灯片的图标，在按住【Shift】键的同时，单击最后一张幻灯片缩略图即可。

2．插入新幻灯片

在“幻灯片浏览”视图中插入新幻灯片的操作方法如下。

① 将光标插入至目标位置。如要在第一张和第二张幻灯片之间插入新幻灯片，将插入点移至两张幻灯片之间，在两张幻灯片之间单击鼠标，如图 3.30 所示。

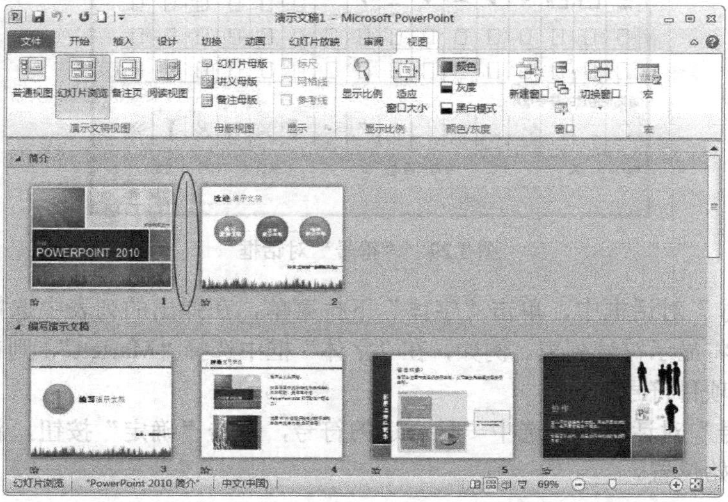

图 3.30 将插入点移至两张幻灯片之间

② 单击“开始”选项卡上“幻灯片”组中的“新建幻灯片”按钮旁的向下箭头。弹出此幻灯片可用的各种版式对话框，如图 3.31 所示，选择合适的版式，如“节标题”。此时在第一张之后插入了一张新幻灯片，如图 3.32 所示。

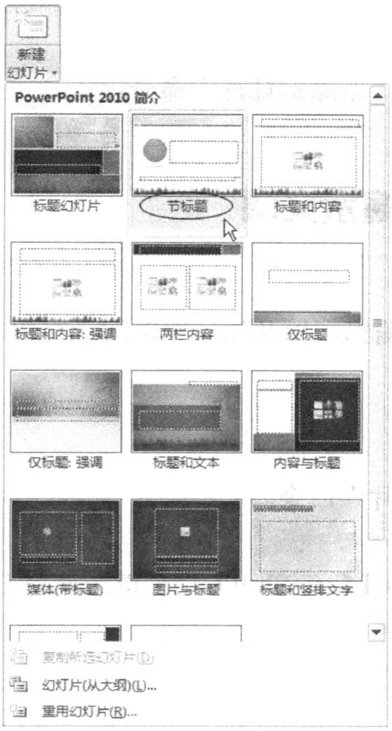

图 3.31 “新建幻灯片”版式对话框

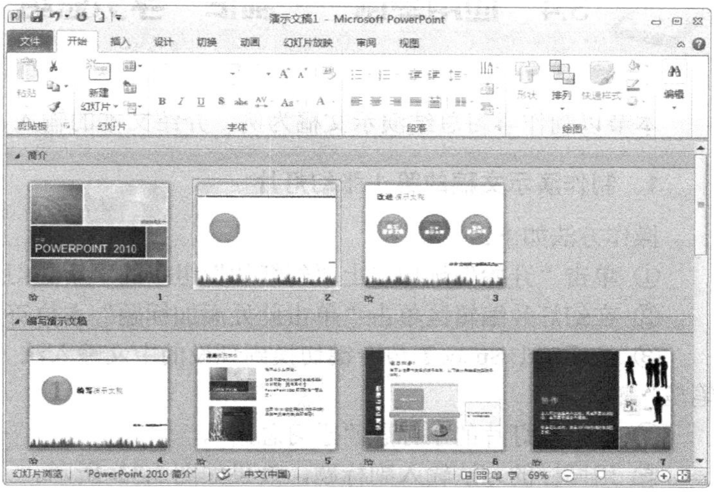

图 3.32 插入新幻灯片

③ 双击新幻灯片，工作窗口出现等待编辑的新幻灯片。

3. 复制幻灯片

(1) 使用“复制”与“粘贴”按钮复制幻灯片

操作方法如下：

① 选定要复制的幻灯片。

② 单击“开始”选项卡上“剪贴板”组中的“复制”按钮 复制 。

③ 将光标移至目标位置，单击“粘贴”按钮 。

(2) 使用“新建幻灯片”命令选项中的“复制所选幻灯片”命令复制幻灯片

操作方法如下：

① 将插入点置于要复制的幻灯片中。

② 执行“开始”选项卡上“幻灯片”组中的“新建幻灯片”命令，弹出“新建幻灯片”版式对话框，选择“复制所选幻灯片”，可在该幻灯片的下方复制一个新的幻灯片。

(3) 使用鼠标拖动复制幻灯片

操作方法如下：

① 单击“视图”选项卡上“演示文稿视图”组中的“幻灯片浏览”按钮。

② 在“幻灯片浏览”视图中选中要复制的幻灯片。

③ 在按住【Ctrl】键的同时，拖动鼠标到目标位置，即可完成幻灯片的复制。

4．删除幻灯片

操作方法如下：

① 在“幻灯片浏览”视图中选定要删除的幻灯片。

② 右击鼠标，在弹出的快捷菜单中选择“剪切”命令或“删除幻灯片”命令。

3.4 应用举例——制作“学习总结”演示文稿

本节以制作学习总结演示文稿为例，介绍文本的输入、编辑，以及如何编辑演示文稿。

1．制作演示文稿的第 1 张幻灯片

操作方法如下：

① 单击“开始”选项卡上“幻灯片”组中的“新建幻灯片”命令。

② 在幻灯片编辑区单击“单击此处添加标题”占位符。

③ 按【Ctrl+Space】组合键切换到预设的中文输入法（用【Ctrl+Shift】组合键选择“五笔型”输入法）。

④ 输入幻灯片的主标题“学习总结”。

⑤ 用同样的方法输入副标题，效果如图 3.33 所示。

图 3.33　输入主标题和副标题

2．格式化演示文稿文档的第一张幻灯片

具体操作方法如下：

（1）设置主标题格式

① 选中主标题文字“学习总结”或直接选中主标题的文本框，在“开始”选项卡上“字

体”组中设置选中的文字，如图 3.34 所示。

② 打开“字体”下拉菜单，如选择“隶书”。

③ 单击字号右侧的向下箭头，将字号设为“96”。

④ 单击“加粗”按钮，添加加粗效果。

⑤ 单击“文字阴影”按钮，设置阴影效果。

⑥ 单击字体颜色后面的向下箭头，弹出下拉列表，出现如图 3.35 所示的界面。

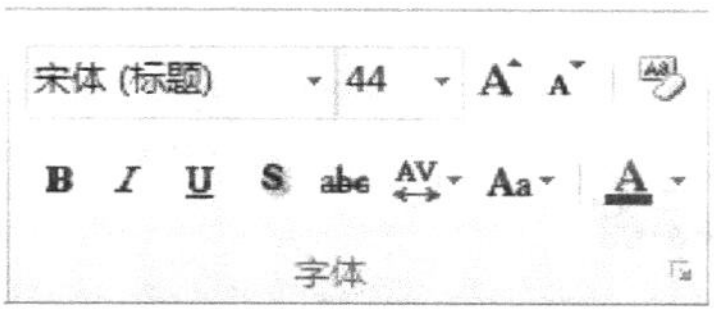

图 3.34 “字体”组

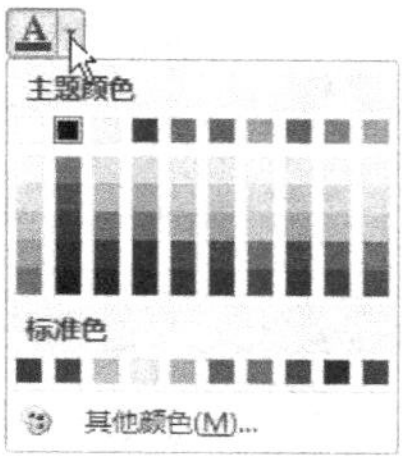

图 3.35 设置字体颜色

⑦ 单击“其他颜色”命令，将弹出“颜色”对话框，在“颜色”对话框的“标准”选项卡中，选择合适的颜色，如选择蓝色。

⑧ 单击“确定”按钮，完成主标题格式的设置。

（2）设置副标题格式

可以用完全相同的方法为副标题更改格式，也可以使用快捷菜单里的“字体”对话框设置文字的格式，其设置方法如下：

① 选中副标题的文字，右击鼠标，在弹出的快捷菜单中选择“字体”命令，打开“字体”对话框，如图 3.36 所示，在“中文字体”下拉菜单中选择合适的字体，如“华文行楷”。

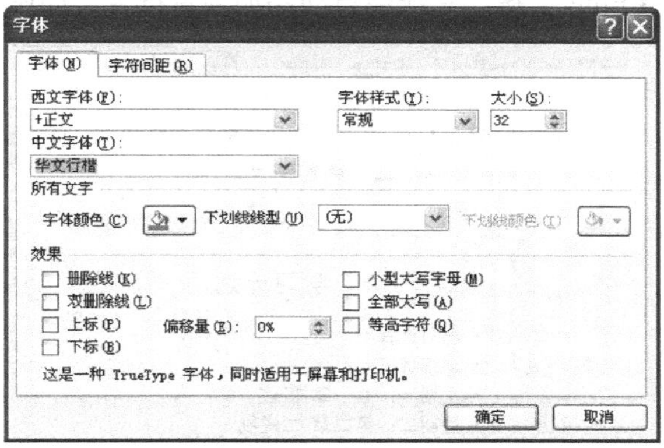

图 3.36 “字体”对话框

② 单击“大小”选项的按钮选择合适的字号。

③ 单击“字体颜色”按钮，在弹出的菜单中设置合适的颜色。

到此为止，完成了对第一张幻灯片文字的格式化编辑。

3. 制作演示文稿的第二张幻灯片

具体操作方法如下：

① 执行“开始”选项卡上“幻灯片”组中的“新建幻灯片”命令，添加新幻灯片。

② 在默认情况下，插入的新幻灯片自动应用“标题和内容”版式。如果觉得默认版式不符合要求，可以单击“新建幻灯片”按钮后面的向下箭头，在弹出的任务窗格中，选择所需的版式，如图 3.37 所示。在此例中使用默认版式。

图 3.37　选择幻灯片版式

③ 与编辑第一张幻灯片的方法相同，输入第二张幻灯片的标题和正文文字，在正文部分，当输完一行后，按【Enter】键，系统会自动添加项目符号，如图 3.38 所示。

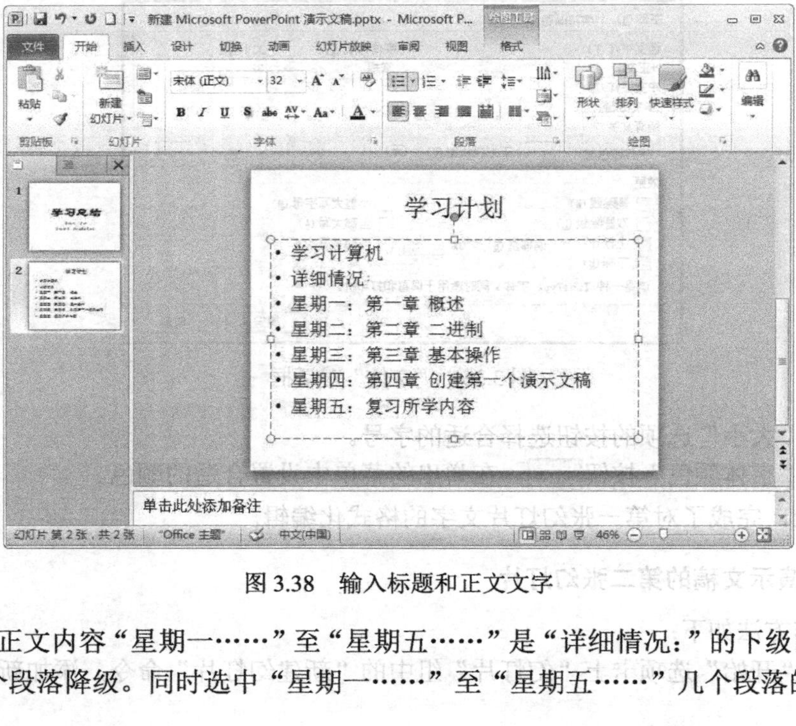

图 3.38　输入标题和正文文字

④ 由于正文内容“星期一……”至“星期五……”是“详细情况：”的下级内容，因此，需要为这几个段落降级。同时选中“星期一……”至“星期五……”几个段落的内容，用鼠

标单击“开始”选项卡上“段落”组中的“提高列表级别”按钮，改变缩进级别，效果如图 3.39 所示。

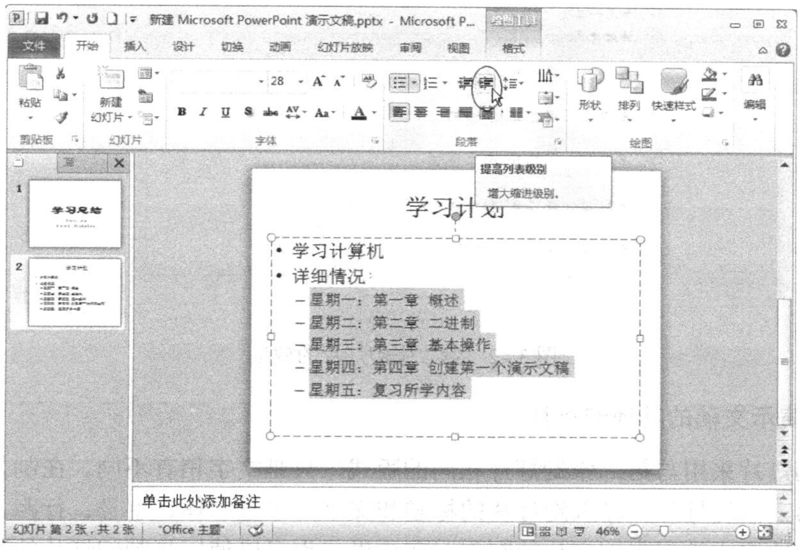

图 3.39 增大缩进级别后的文字

⑤ 继续选中正文内容“星期一……”至“星期五……”，单击“开始”选项卡上“段落”组中的“项目符号”按钮，在弹出的列表中选择“项目符号和编号”命令，打开“项目符号和编号”对话框。

⑥ 在“项目符号和编号”对话框中，选择第二行第二列项目符号样式，如图 3.40 所示。单击“确定”按钮。

⑦ 为这部分设置合适的行距。单击“开始”选项卡上“段落”组中的“行距”按钮，弹出行距菜单，如图 3.41 所示。

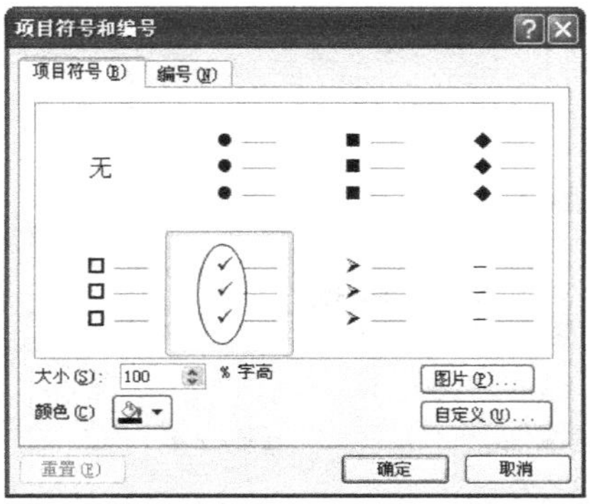

图 3.40 “项目符号和编号”对话框

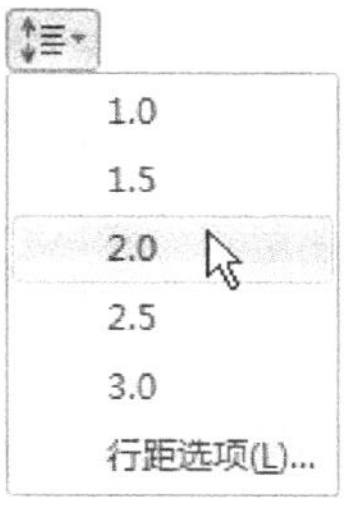

图 3.41 行距菜单

⑧ 在行距菜单中选择“2.0”，即 2 倍行距。

⑨ 设置标题文字的字体为“华文新魏”，字号为“48”；正文文字的字体为“华文仿宋”，字号为“20”。

到此，第二张幻灯片的制作就完成了，效果如图 3.42 所示。

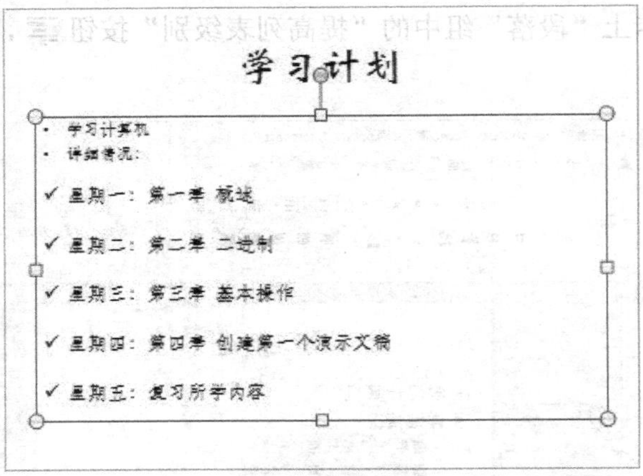

图 3.42　第二张幻灯片的效果

4．制作演示文稿的其他幻灯片

第三张幻灯片采用与第二张幻灯片相同的版式，只是文字稍有不同，在制作时可依前述的方法插入第三张幻灯片，输入幻灯片的标题和文字，设置字体、字号、行距，更改项目符号，一步一步地完成第三张幻灯片的制作。在这里，也可以使用复制幻灯片的方法。具体操作步骤如下：

① 在“幻灯片”或者“大纲”选项卡下，用鼠标右键单击第二张幻灯片，弹出的快捷菜单如图 3.43 所示。

② 在快捷菜单中单击“复制”命令，将第二张幻灯片的内容复制到剪贴板中。

③ 在“幻灯片”或者“大纲”选项卡下，在要插入第三张幻灯片的地方单击鼠标右键，在弹出的快捷菜单中选择“粘贴选项”下的“保留源格式”按钮，完成复制操作。这样就添加了一张内容与第二张幻灯片完全相同的幻灯片。

④ 修改复制得到的幻灯片文字，完成制作，其效果如图 3.44 所示。至此，“学习总结”的所有内容输入完毕。

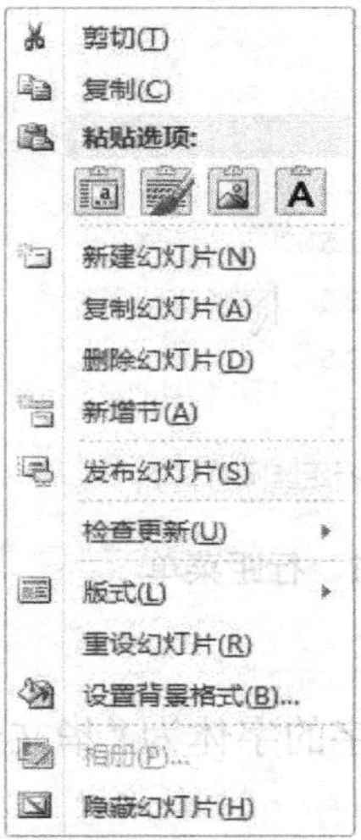

图 3.43　快捷菜单

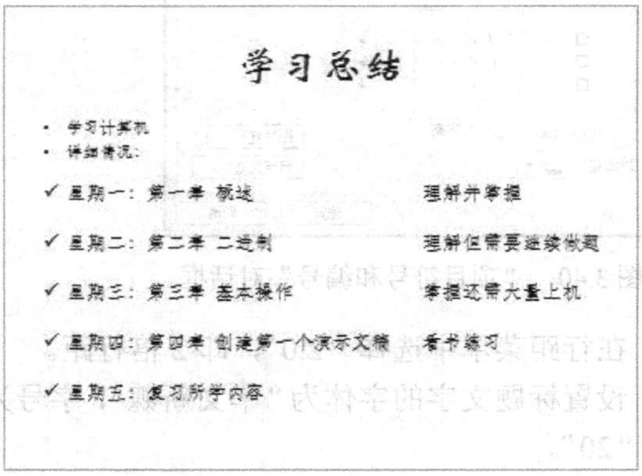

图 3.44　完成的第三张幻灯片

⑤ 演示文稿制作完成后，可以演示预览制作的效果。单击状态栏上的“幻灯片浏览”按钮或按【F5】键，对幻灯片进行浏览。

⑥ 最后将幻灯片存盘保存。单击“文件”选项卡中的“保存”命令，弹出“另存为”对话框，在“文件名”文本框中输入演示文稿的文件名“演示文稿 2”，单击“保存”按钮。

上机实习 3

1．进入中文 PowerPoint 2010，打开文件名为“PP2”的演示文稿。

2．显示“PP2”演示文稿中的第三张幻灯片，增加一张版式为“标题和内容”的新幻灯片。

3．按如下要求，在幻灯片普通视图中输入文字。

（1）输入标题：自学式多媒体教材的设计。

（2）在正文框中输入第 1 层次和第 2 层次的内容：

一、自学式教材的发展

1. 一般教学用书

2. 编写教材

3. 电脑辅助教学

4. 开放大学教材

4．增加一张新的幻灯片，幻灯片版式为“标题和内容”。

5．在新幻灯片中输入如下文字：

（1）输入标题：自学式多元媒体教材的设计。

（2）在正文框中输入第 1 层次和第 2 层次的内容：

二、自学式教材所涵括的媒体

1. 实物媒体

2. 印刷媒体

3. 影音媒体

4. 电脑媒体

5. 网络媒体

6．对第三、第四张幻灯片做如下操作：

（1）将幻灯片中的标题文字的字体设置为“黑体”，字号设置为“40”，颜色设置为“红色”。

（2）将幻灯片中的正文文本中第 1 层次文字的字体设置为“宋体”，字号为“28”，颜色为“蓝色”，将第 2 层次文字的字体设置为“仿宋”，字号为“24”，颜色为“橘黄色”。

（3）将幻灯片中第 1 层次文字和第 2 层次文字的项目符号分别改变为“●”和“■”。

（4）修改第三、四张幻灯片中的文字段落的行间距，将正文第 2 层次文字的行间距设置为“1.5 行”，“段前”为 0.3 磅，“段后”为 0.2 磅。

习题3

一、问答题

1．在幻灯片中输入文本，常用的有哪三种方法？
2．在幻灯片中输入不同层次的文本内容时，应如何操作？
3．用文本框输入文本有哪两种方式，各适用于何种场合？

二、选择题

1．使用占位符在幻灯片中输入文本，在__________可以看到输入的文本。
A．普通视图　　B．幻灯片浏览视图
C．备注页视图　　D．大纲视图

2．单击“插入”选项卡上“文本”组中的文本框按钮输入文本时，下面说法正确的是________。
A．只能在占位符之外的位置输入文本　　B．能在幻灯片的任意位置输入文本
C．只能用文字标签方式输入文本　　D．可以使用竖排方式输入文本

3．设置幻灯片文本的颜色时，下列说法正确的是________。
A．只能使用配色方案中的8种颜色　　B．可以使用系统的多种颜色
C．可以使用的颜色共有20种　　D．以上三种说法都不准确

4．设置段落的“对齐”方式和“行间距”时，应首先________。
A．将光标插入段落的第一个文字之前　　B．将光标插入段落的最后处
C．选中段落中的所有文字　　D．以上三种方法都正确

5．编辑已存在的演示文稿时，如果要在幻灯片中插入新幻灯片，只能在________中操作。
A．大纲视图　　B．普通视图
C．页面视图　　D．以上三种答案都不准确

6．单击________选项卡中的“复制”命令，可以在当前选中的幻灯片下方复制一张幻灯片。
A．“开始”　　B．“插入”
C．“设计”　　D．“文件”

7．在幻灯片的大纲视图中建立演示文稿的幻灯片时，正确的操作方法是________。
A．输入幻灯片的标题后，按【Enter】键便可以建立下一张幻灯片
B．输入幻灯片的标题后，按【Tab】键便可以建立下一张幻灯片
C．输入幻灯片的标题后，按【Tab】键便可以输入幻灯片的次级标题
D．幻灯片的次级标题输入后，按【Ctrl+Enter】组合键便可以建立下一张幻灯片

三、判断题

1．只能在幻灯片的占位符中输入文字，而不能在幻灯片的占位符外输入文字。（　）
2．使用“文本”组中的文本框按钮只能在幻灯片中输入横排的文本。（　）

3. 用文字标签方式在幻灯片中输入文本时，输入的文本不会自动换行。（ ）

4. 用字处理方式在幻灯片中输入文本时，输入的文本不会自动换行。（ ）

5. 当改变幻灯片中文字的字体、字号、字形和颜色时，用鼠标单击要编辑的文字，在文字周围出现了文本框，即可使用“字体”组中的按钮进行设置。（ ）

6. 正文框中的文本段落前有一默认的项目符号，这些项目符号是不能进行修改的。（ ）

7. 正文框中的文本行间距可以增大，也可以减小。（ ）

8. 在幻灯片浏览视图中，可以一次选中多张幻灯片进行操作，如删除、复制、移动等。（ ）

9. 在幻灯片普通视图中，可以一次选中多张幻灯片进行操作，如删除、复制、移动等。（ ）

第 4 章

图形处理

将图形和文字配合在一起，可以大大增强演示文稿的渲染力，增强演示效果。PowerPoint 2010 提供了强大的图形处理功能，可以使用“开始”选项卡上“绘图”组中的绘图工具绘制图形，也可以从 PowerPoint 2010 内置的剪辑库或其他图形文件中导入图形、图片或剪贴画。

4.1　绘制与编辑图形

1. 绘图工具栏“格式”选项卡

与以前版本不同，PowerPoint 2010 提供了不同的“绘图工具”栏“格式”选项卡和“图片工具”栏“格式”选项卡。默认状态下，这两种工具栏都不显示，只有当绘制图形或插入图片和剪贴画以后，双击创建的图形或图像才会显示“绘图工具”栏“格式”选项卡和“图片工具”栏“格式”选项卡。

（1）“绘图工具”栏“格式”选项卡

双击绘制好的图形，就会打开“绘图工具”栏“格式”选项卡，如图 4.1 所示。

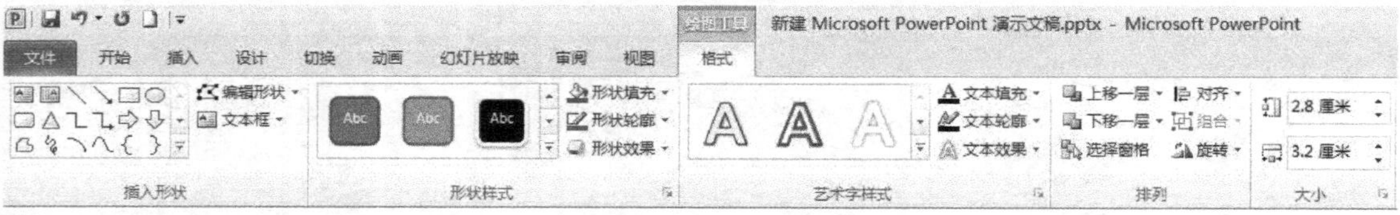

图 4.1　“绘图工具”栏“格式”选项卡

（2）“绘图工具”栏“格式”选项卡中各按钮的名称与功能

“绘图工具”栏“格式”选项卡中各按钮的名称与功能见表 4.1。

表 4.1　“绘图工具”栏“格式”选项卡中各按钮的名称与功能

按　钮	名　称	功　能
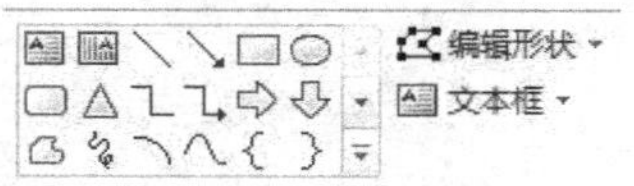	插入形状组	绘制各种图形、文本框、编辑形状
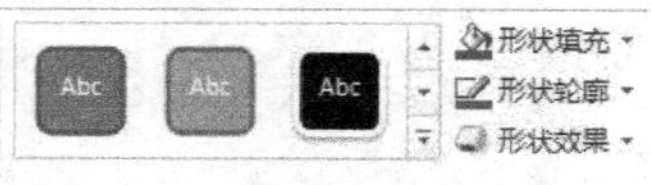	形状样式组	设置图形样式，形状填充、形状轮廓、形状效果

续表

按　钮	名　称	功　能
	艺术字样式组	设置艺术字样式，文本填充，文本轮廓、文本效果
	排列组	设置图形的图层位置、对齐方式、组合和旋转方式
	大小组	设置图形的高度和宽度

2. 绘制基本图形

（1）绘制基本图形的方法

① 单击“开始”选项卡上“幻灯片”组中的“新建幻灯片”按钮右下角的向下箭头，在弹出的“Office 主题”幻灯片样式对话框中选择“空白”版式，创建一张空白幻灯片，如图 4.2 所示。

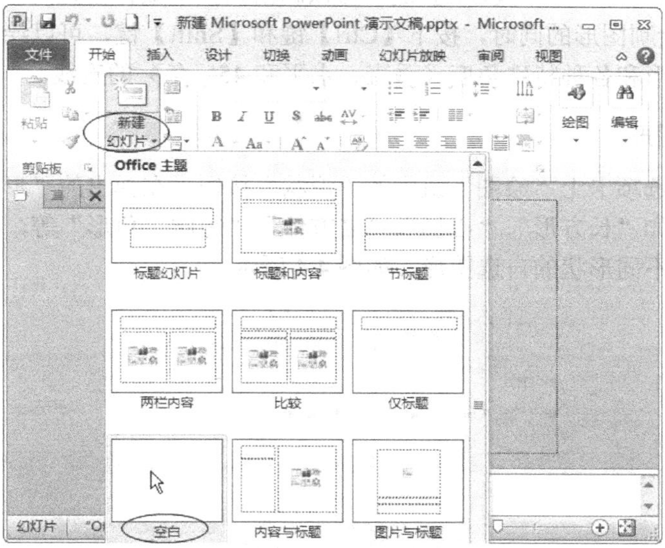

图 4.2　创建空白幻灯片

② 单击“开始”选项卡上“绘图”组中的“形状”按钮，在弹出的“形状”对话框中选择基本图形（直线、箭头、矩形或椭圆）按钮，然后，把光标移到幻灯片中，这时鼠标指针变成了“十”字形状。

③ 把“十”字形状光标移至需要绘制图形的位置，拖动鼠标到适当的位置松开，可以绘制直线、矩形、箭头和椭圆等基本图形。在幻灯片中绘制的基本形状图形如图 4.3 所示。

（2）绘制基本图形的技巧

① 拖动鼠标绘图的同时，按下【Shift】键，可绘制正方形和圆形，还可以绘制出从开始

点处倾斜 15° 倍数的特殊角度的直线（例如：水平、垂直及 30° 和 60° 角的直线和箭头）。

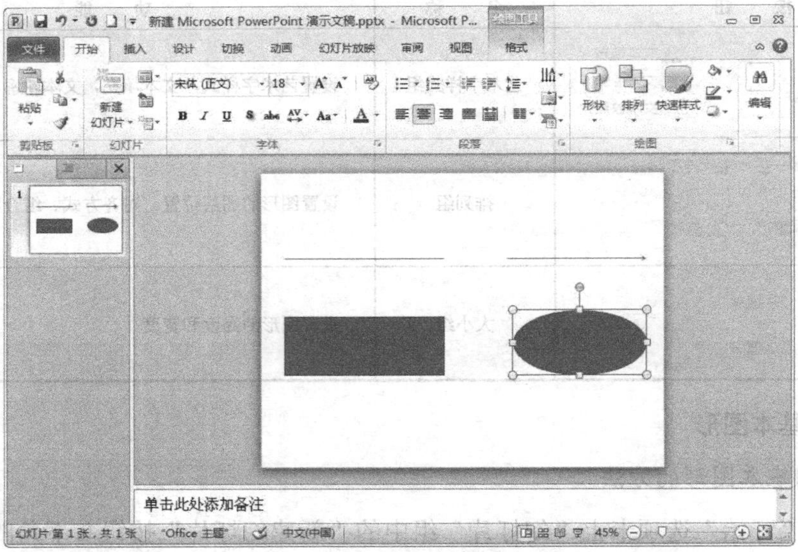

图 4.3 绘制基本图形

② 拖动鼠标的同时，按下【Ctrl】键，可以画出以按下鼠标位置为中心的图形。

③ 拖动鼠标绘制图形的同时，按下【Ctrl】键和【Shift】键，可以绘制以鼠标按下位置为中心的圆、正方形和各种特殊角度（垂直、水平和 45° 角）的直线。

3．绘制其他图形

单击“开始”选项卡上“绘图”组中的“形状”按钮，在弹出的“形状”对话框中选择一些特殊的图形，如“长方形”、“心形”、“立方体”、“等腰三角形”等，在幻灯片编辑区拖动鼠标即可绘制出不同形状的自选图形，如图 4.4 所示。

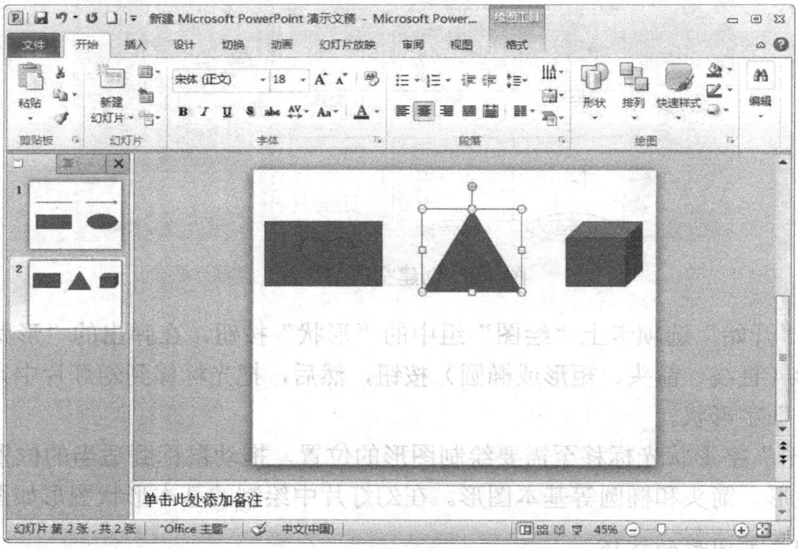

图 4.4 绘制其他图形

如果绘制高宽成比例的正方形、圆、等边三角形或立方体等。按住【Shift】键的同时绘制图形就可以绘制出高宽成比例的图形，还可以绘制出自从开始点处倾斜 15° 倍数的直线组成的图形。

4. 图形的编辑

（1）选中图形

用鼠标单击图形，即可选中图形。图形被选中后，在其周围将出现八个控制点，顶端还有一个被称为旋转控制点的控制点，如图 4.4 所示（三角形为选中图形）。

若要对多个图形进行同一种编辑操作，应同时选中多个需要编辑的图形，其方法是：先选中第一个图形，然后，在按下【Shift】键的同时，再依次单击第二个、第三个……直至选中所有的图形，如图 4.5 所示。

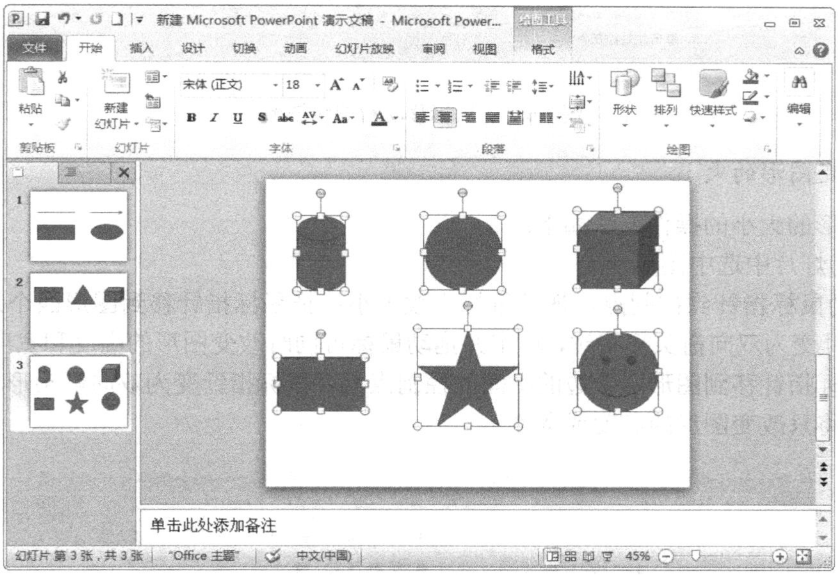

图 4.5　选定多个图形

（2）删除图形

选中图形以后，按【Delete】键即可把图形删除。

（3）移动图形的位置和旋转图形

① 移动图形

将鼠标指针放至图形上，当鼠标指针变成“ ”形状时，单击并拖动鼠标，将图形移到合适的位置，如图 4.6 所示。

精确改变图形位置的方法是：选中该图形，在按住【Ctrl】键的同时，按【↑】、【↓】、【←】、【→】光标键，可以以像素为单位对图形进行移动。

② 旋转图形

首先要选中图形，然后将鼠标指针移动到图形顶端的旋转控制点上，该旋转控制点变成旋转形状“ ”，此时单击鼠标并按下左键，旋转控制点变成“ ”形状，移动鼠标旋转图形至满意角度后松开鼠标左键即可，如图 4.6 所示。

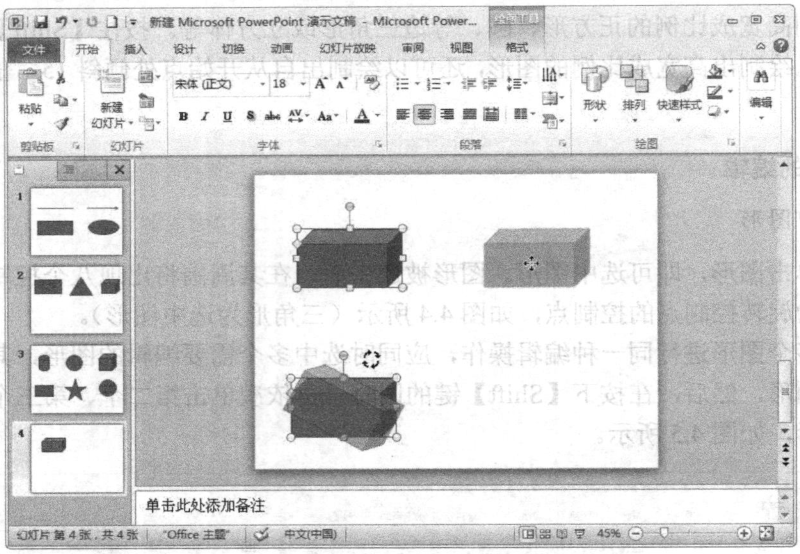

图 4.6　用鼠标移动和旋转图形

（4）改变图形的大小

改变图形的大小的操作方法如下：

① 在幻灯片中选中图形。

② 移动鼠标指针到控制点，拖动鼠标更改大小：把鼠标指针移到图形四个角的控制点上，鼠标指针变为双向箭头形状时，单击并拖动鼠标可同时改变图形的高度和宽度。如图 4.7 所示，把鼠标指针移到图形四个边的中间的控制点上，鼠标指针变为双向箭头形状时，这时拖动鼠标，将只改变图形的高度或宽度。

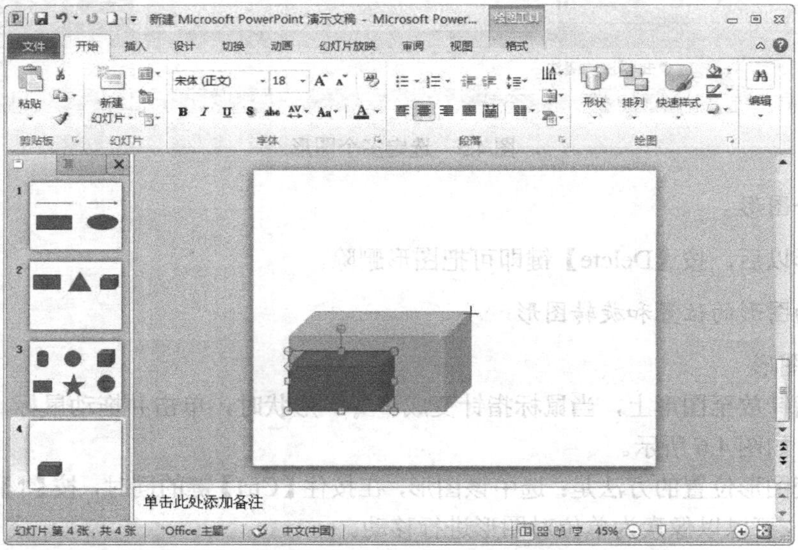

图 4.7　利用鼠标修改图形大小

如果要精确地设置图形的大小，应在选定该图形后，单击鼠标右键打开快捷菜单，单击其中的“大小和位置”命令，打开“设置形状格式”对话框，在对话框左侧选择“大小”选项，对话框右侧将显示“大小”选项卡，如图 4.8 所示。在“尺寸和旋转”选项组的“高度”和“宽度”文本框中输入数值，或者在“缩放比例”选项组的“高度”和“宽度”文本框中输入图形的缩放比例。选中“锁定纵横比”复选框时，可以在改变图形大小时保持图形的纵横比不变。最后单击“确定”按钮，关闭对话框。

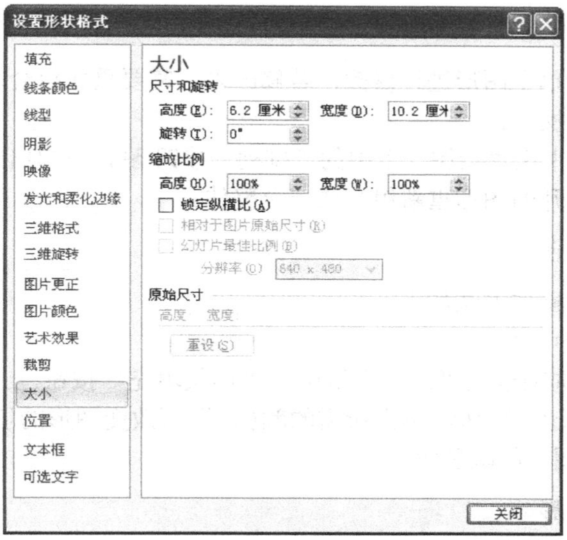

图 4.8　“大小”选项卡

（5）组合图形

组合图形的操作方法和步骤如下：

① 同时选中需要组合在一起的多个图形。

② 单击“开始”选项卡上“绘图”组中的“排列”按钮，在弹出的菜单中选中“组合”命令，如图 4.9 所示。操作结束后，原来分散的单个图形被组合成一个整体。

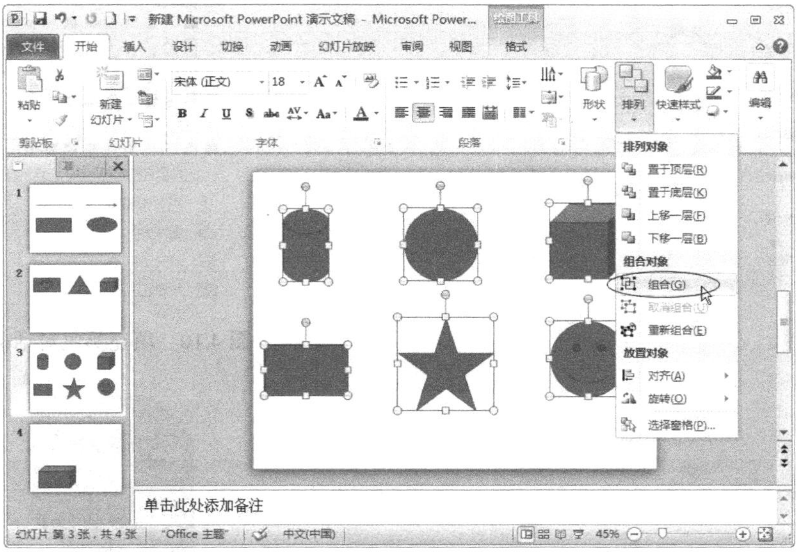

图 4.9　“组合”命令

（6）拆分图形

① 选中经过组合的图形。

② 单击“开始”选项卡上“绘图”组中的“排列”按钮，在弹出的菜单中选择“取消组合”命令。

（7）重新组合图形

图形拆分后，可对单个图形进行修改，若修改以后需要重新组合时，不必再一个一个选中图形，可按以下方法操作：

单击“开始”选项卡上“绘图”组中的“排列”按钮，在弹出的菜单中单击“重新组合”命令，即可把拆分开的图形重新组合成一个整体。

（8）给图形填充颜色

给图形填充颜色的操作方法如下：

① 在幻灯片中选中图形。

② 单击“开始”选项卡上“绘图”组中的“形状填充”按钮右侧的三角形，弹出如图 4.10 所示的填充颜色对话框，单击所需的颜色，即可改变图形的填充颜色。如果选择“无填充颜色”，可取消对图形的颜色填充。

（9）给图形设置阴影

① 选中所需编辑的图形。

② 单击“开始”选项卡上“绘图”组中的“形状效果”按钮，在弹出的菜单中选择“阴影”命令，弹出“阴影样式”下拉列表，如图 4.11 所示。

③ 根据需要单击阴影列表中的一种效果。例如：单击列表“外部”选项组中第一行的第一种阴影效果。图 4.12 为给矩形图形设置阴影后的效果。读者不妨试一试其他阴影样式的效果。

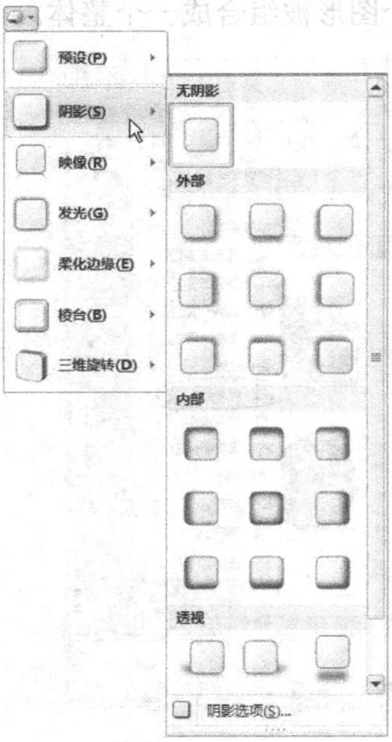

图 4.11 “阴影样式”下拉列表

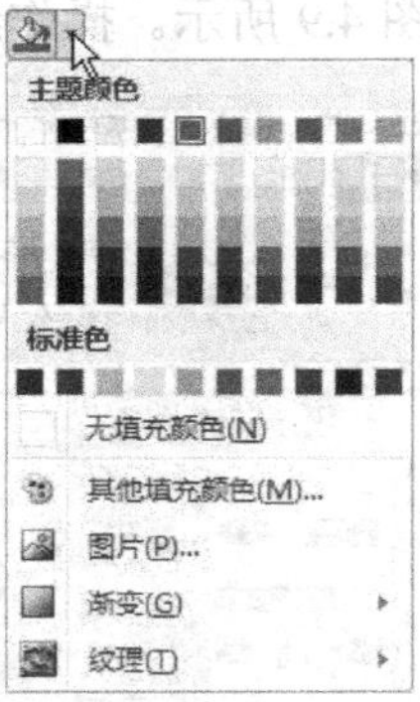

图 4.10 填充颜色对话框

图 4.12 给图形增加阴影效果

④ 如果要取消给图形设置的阴影效果，单击“开始”选项卡上“绘图”组中的“形状效果”按钮，在弹出的菜单中选择“阴影”命令，如图 4.11 所示，在样式列表中单击“无阴影”项即可。

（10）给图形设置三维效果

①选中所需编辑的图形。

② 单击“开始”选项卡上“绘图”组中的“形状效果”按钮，在弹出的菜单中选择“三维旋转”命令，弹出“三维旋转”下拉列表，如图 4.13 所示。

③ 单击选中其中一种效果。例如：单击“平行”选项组中第二行的第四种三维效果，给矩形设置三维效果，如图 4.14 所示。读者不妨试一试其他三维效果的设置。

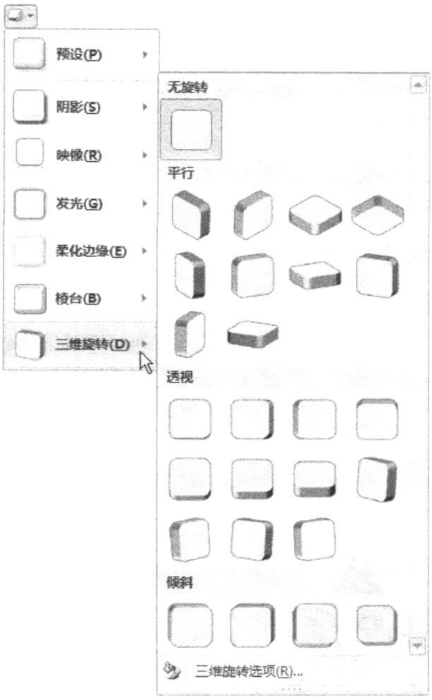

图 4.13 “三维旋转”下拉列表

图 4.14 给图形增加三维效果

④ 如果取消给图形添加的三维效果，则单击“三维旋转”命令，打开“三维旋转”下拉列表，如图 4.13 所示。在列表中单击“无旋转”选项即可。

（11）给图形添加文字

① 在需要添加文字的图形上单击鼠标右键，在弹出的快捷菜单中选择“编辑文字”命令，如图 4.15 所示。

② 在图形中出现文字输入光标，此时即可输入文字。

③ 文字输入完成后，在图形外的任意位置单击鼠标，即可退出文字输入状态。如图 4.16 所示为在图形中加入文字的效果。

如果需要对输入的文字进行编辑，首先选中要编辑的文字，其编辑方法与一般文本的编辑方法相同。

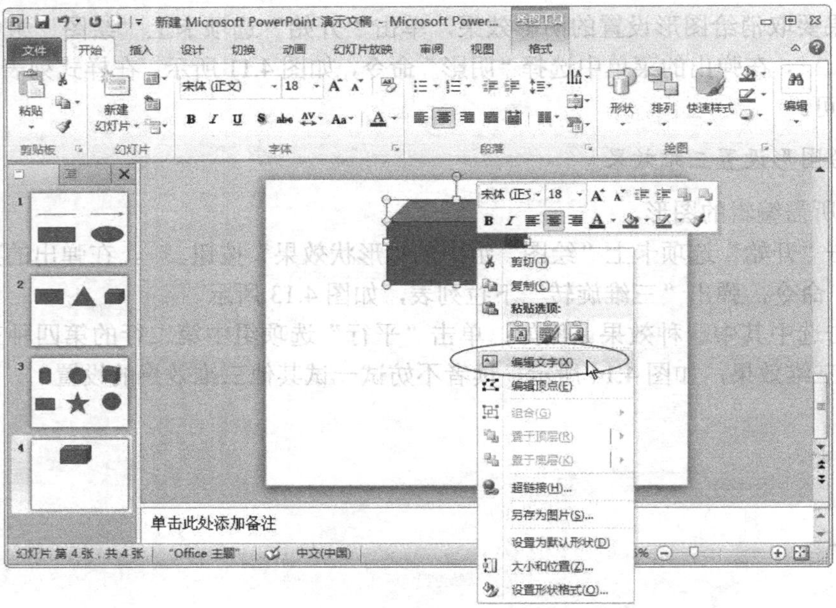

图 4.15　快捷菜单中的“编辑文字”命令

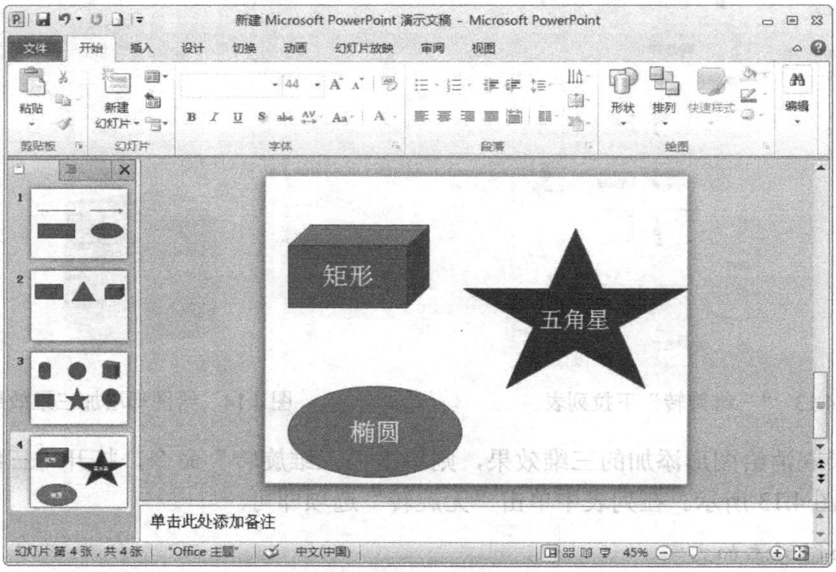

图 4.16　给图形添加文字

(12) 调整图形的叠放次序

幻灯片中的图形有叠放次序关系，有的图形在上层，有的图形在下层，上层的图形会将下层的图形遮盖，如图 4.17 所示。

如果需要改变图形之间的叠放次序，操作方法如下：

① 选中要改变叠放次序的图形。

② 单击“开始”选项卡上“绘图”组中的“排列”按钮，在弹出的下拉菜单中选择“排列对象”选项，在子菜单中选择需要的选项。例如，若将如图 4.17 所示在上层的五角星置于底层时，先选中幻灯片中的五角星图形，然后单击“开始”选项卡上“绘图”组中的“排

列”按钮，在弹出的下拉菜单中选择“排列对象”选项，在子菜单中选择“置于底层”命令。其操作结果如图 4.18 所示。

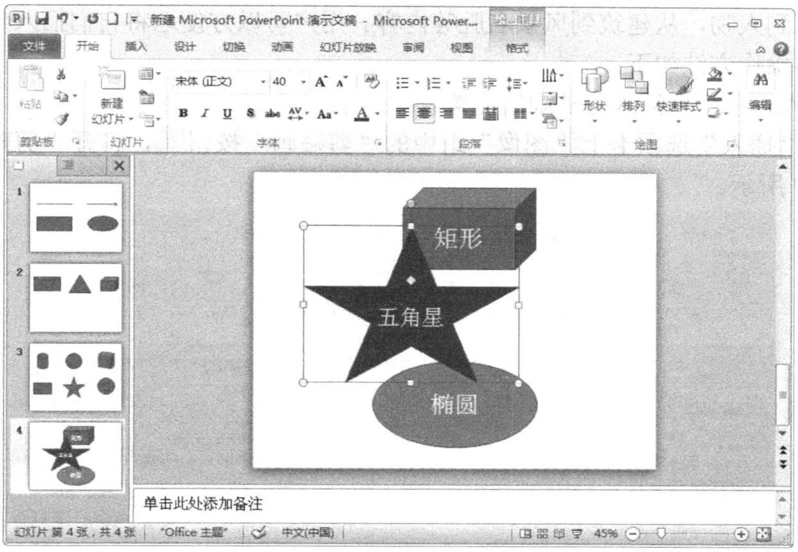

图 4.17　原图层叠放次序

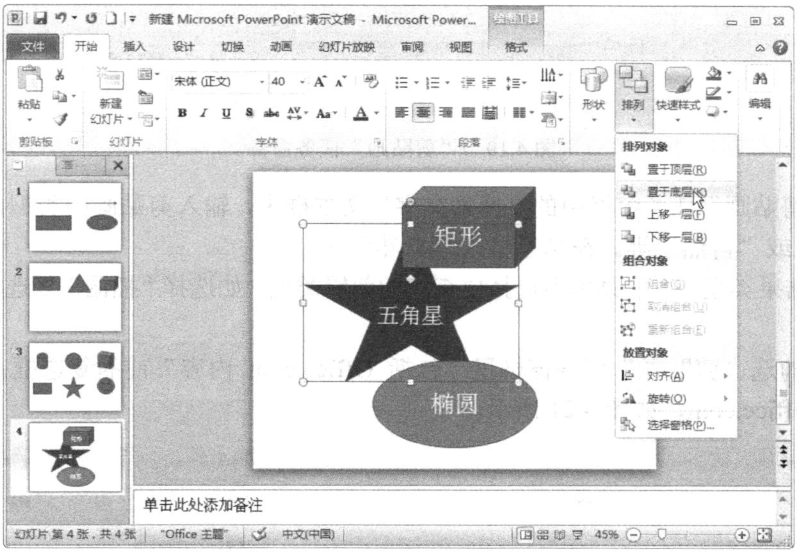

图 4.18　改变图层叠放次序后的效果

注意：每次新创建或插入一个图形时，总是被置于其他图形的最上层。

4.2　插入图片

在 PowerPoint 2010 中，允许在幻灯片中插入外部的图片。图片可以来自文件、剪贴画，也可以是由扫描仪和数码相机中复制下来的图像文件。

1. 插入剪贴画

剪贴画是 Office 2010 软件自带的图片，PowerPoint 的剪辑库中包含了大量的图片。图片涵盖了从地图到人物，从建筑到风景名胜等内容。用户可以方便地将它们插入到幻灯片中。插入剪贴画的操作方法如下：

① 将插入点移至要插入剪贴画的位置。

② 单击“插入”选项卡上“图像”组中的“剪贴画”按钮，打开“剪贴画”任务窗格，如图 4.19 所示。

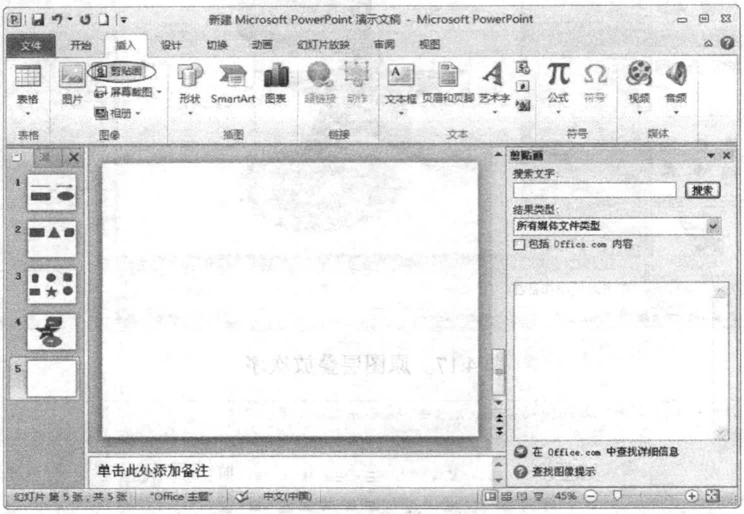

图 4.19 “剪贴画”任务窗格

③ 在“剪贴画”任务窗格中的“搜索文字”文本框中，输入剪贴画的类型，如输入“人物”、“动物”或“自然”等。在这里输入“自然”。

④ 在“结果类型”下拉菜单中选择要查找的剪辑类型，如选择“插图”复选框，如图 4.20 所示。

⑤ 如果勾选“剪贴画”任务窗格里“包括 Office.com 内容”前的复选框，那么搜索的范围将包括 Office.com，如图 4.21 所示。

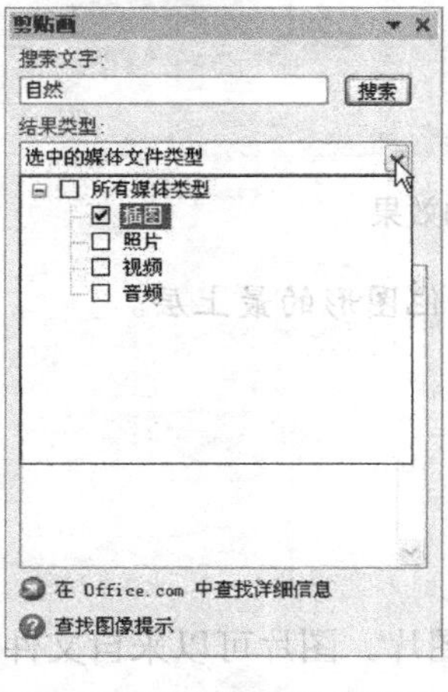

图 4.20 “结果类型”下拉列表

图 4.21 “包括 Office.com 内容”复选框

⑥ 单击“搜索”按钮。这时在“插入剪贴画”任务窗格的“结果”列表框中，显示搜索到的有关“自然”类图片。

⑦ 单击要插入的图片，可将剪贴画插入到光标所在位置，如图 4.22 所示。

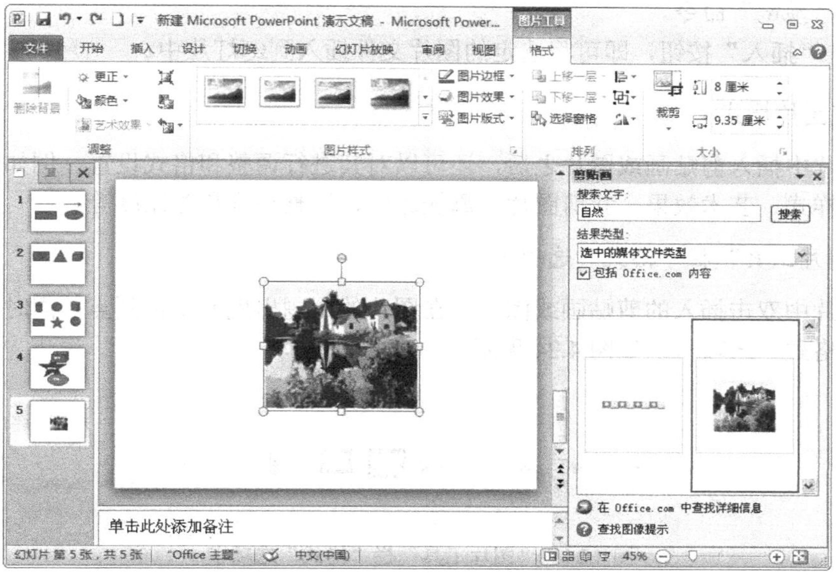

图 4.22 “插入剪贴画”示例

2. 插入图片文件

在 PowerPoint 中，可以插入多种格式的图片，如“.pcx”、“.bmp”、“.tif”及“.pic”等格式。插入图片文件的操作方法如下：

① 将插入点置于要插入图片的位置。

② 单击“开始”选项卡上“图像”组中的“图片”按钮，打开“插入图片”对话框，如图 4.23 所示。

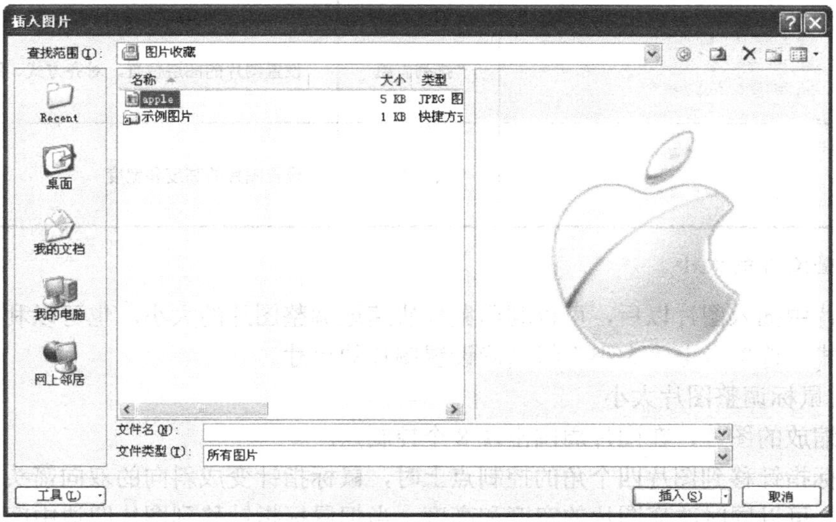

图 4.23 “插入图片”对话框

③ 在“查找范围”列表框中选择图片文件所在的文件夹，然后选定一个要插入的文件，也可以直接在“文件名”文本框中输入文件的路径和名称。

④ 如果要预览图片，在对话框中单击“视图”按钮右边的向下箭头，从打开的下拉菜单中选择“预览”命令。

⑤ 单击“插入”按钮，即可将选定的图片文件插入到幻灯片中。

3. 设置图片格式

在幻灯片中插入剪贴画或图片之后，还可以对其进行调整和格式设置。例如，调整图片大小、图片样式、艺术效果、裁剪图片、添加边框、调整亮度和对比度等。

（1）“图片工具”栏“格式”选项卡

在幻灯片中双击插入的剪贴画或图片，在图片的周围出现 8 个控制点，同时打开“图片工具”栏“格式”选项卡，如图 4.24 所示。

图 4.24 “图片工具”栏“格式”选项卡

“图片工具”栏“格式”选项卡中各按钮的名称与功能见表 4.2。

表 4.2 “图片工具”栏“格式”选项卡中各按钮的名称与功能

按 钮	按 钮 名 称	功 能
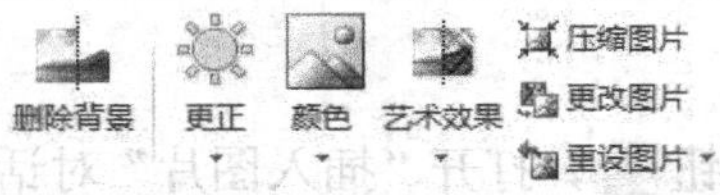	“调整”组	调整修改图片的显示效果
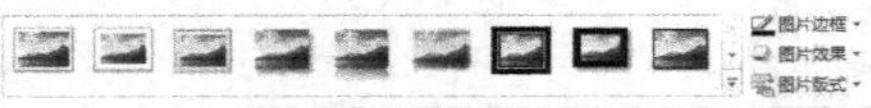	“图片样式”组	设置图片的阴影、边框、版式
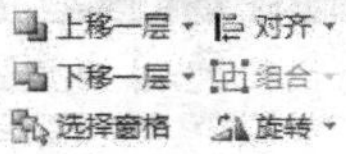	“排列”组	设置图片的图层位置、对齐方式、组合和旋转
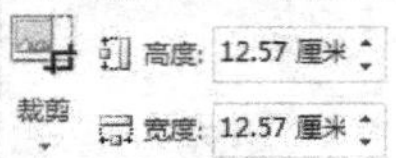	“大小”组	设置图片的高度和宽度

（2）调整图片的大小

在幻灯片中插入图片以后，可以利用鼠标快速地调整图片的大小，也可以利用“图片工具”栏“格式”选项卡上“大小”组精确设置图片的尺寸。

① 使用鼠标调整图片大小

单击要缩放的图片，在图片周围出现 8 个控制点。

当把鼠标指针移到图片四个角的控制点上时，鼠标指针变成斜向的双向箭头。按住鼠标左键拖动时，可以同时改变图片的宽度和高度。当把鼠标指针移到图片四边中间的控制点上时，按住鼠标拖动时，则只改变图片的宽度或高度，从而会使图片产生变形效果。

按住【Shift】键并拖动图片的控制点时，将在保持原图片高宽比例的情况下进行图片的缩放。按住【Ctrl】键并拖动图片的控制点时，将从图片的中心向外垂直、水平或沿对角线缩放图片。

② 精确调整图片大小

在幻灯片中选中要缩放的图片。

➲ 单击“图片工具”栏“格式”选项卡上“大小”组右下角的“大小和位置”按钮，或者选定该图形后，单击鼠标右键打开快捷菜单，单击其中的“大小和位置”命令，打开“设置图片格式”对话框，在对话框左侧选择“大小”选项，对话框右侧将显示“大小”选项卡，如图4.25所示。

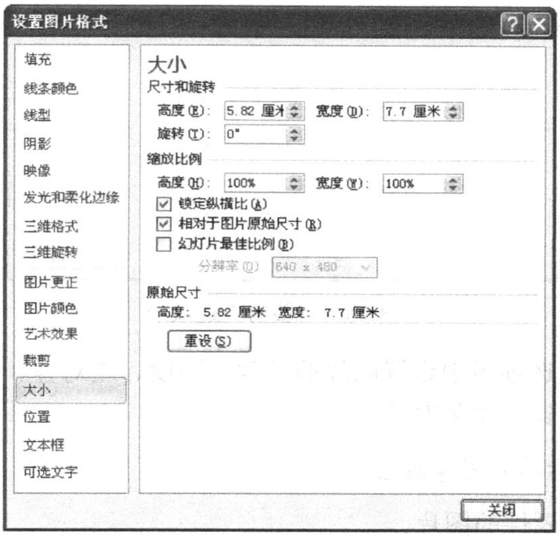

图 4.25 “大小”选项卡

要使图片的高度与宽度与原图片保持相同的比例，应选中“锁定纵横比”复选框。

在“尺寸和旋转”选项组的“高度”和“宽度”文本框中输入图片的高度和宽度值，或者在“缩放”选项组的“高度”和“宽度”文本框中输入图片的高度和宽度比例。

➲ 单击“关闭”按钮，关闭对话框。

（3）裁剪图片

如果只希望显示插入图片的一部分，可通过“裁剪”工具按钮将图片中不希望显示的部分裁剪掉，其操作方法如下：

① 在幻灯片中单击要裁剪的图片。

② 单击“图片工具”栏“格式”选项卡上“大小”组中的“裁剪”按钮，鼠标指针变为形状。当把鼠标指针指向图片的某个控制点上向图片内部拖动时，可以隐藏图片的部分区域。当向图片外部拖动时，可以增大图片周围的空白区域。

③ 拖动图片至合适的位置后松开鼠标左键。

实际上，被裁剪部分的图片并不是真正被删除，而是被隐藏起来。如果要恢复被裁剪的部分，可以先选定该图片，然后单击“图片工具”栏“格式”选项卡上“大小”组中的“裁剪”按钮，向图片外部拖动控制点即可将裁剪的部分重新显示出来。

如果要按尺寸精确地裁剪图片，操作方法如下：

① 单击要裁剪的图片。

② 单击“图片工具”栏“格式”选项卡上“大小”组右下角的“大小和位置”按钮，打开“设置图片格式”对话框，并选中“裁剪”选项卡，如图 4.26 所示。

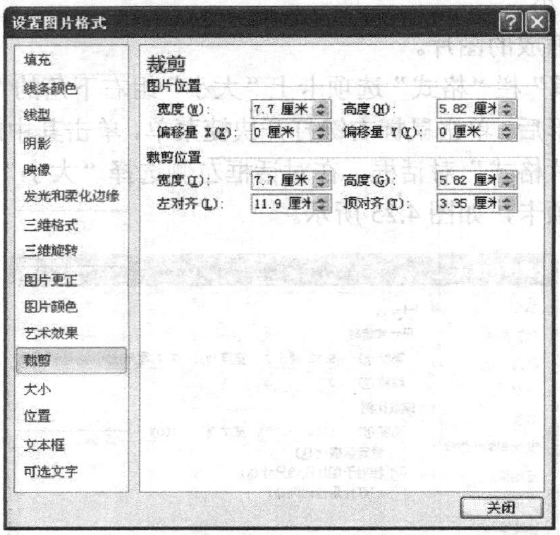

图 4.26 “裁剪”选项卡

③ 在“裁剪位置”选项组中设置图片的宽度、高度、左对齐、顶对齐的数值。

④ 单击“关闭”按钮，关闭对话框。

（4）设置图片或剪贴画的图像属性

① 单击要设置图像属性的图片。

② 单击“图片工具”栏“格式”选项卡上“调整”组中的“颜色”按钮，根据需要选择合适的“颜色饱和度”、“色调”、“重新着色”选项，如图 4.27 所示。

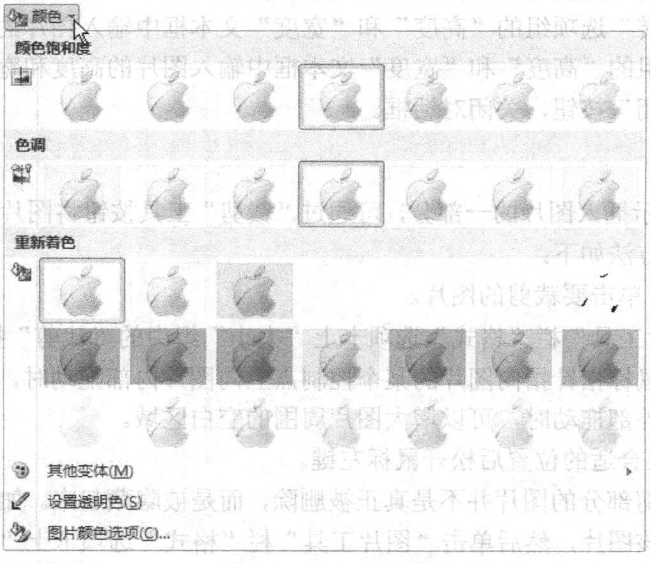

图 4.27 “颜色”菜单

如果要精确设置图片图像属性，操作方法如下：

① 选中要设置图像属性的图片。

② 单击鼠标右键，在弹出的快捷菜单中选择“设置图片格式”命令，打开“设置图片格式”对话框，选中“图片颜色”选项，“图片颜色”选项卡如图 4.28 所示。

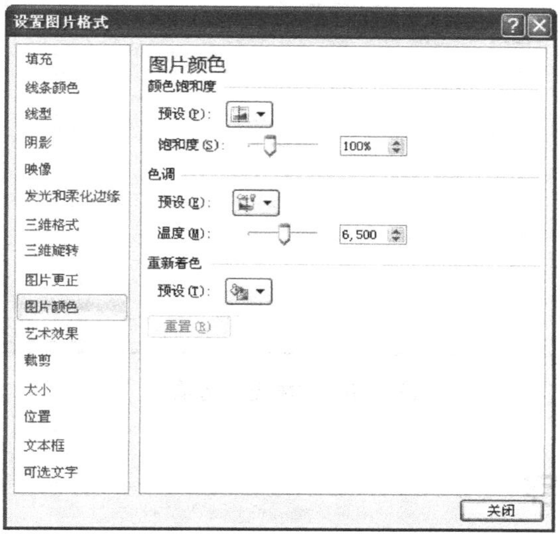

图 4.28 “图片颜色”选项卡

③ 根据需要修改“颜色饱和度”、“色调”、“重新着色”等参数值。

④ 单击“确定”按钮。

(5) 给图片添加边框

① 单击要添加边框的图片。

② 在“图片工具”栏“格式”选项卡上“图片样式”组中，单击“图片边框”按钮 图片边框 ▾，如图 4.29 所示。

③ 在“图片边框”菜单下选择边框的颜色、虚实、线型及粗细线型等。

④ 如果没有合适的线型，应打开“设置图片格式”对话框，并选中“线型”选项卡，来设置合适的线型。

⑤ 单击“确定”按钮。

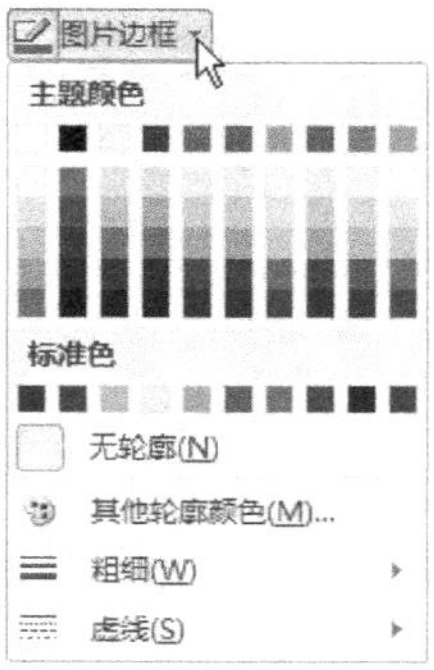

图 4.29 “图片边框”菜单

(6) 改变图片的填充颜色

① 选中要设置填充颜色的图片。

② 单击鼠标右键，在弹出的快捷菜单中选择“设置图片格式”命令，打开“设置图片格式”对话框，选择“填充”选项，如图 4.30 所示。在右侧窗格中显示 6 种填充效果：“无填充”、“纯色填充”、“渐变填充”、“图片或纹理填充”、“图案填充”和“幻灯片背景填充”。

③ 根据需要选择相应的填充效果。

④ 单击“关闭”按钮，关闭对话框。

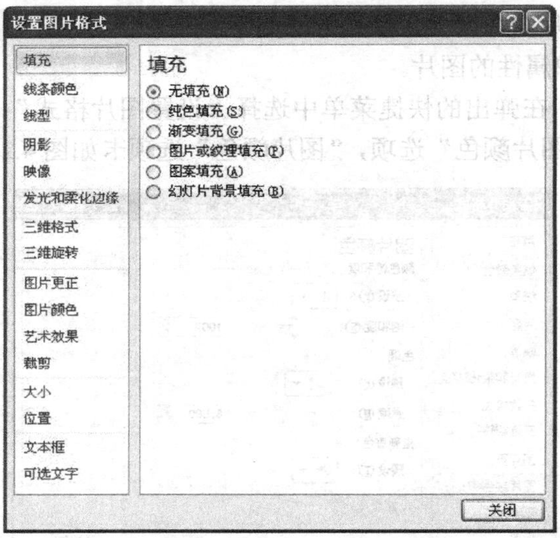

图 4.30 “填充”选项卡

4.3 艺术字

所谓艺术字体就是有特殊效果的文字。艺术字也是一种图形对象，因此可以用“绘图工具”栏“格式”选项卡上的按钮来改变其效果，如设置艺术字的边框、填充颜色等。

1. 插入艺术字

在幻灯片中插入艺术字可以按以下方法操作：

① 在幻灯片中，将插入点移到要插入艺术字的位置。

② 单击“插入”选项卡上“文本”组中的“艺术字”按钮，弹出“艺术字”库对话框，如图 4.31 所示。选择一种填充样式，如第四行第二个。

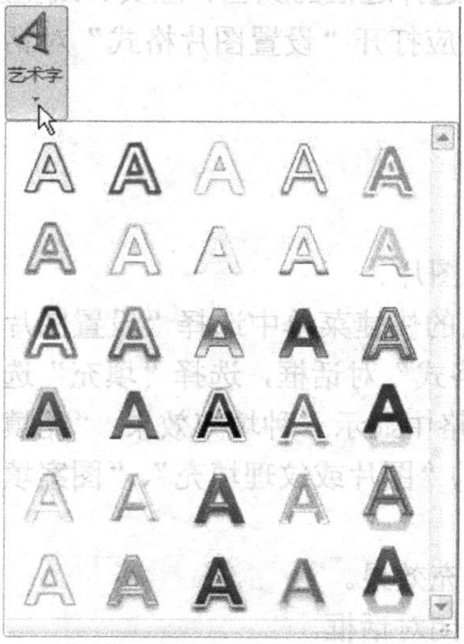

图 4.31 “艺术字”库下拉列表

③ 在“请在此放置您的文字”文本框中输入文字，如“APPLE 公司的 LOGO”，如图 4.32 所示。

图 4.32　插入“艺术字”示例

2. 编辑艺术字

用鼠标单击幻灯片中的艺术字，可出现“绘图工具”栏“格式”选项卡。使用“艺术字样式”组，可完成对艺术字的多种编辑工作，如图 4.33 所示。

图 4.33　“艺术字样式”组

（1）改变艺术字的样式

选中艺术字，在“艺术字样式”组中选择合适的样式。

（2）改变艺术字的文本填充和文本轮廓

选中艺术字，单击“艺术字样式”组中的“文本填充”按钮，可以设置主题颜色、填充色、渐变和纹理效果等。单击“文本轮廓”按钮，可以设置文本的轮廓颜色、线型等。

（3）更改艺术字的文本效果

选中艺术字，单击“艺术字样式”组中的“文本效果”按钮，可以设置“阴影”、“映像”、“发光”、“棱台”、“三维旋转”、“转换”等效果，如图 4.34 所示。

例如，设置“转换”效果，选择“跟随路径”的第二个效果，最终效果如图 4.35 所示。

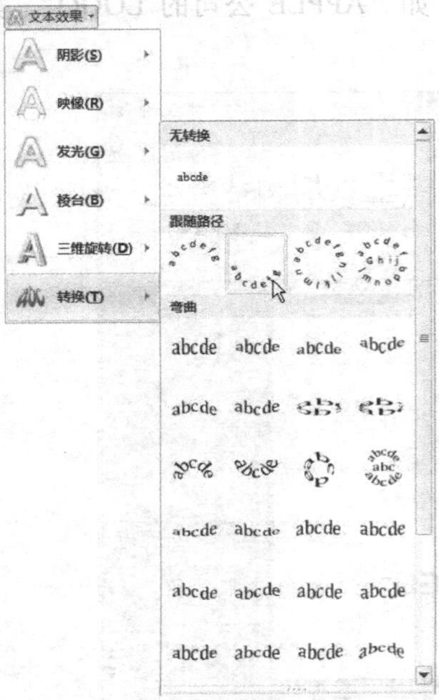

图 4.34 “文本效果”对话框

图 4.35 “跟随路径”效果

4.4 编辑公式

利用“公式编辑器”可以快速地编辑公式。

1. 启动公式编辑器

① 单击“插入”选项卡上“符号”组中的“公式”按钮，弹出如图 4.36 所示的菜单。

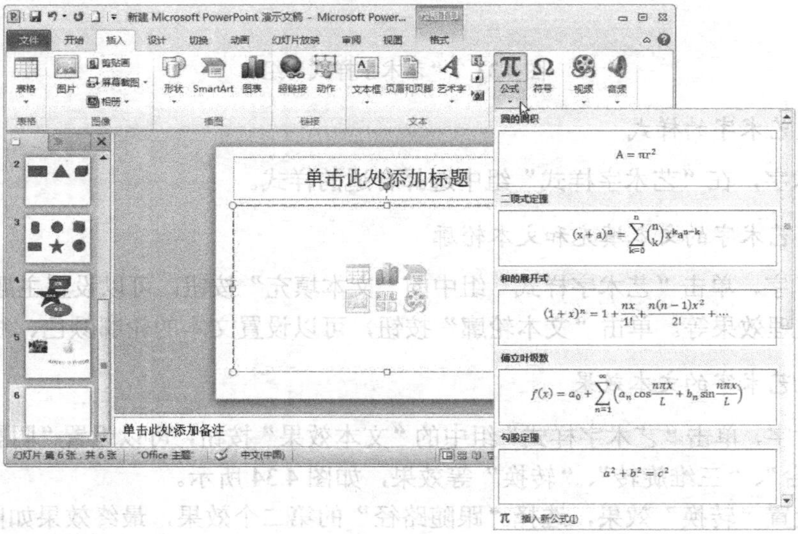

图 4.36 “公式”菜单

② 选择“插入新公式”选项后，即可显示出“公式工具”栏“设计”选项卡和公式编辑框，如图 4.37 所示。只要选择工具栏上的符号并输入数字和变量就可以建立复杂的公式，而且在公式编辑框中输入时，“公式编辑器”将根据数学和排版格式约定，自动调整公式中各元素的大小、间距和格式编排。

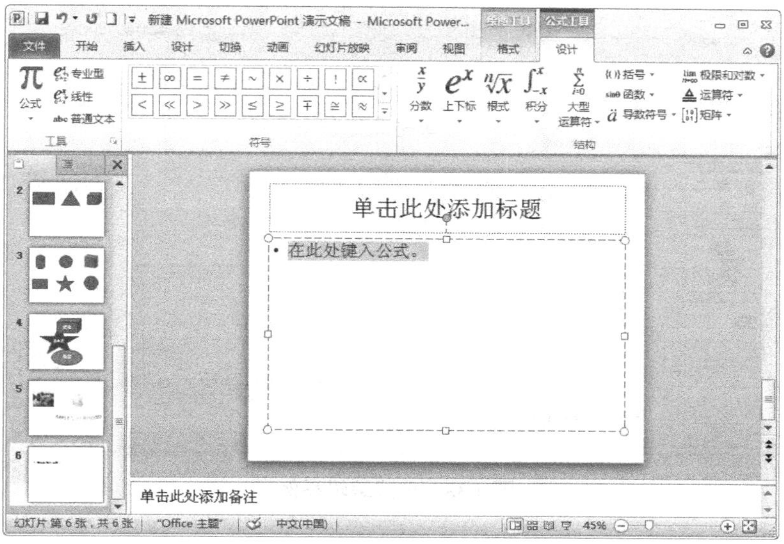

图 4.37 “公式工具 设计”选项卡和公式编辑框

“公式工具”栏由“工具”、“符号”和“结构”三个选项组组成，可插入 150 多个数学符号，有大约 120 种公式模板或框架。模板中一般还包含插槽，可以在其中插入文字和符号，也可以在插槽中再插入其他的模板来建立更复杂的公式。

2. 公式编辑举例

下面以在演示文档中输入 $\sin\alpha=\sqrt{2+\left(\dfrac{x+1}{3}\right)^2}-1$ 为例，介绍“公式编辑器”的使用。

操作方法如下：

① 将插入点移至要插入公式的位置。

② 打开公式编辑器，输入“sin”。

③ 在“公式工具”栏“设计”选项卡上“符号”组中选择希腊字母“α”，然后输入“=”。

④ 在“结构”组中单击“根式”按钮，并选择所需根式模板。

⑤ 在插槽中输入“2+”，并在“结构”组中单击“上下标”按钮，选择“上标”。

⑥ 在上标占位符中输入“2”，在下标占位符中单击“结构”组中“括号”按钮，选择小括号模板。

⑦ 在括号中单击“结构”组中的“分数”按钮，选择“竖式”，在分数线上的占位符中输入“x+1”，在分数线下的占位符中输入“3”。

⑧ 在根式外输入“−1”，结果如图 4.38 所示。

按以上步骤，选中不同的模板和符号，就能插入任意类型的公式，公式输入完成后只需单击公式编辑框外的任一点便可返回编辑状态。

如果对已经输入的公式不满意，可以通过双击该公式重新进入公式编辑状态，并对其进行编辑和修改。如果要改变位置，只要选中该公式后，拖动鼠标将其移到目标位置后释放鼠标即可。

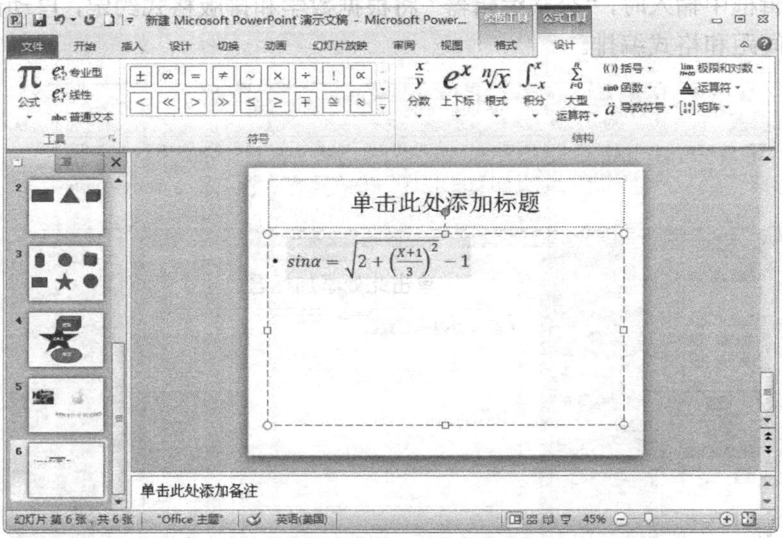

图 4.38　公式编辑举例

4.5 应用举例——制作新年贺卡和生日卡

1. 制作新年贺卡

制作新年贺卡的操作方法如下：

① 单击“开始”选项卡上“幻灯片”组中的“新建幻灯片”按钮右下角的向下箭头，在弹出的“Office 主题”幻灯片样式对话框中选择“空白”版式，创建一张空白幻灯片。

② 单击“插入”选项卡上“图像”组中的“图片”按钮，打开“插入图片”对话框。如图 4.39 所示。

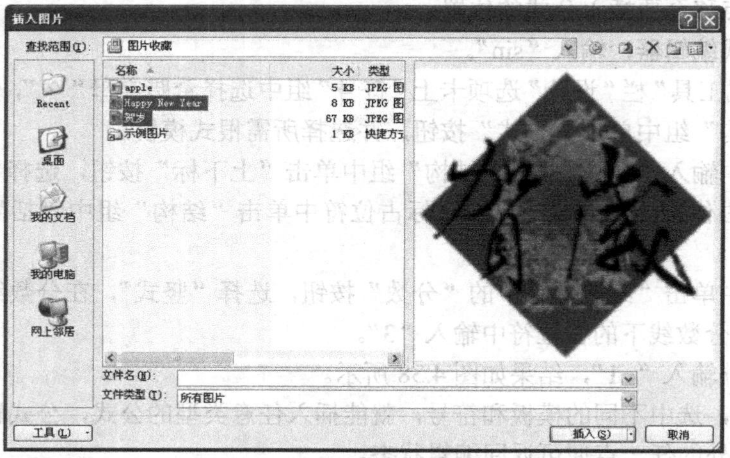

图 4.39　“插入图片”对话框

③ 选择一幅或者多幅合适的图片，在本例中选择“贺岁”和“Happy New Year”两幅图片，再单击“插入”按钮，将出现如图 4.40 所示效果。

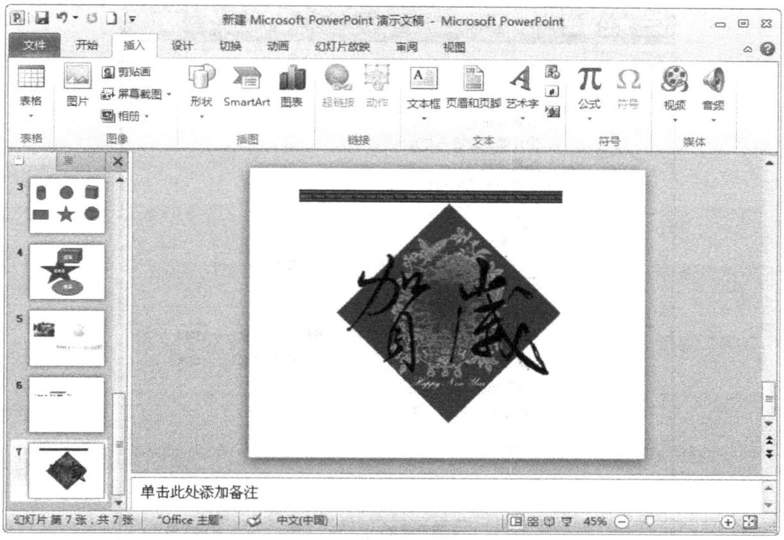

图 4.40 插入两幅图片

④ 用鼠标拖动图片四周的控制点，将图片调整到合适的大小，并将图片移到屏幕上合适的位置。

⑤ 选中写有“贺岁”字样的图片，单击“开始”选项卡上“绘图”组中的“排列”按钮，在弹出的菜单中选择“排列对象”选项，在“排列对象”选项的子菜单中选择“置于顶层”命令。

⑥ 选中插入的长条形“Happy New Year”图片，按【Ctrl+C】组合键，之后再按【Ctrl+V】组合键，就复制了一个新的图片，再将复制得到的图片移到合适的位置，调整完图片大小及位置的幻灯片效果如图 4.41 所示。

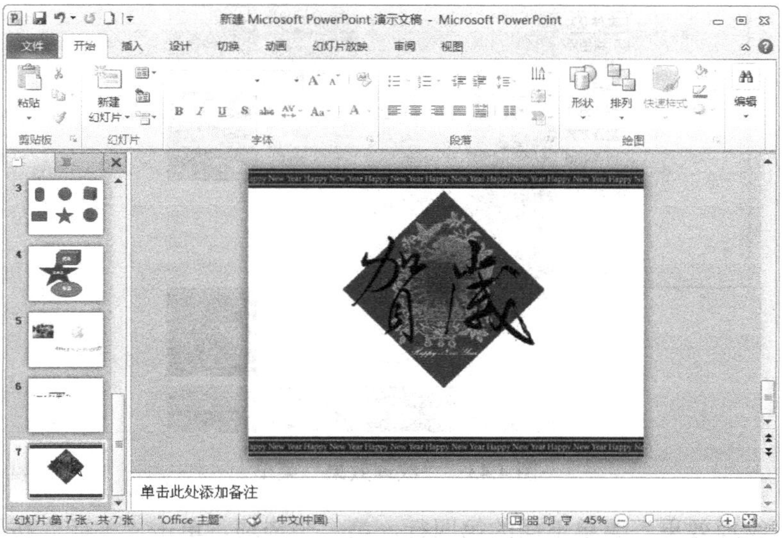

图 4.41 调整完图片大小及位置的幻灯片

⑦ 在编辑区的空白处单击鼠标右键，在弹出的快捷菜单中选择“设置背景格式”命令，弹出“设置背景格式”对话框，如图 4.42 所示。

图 4.42 “设置背景格式”对话框

⑧ 单击对话框左侧的“填充”命令，在右侧的对话框中选中“图片或纹理填充”单选项。单击“纹理”选项后面的向下箭头，此时将弹出“纹理效果”菜单，如图 4.43 所示。

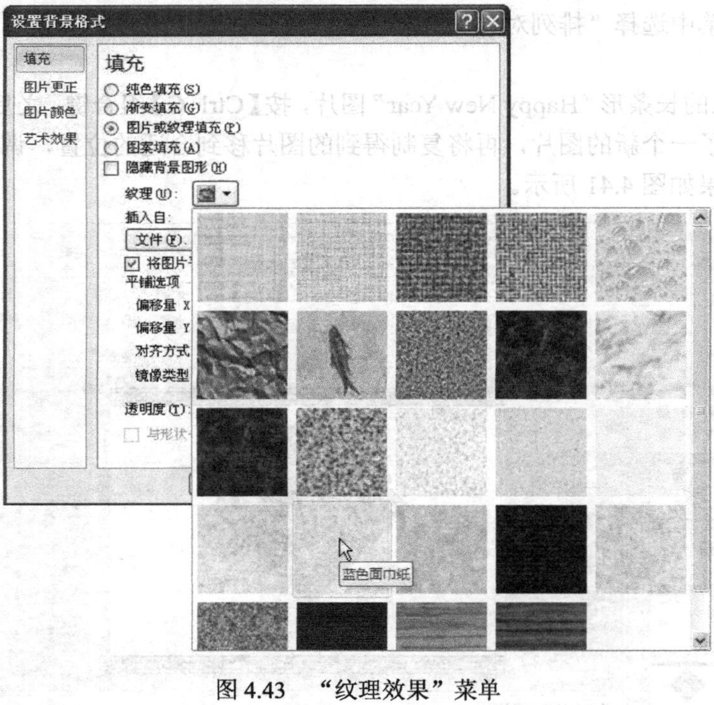

图 4.43 “纹理效果”菜单

⑨ 单击“纹理效果”菜单下面的第四行，第二个选项。单击“关闭”按钮，此时幻灯片的背景效果如图 4.44 所示。

图 4.44　添加了纹理背景的幻灯片

⑩ 从图 4.44 中可以看到有“贺岁”字样的图片的背景遮住了其下面图片的部分内容，显得很不美观，因此，有必要对其进行处理。双击这幅图片，单击“图片工具”栏“格式”选项卡上“调整”组中的“颜色”按钮，在弹出的菜单中选择“设置透明色”命令，光标变成形状，如图 4.45 所示。在需要设置透明色的图片背景位置上单击鼠标，将该图片的背景设为透明色，其效果如图 4.46 所示。

图 4.45　设置透明色

图 4.46　设置了透明色后的效果

⑪ 单击“开始”选项卡上“绘图”组中的“文本框”按钮，在幻灯片编辑区的合适位置画出一个文本框，并在文本框中输入“新年快乐万事如意”。

⑫ 选中此文本框，进行下列操作。

在“开始”选项卡上“字体”组中的“字体”选项框中将字体设置为“华文新魏”，将“字号”设置为“72”。

➲ 单击“开始”选项卡上“段落”组中的“居中”按钮，使文字在文本框中居中显示。

➲ 单击“开始”选项卡上“字体”组中的“字体颜色”按钮，将文字颜色设为“红色”。

➲ 单击“开始”选项卡上“字体”组中的“文本阴影”按钮为文字添加阴影效果。

设置完文字格式的幻灯片效果如图 4.47 所示。

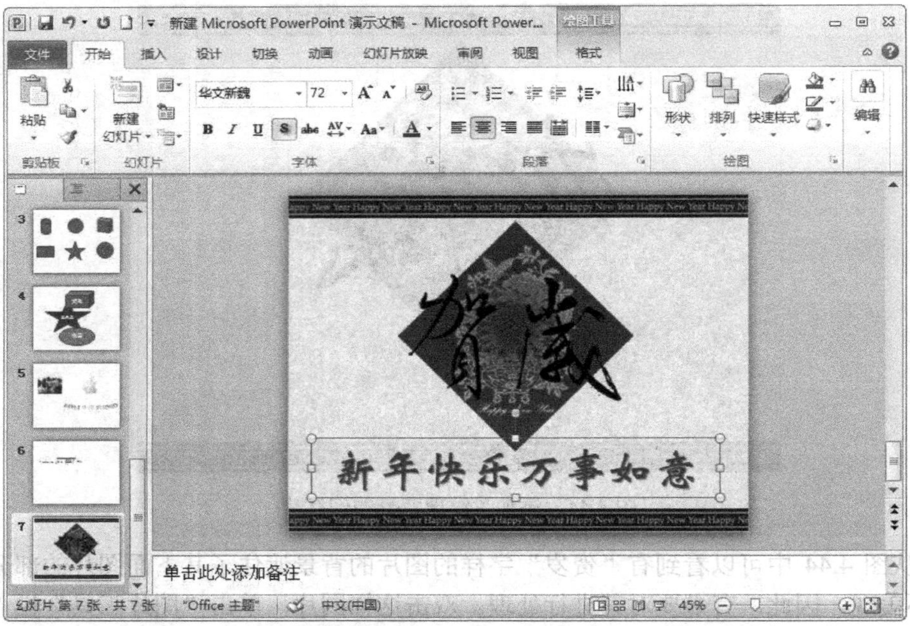

图 4.47　设置完文字格式的幻灯片

⑬ 单击“动画”选项卡上“高级动画”组中的“动画窗格”按钮 动画窗格。窗口右侧出现“动画窗格”任务窗格，如图 4.48 所示。

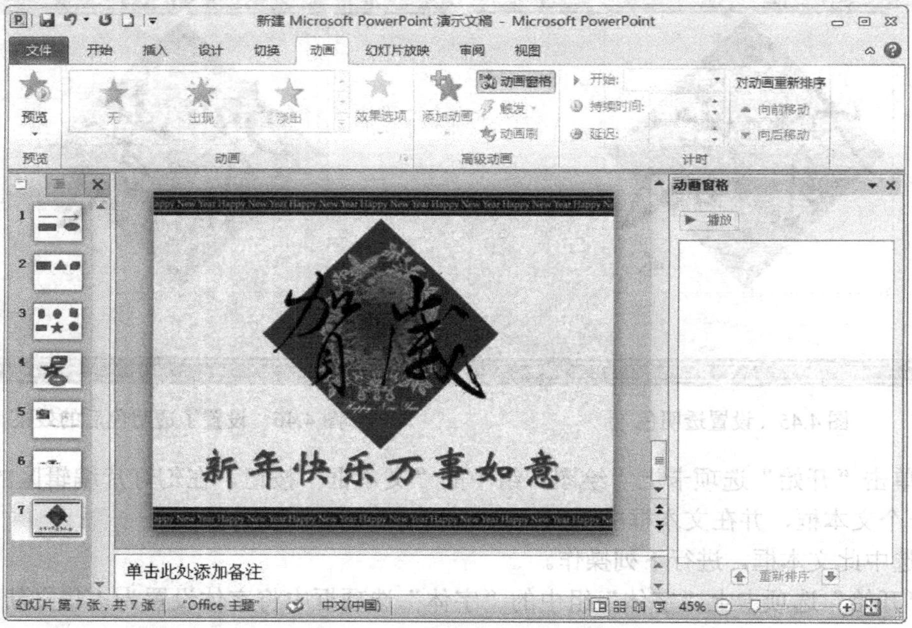

图 4.48　“动画窗格”任务窗格

⑭ 选中有“贺岁”文字的图片，单击“动画”选项卡上“高级动画”组中的“添加动画”按钮，如图 4.49 所示，在弹出的下拉菜单中选择“更多进入效果”命令，弹出如图 4.50 所示的“添加进入效果”对话框。

⑮ 拖动此对话框右侧的滚动条，选择“华丽型”类型中的“基本旋转”效果，单击对

话框中的“确定”按钮。幻灯片效果如图 4.51 所示。

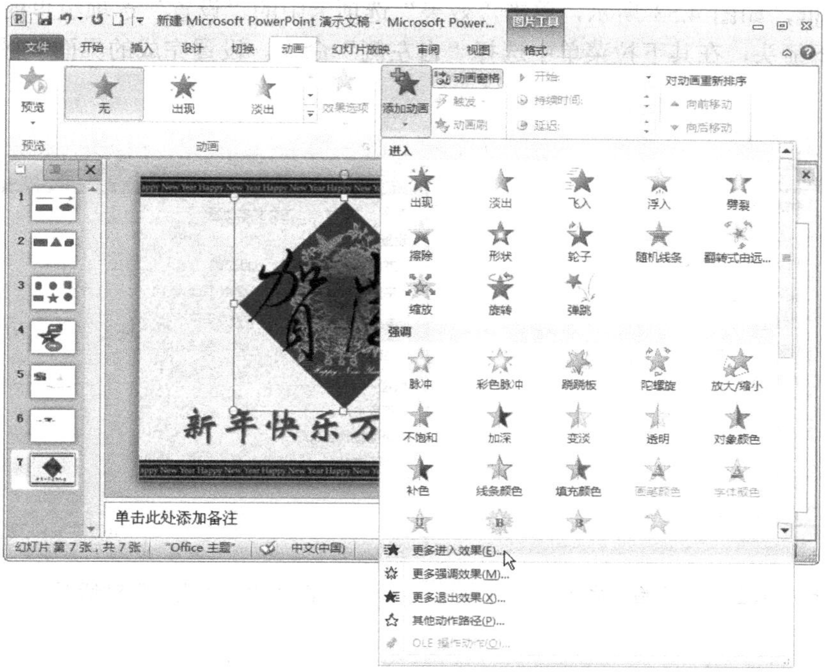

图 4.49 “添加动画”按钮

图 4.50 “添加进入效果”对话框

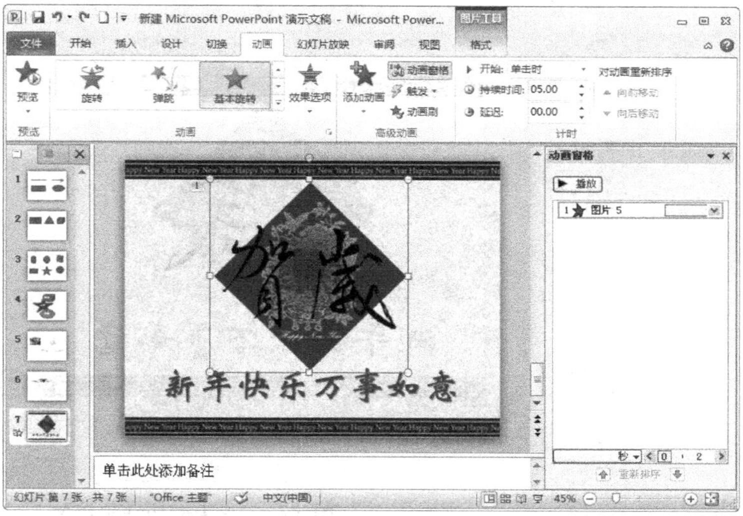

图 4.51 添加了动画效果的界面

⑯ 继续选中有“贺岁”文字的图片，在“动画窗格”任务窗格中单击向下的箭头，在其下拉菜单中选择“从上一项开始”命令，如图 4.52 所示。

⑰ 在幻灯片中选中“新年快乐万事如意”所在的文本框，单击“动画”选项卡上“高级动画”组中的“添加动画”按钮，如图 4.49 所示。在弹出的菜单中选择“进入”选项，并在“进入”的级联菜单中选择“飞入”命令。

⑱ 继续选中“新年快乐万事如意”所在的文本框，在“动画窗格”任务窗格中单击向

下的箭头，在其下拉菜单中选择“从上一项之后开始”命令。单击“效果选项”命令，弹出“飞入”对话框，如图 4.53 所示，单击“效果”选项卡中的“设置”选项组里的“方向”按钮右侧的向下箭头，在其下拉菜单中选择“自左侧”命令。设置完成的界面如图 4.54 所示。

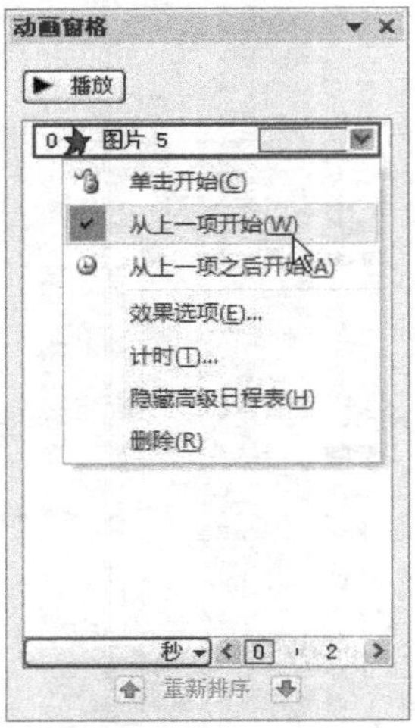

图 4.52　选择“从上一项开始”命令

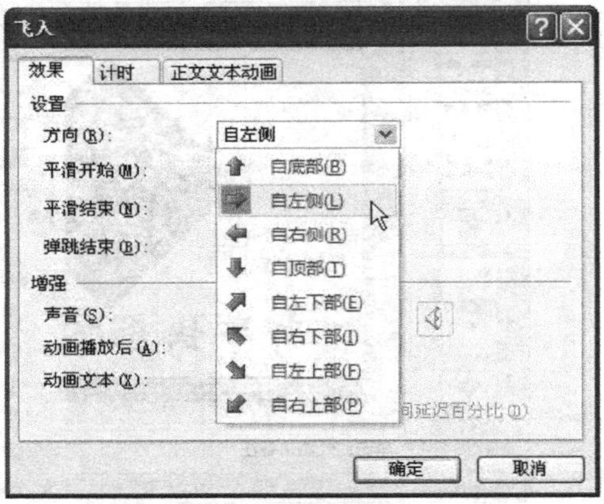

图 4.53　“飞入”对话框

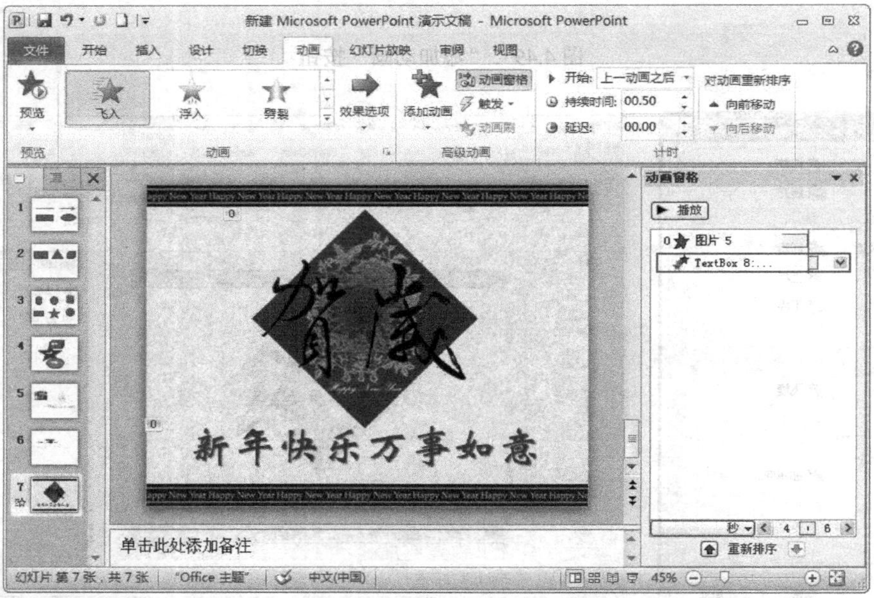

图 4.54　文本框的动画设置

⑲ 继续选中“新年快乐万事如意”所在的文本框，单击“动画”选项卡上“高级动画”组中的“添加动画”按钮。在弹出的下拉菜单中选择“更多强调效果”命令，弹出“添加强调效果”对话框，如图 4.55 所示。

⑳ 拖动对话框右侧的滚动条，选择“温和型”类型中的“闪现”，然后再单击“确定”按钮。

㉑ 继续选中“新年快乐万事如意”所在的文本框，在“动画窗格”任务窗格中单击向

下的箭头，在其下拉菜单中选择“从上一项之后开始”命令。单击“效果选项”命令，弹出“闪现”对话框，如图 4.56 所示。单击“计时”选项中的“期间”按钮右侧的向下箭头，在下拉菜单中选择“中速”。

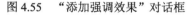

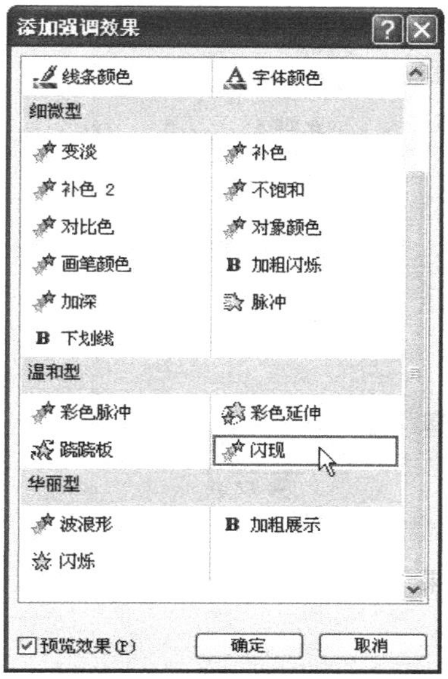

图 4.55 “添加强调效果”对话框

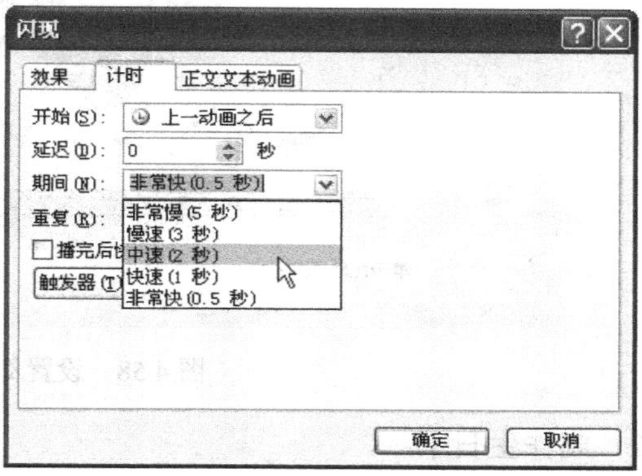

图 4.56 “闪现”对话框

㉒ 设置完“闪现”动画效果的界面如图 4.57 所示。

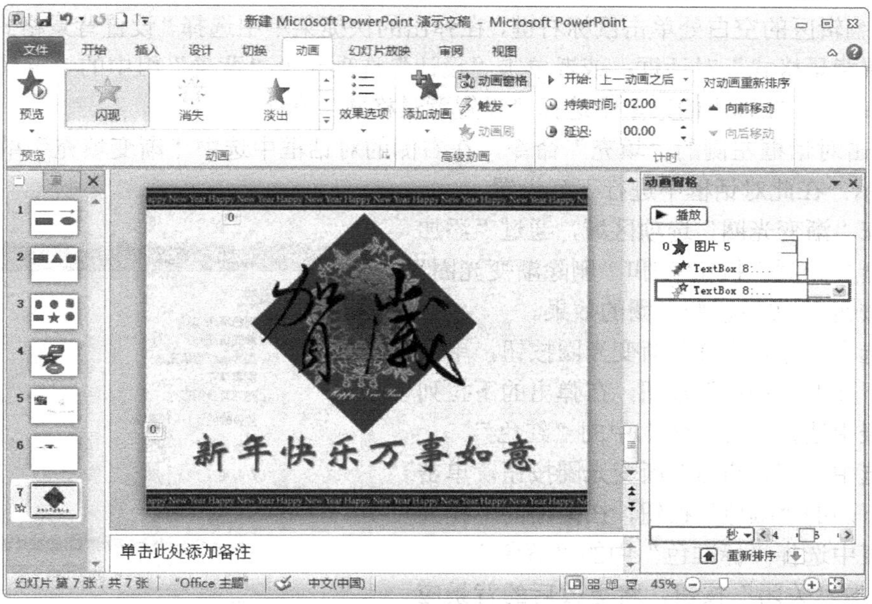

图 4.57 设置完“闪现”动画的界面

㉓ 在“切换”选项卡上“切换到此幻灯片”组中选择“显示”效果，如图 4.58 所示，在幻灯片中自动显示切换的效果。

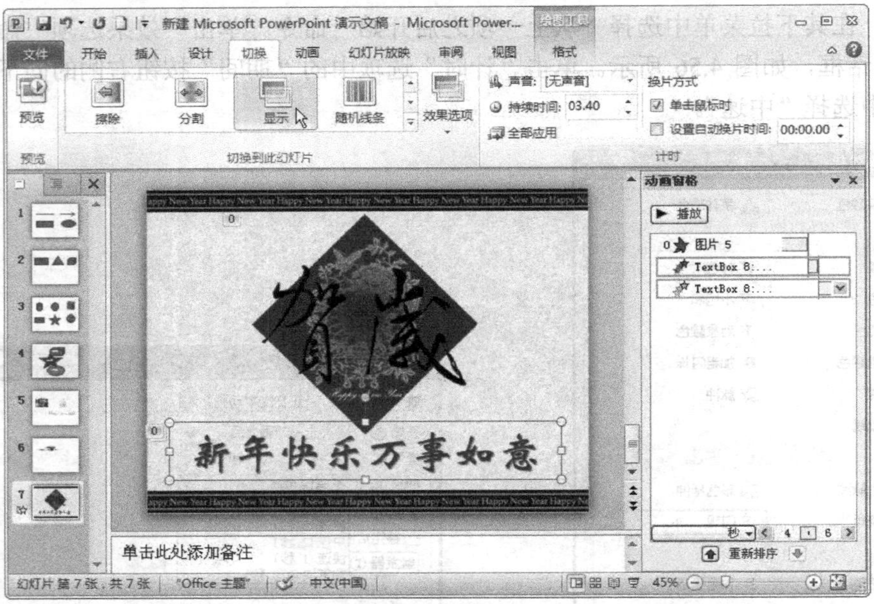

图 4.58　设置幻灯片切换效果

2. 制作生日卡

制作生日卡的操作方法如下：

① 单击“开始”选项卡上“幻灯片”组中的“新建幻灯片”按钮右下角的向下箭头，在弹出的“Office 主题”幻灯片样式对话框中选择“空白”版式，创建一张空白幻灯片。

② 在编辑区的空白处单击鼠标右键，在弹出的快捷菜单中选择“设置背景格式”命令，弹出“设置背景格式”对话框；或者单击“设计”选项卡上“背景”组中的“背景样式”按钮 背景样式 ▾，在弹出的菜单中选择“设置背景格式”命令。

③ 单击对话框左侧的“填充”命令，在右侧的对话框中选中“渐变填充”单选项，如图 4.59 所示。在此对话框中进行下列设置。

- 在“渐变光圈”选项区域，通过“添加渐变光圈”按钮和“删除渐变光圈”按钮实现渐变光圈的效果。
- 选中“停止点 1”渐变光圈按钮，单击下面的“颜色”按钮，在弹出的下拉列表中选择“标准色”中的“红色”。
- 选中“停止点 3”渐变光圈按钮，单击下面的“颜色”按钮，在弹出的下拉列表中选择“标准色”中的“蓝色”。

④ 单击“关闭”按钮，将更改后的背景应用到当前的幻灯片中。如果单击“全部应用”按钮，那么演示文稿中所有的幻灯片都将添加该背景样式。

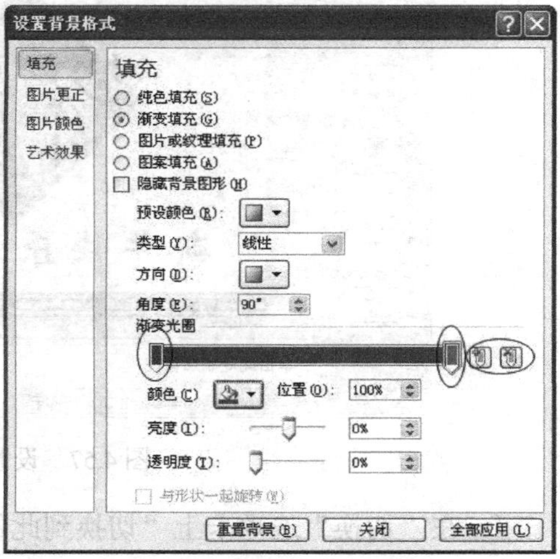

图 4.59　“渐变填充”对话框

⑤ 单击“插入”选项卡上“图像”组中的

“剪贴画”按钮，打开“剪贴画”任务窗格。

⑥ 在“剪贴画”任务窗格中进行如下操作：

➲ 在“搜索文字”文本框中，输入“自然”。

➲ 在“结果类型”下拉列表中选择“插图”。

➲ 单击“搜索”按钮。

➲ 在“剪贴画”任务窗格的“结果”列表框中，单击要插入的图片，将剪贴画插入到光标所在位置，如图 4.60 所示。

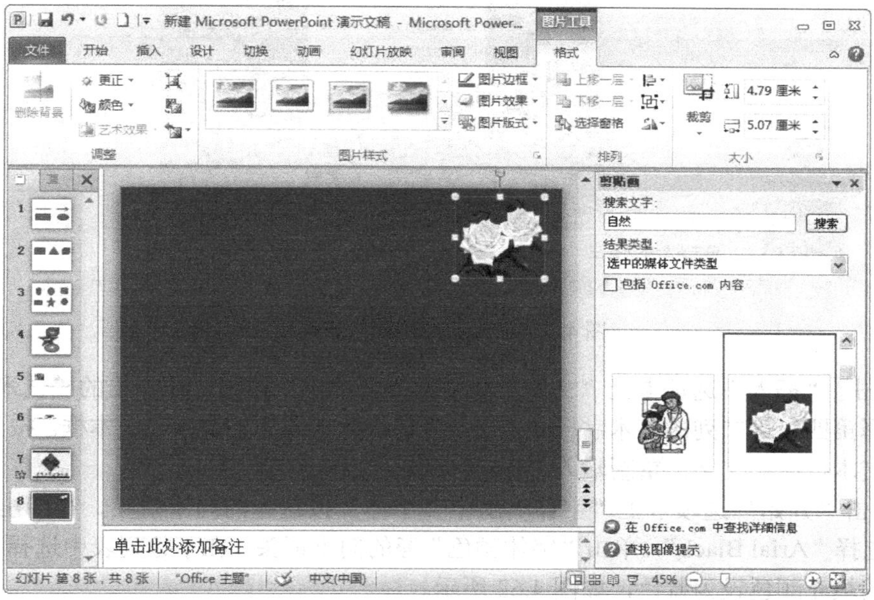

图 4.60　插入剪贴画

⑦ 拖动图片四周的控制点，并调整到合适的大小，将其移动到幻灯片合适的位置。

⑧ 单击“插入”选项卡上“文本”组中的“文本框”按钮，在插入的图片下面绘制一个文本框，并在文本框中输入文字“生日永远快乐”。

⑨ 将字体设置为“方正舒体”，字号为“24”。通过“开始”选项卡上“字体”组中的“字体颜色”按钮，将文字颜色设为“黄色”。

⑩ 选中“生日永远快乐”所在的文本框，在按住【Ctrl】键的同时将鼠标指向文本框。当鼠标变成四向箭头形状时，单击鼠标左键并向下拖动（此时光标上会出现“＋”号形状），当拖到合适的位置后释放鼠标左键，就会复制出一个与所选文本框完全相同的文本框。

⑪ 将复制的文本框中的文字改成“FOR MY DEAR FRIEND”，字体设置为“Times New Roman”，字号为“20”。单击“开始”选项卡上“字体”组中的“字体颜色”按钮旁的向下箭头，在弹出的下拉列表中选择“绿色”，将文字颜色设为绿色。

⑫ 单击“插入”选项卡上“插图”组中的“形状”按钮，在弹出的对话框中选择“线条”选项下的“直线”按钮，将鼠标移至幻灯片编辑区，此时鼠标变成“十”字形状，在幻灯片的两行文字中间画出一条直线，选中该直线，单击绘图工具栏“格式”选项卡上“形状样式”组中的“形状轮廓”按钮，在弹出的对话框中选择“蓝色”，将直线的颜色设为蓝色，设置后的效果如图 4.61 所示。

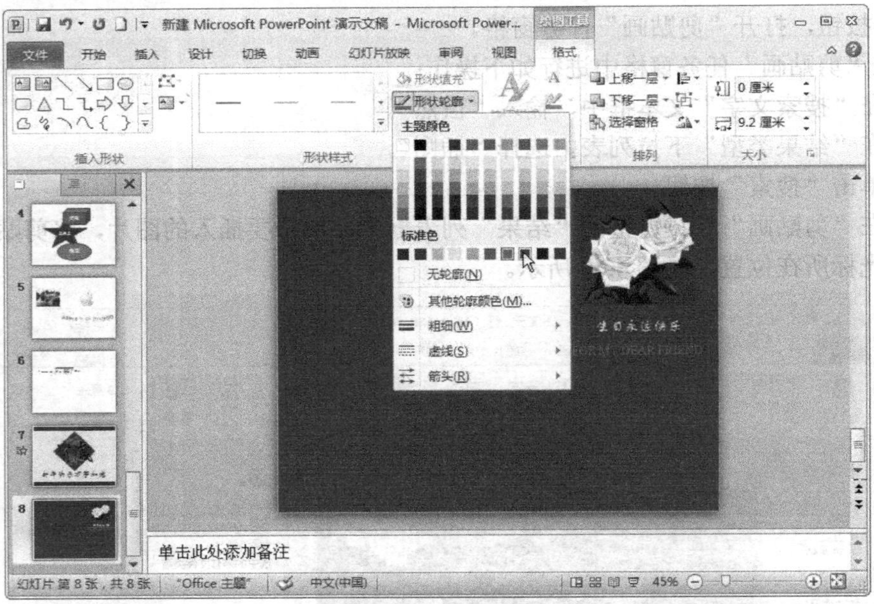

图 4.61　在幻灯片中画一条直线

⑬ 单击 “插入”选项卡上“文本”组中的“艺术字”按钮。在弹出的“艺术字”库对话框中选择第四行第二列的艺术字样式，出现“请在此放置您的文字”文本框。按【Delete】键，删除文本框中的文字，重新输入“HAPPY”。

⑭ 单击“开始”选项卡上“字体”组中“字体”按钮旁的向下箭头，在弹出的“字体列表”中选择“Arial Black”，单击“字体颜色”旁的向下箭头，在下拉列表中选择“蓝色”，将艺术字的填充颜色设为蓝色，如图 4.62 所示。

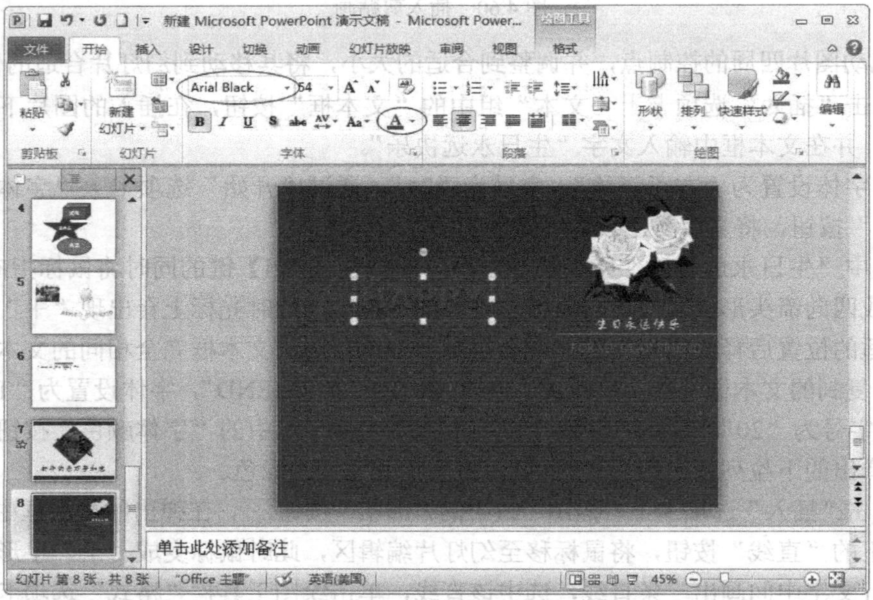

图 4.62　设置了艺术字格式后的效果

⑮ 用相同的方法再增加艺术字“BIRTHDAY”和“TO YOU”，并按如图 4.63 所示的颜

色和大小进行设置。

⑯ 单击“插入”选项卡上“插图”组中的“形状”按钮，在弹出的菜单中选择“基本形状”中的“笑脸”☺。此时鼠标将变成十字形状，在文字“HAPPY”上侧拖动鼠标，画出一个“笑脸”图形。

⑰ 拖动“笑脸”图形四周的控制点，调整到合适的大小，并将其移动到合适的位置，设置后的效果如图 4.64 所示。

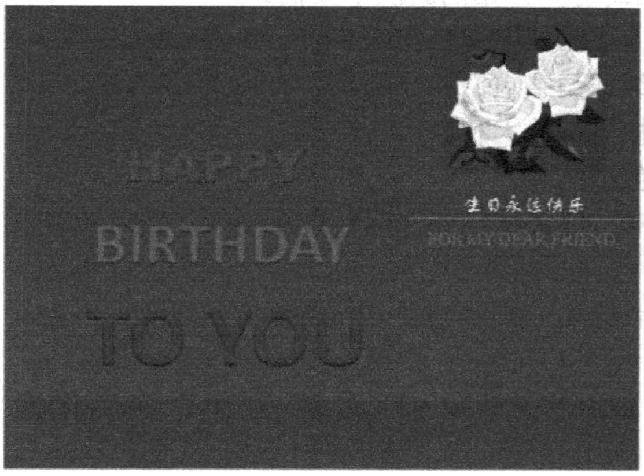

图 4.63　在幻灯片中插入艺术字

图 4.64　在幻灯片中插入“笑脸”图形

⑱ 在屏幕右侧插入一个文本框，并在其中输入文字“祝你：生日快乐！永远开心！”，并将字体设置为“华文行楷”，斜体，字号为“40”，设置后的效果如图 4.65 所示。

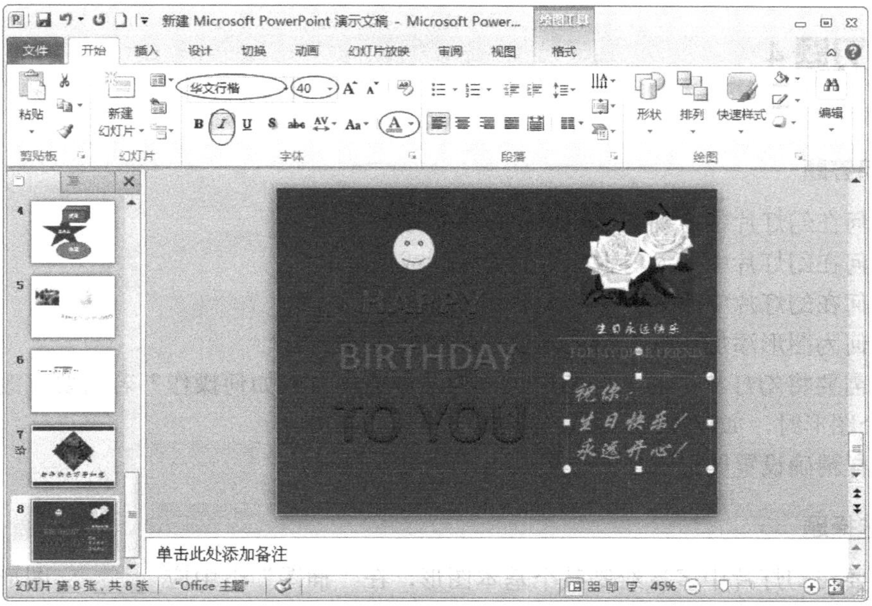

图 4.65　设置好文字格式后的效果

⑲ 单击“切换”选项卡上“切换到此幻灯片”组中“形状”效果，在幻灯片中自动显示切换的效果。

⑳ 单击“快速访问工具栏”上的“保存”按钮，将其保存为“贺卡.pptx”文件，按【F5】

键切换到“幻灯片放映视图”，观看放映效果。

上机实习 4

1．启动 PowerPoint 2010，打开一个以空白幻灯片开始的新演示文稿。

2．在幻灯片中绘制如下基本图形：

（1）在幻灯片中画一条水平线和一条垂直线并调整它们的长度。

（2）在幻灯片中画一个矩形和正方形，并按比例放大和缩小。

（3）在幻灯片中画一个圆和椭圆，并用蓝色填充。

3．在幻灯片中绘制 8 组自选图形中的图形，要求每组任选两种自选图形，然后改变自选图形的大小和位置。

4．为第 3 章中的 PP2 演示文稿的幻灯片中插入一幅剪贴画，并调整剪贴画的大小和位置，给剪贴画添加边框和增加填充效果。

5．在幻灯片中，绘制三个矩形（矩形 1、矩形 2 和矩形 3），改变三个矩形之间的叠放次序，并将三个矩形组合成为一个整体。

6．取消三个矩形之间的组合，在矩形 1 中写入文字：“上机实习”，然后重新组合图形。

7．在幻灯片中插入艺术字：“演示文稿制作软件”，并改变艺术字的字体、颜色，更改艺术字的形状及效果。

习题 4

一、问答题

1．如何在幻灯片中绘制基本图形和自选图形？

2．如何在幻灯片中插入剪辑库中的剪贴画或图片？

3．如何在幻灯片中改变图形的大小和位置？

4．如何为图形添加边框、填充、设置阴影和三维效果？

5．若需要将幻灯片中的多个图形组合为一个整体，应如何操作？若需要修改被组合图形中的单个图形时，如何使图形取消组合？

6．怎样精确设置图形对象的位置？

二、选择题

1．若要在幻灯片中多次绘制某个基本图形，在“插图”组中应________图形按钮，然后在幻灯片编辑区进行绘制。

A．单击　　B．双击

C．按住【Ctrl】键单击　　C．按住【Ctrl】键双击

2．下列对幻灯片中自选图形的操作叙述中，正确的是________。

A．可以改变图像的大小　　B．可以旋转图形

C．可以给图形增加填充颜色　　D．可以将三个以上的图形组合在一起

3．在幻灯片中可以插入________图片。

A．来自本地计算机图形文件中的　　B．来自剪辑编辑器中的

C．来自局域网其他计算机文件中的　　D．以上三种答案都正确

4．在幻灯片中插入图片后，可以为图片设置的属性有________。

A．图片的大小　　B．图片的颜色

C．图片的类型　　D．优化图片的效果

5．给幻灯片中的图片增加的填充效果有________。

A．颜色　　B．过渡色

C．图案　　D．纹理

6．在幻灯片中插入“艺术字”时，单击________上的“艺术字”按钮，可以打开“艺术字”库对话框。

A．“开始”选项卡　　B．“插入”选项卡

C．“设置”选项卡　　D．“绘图”选项卡

三、判断题

1．绘制基本图形时，按住【Ctrl】键拖动鼠标，可以画出水平和垂直的直线。（　　）

2．绘制基本图形时，按住【Shift】键拖动鼠标，可以画出圆形和正方形。（　　）

3．对拆分后的图形进行重新组合时，必须首先选中要组合的各个图形。（　　）

4．给图形增加填充颜色后，无法将填充的颜色去除。（　　）

5．在幻灯片中，只能给图形上添加其他的图形，而不能在图形中添加文字。（　　）

6．在幻灯片中绘制的图形，叠放顺序按绘制图形的顺序排列，最后绘制的图形在最上面。但这种顺序可以通过“绘图”按钮菜单中的“图形叠放次序”命令修改。（　　）

7．插入幻灯片中的艺术字也是一种文字，可以使用对文字的操作方法编辑幻灯片中的艺术字。（　　）

第 5 章

创建和编辑图表

在编制 PowerPoint 演示文稿时，使用图表可以直观地反映和表达文稿的内容，方便地进行数据分析，从而增强演示文稿的表现力。

5.1 制作数据表

1. 进入图表编辑状态

使用 Microsoft Graph 图表应用程序，可以在演示文稿中加入图表。Microsoft Graph 图表应用程序是微软公司为用户提供的一个 Office 附件。使用时，首先打开这个应用程序，然后在幻灯片中加入数据图表。按照如下所述的方法操作可以启动该图表的应用程序，进入图表编辑状态。

① 在普通视图“幻灯片”选项卡下，显示需要插入图表的幻灯片。

② 单击“插入”选项卡上“插图”组中的“图表”按钮图表，启动 Microsoft Graph 应用程序，进入图表编辑状态，如图 5.1 所示。

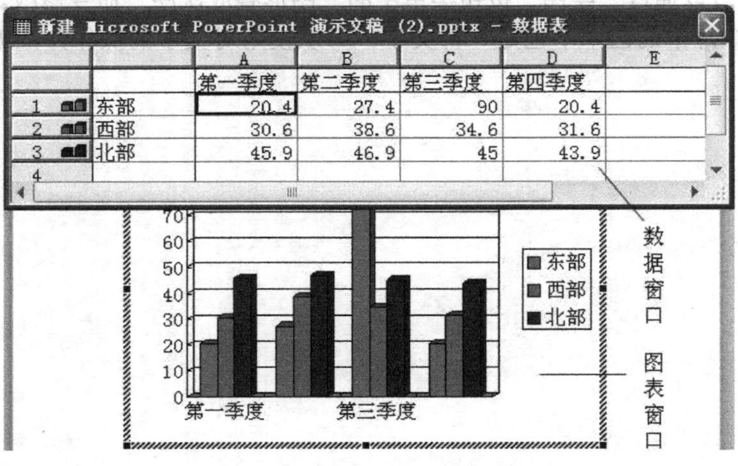

图 5.1 启动 Microsoft Graph 应用程序

此外，也可以通过如下方法启动 Microsoft Graph 应用程序，进入图表编辑状态。

① 单击“开始”选项卡上“幻灯片”组中的“新建幻灯片”按钮旁的向下箭头，弹出“Office 主题”对话框，如图 5.2 所示。

② 在“Office 主题”中选择“标题和内容”版式，新建一张幻灯片，如图 5.3 所示。

③ 用鼠标双击幻灯片中的“图表”按钮图表，则可启动 Microsoft Graph 应用程序，

进入图表编辑状态，如图 5.1 所示。

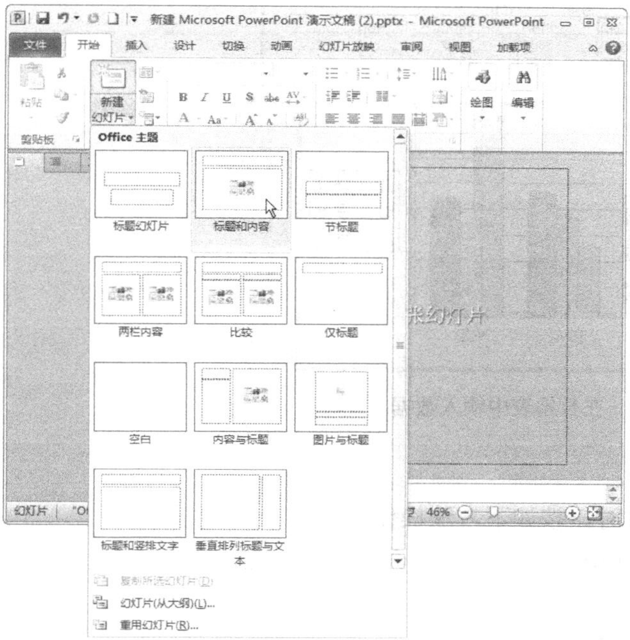

图 5.2 “Office 主题”对话框

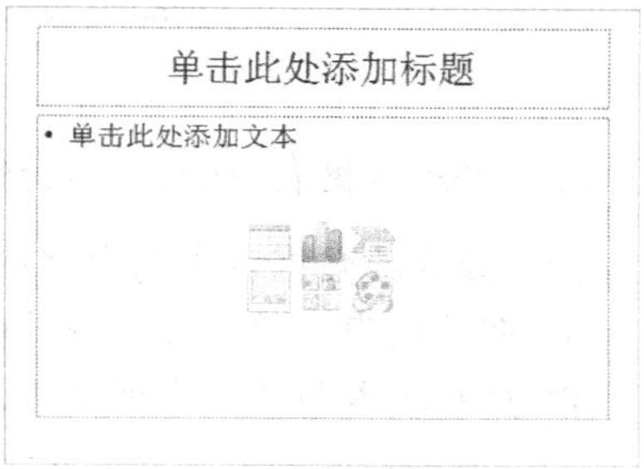

图 5.3 “标题和内容”版式幻灯片

2．在数据表中输入数据

在如图 5.1 所示的图表编辑状态中，可以看到有数据和图表两个小窗口。在未给图表输入任何数据和文字前，数据窗口中有一组样本数据，并且在图表小窗口中有与之相对应的一个图表。在数据窗口中，标有 A、B、C…的行是数据表的列控制框；标有数字 1、2、3…的列是数据表的行控制框。数据表中的列用字母排序，而行用阿拉伯数字排序。在数据表中，第一行是列标题，用于反映某一列的属性；而第一列是行标题，反映某一行的属性。通过修改样本数据表，输入所需要的文本和数据，就可以得到所需要的图表。

（1）给数据表输入数据或文本

① 单击需要输入数据的单元格，在单元格的四周出现一个黑色的边框。

② 从键盘上输入文字或数字。

③ 如果需要连续给多个单元格输入数字或文本，给一个单元格输入完数字或文本后，按如下方法操作下一个单元格的内容：

- 按【Enter】键，光标移到当前单元格下方的单元格中，然后在单元格中输入数据。
- 按【Tab】键，光标移到当前单元格右方的单元格中，然后在单元格中输入数据。
- 用鼠标直接单击数据表格中的单元格，然后在该单元格中输入数据。

如图 5.4 所示是输入数字和文本后的数据表格，由于数据表中的数值和图表中的数值是相连接的，因此，当数据表中的数据更改后，图表将自动更新。

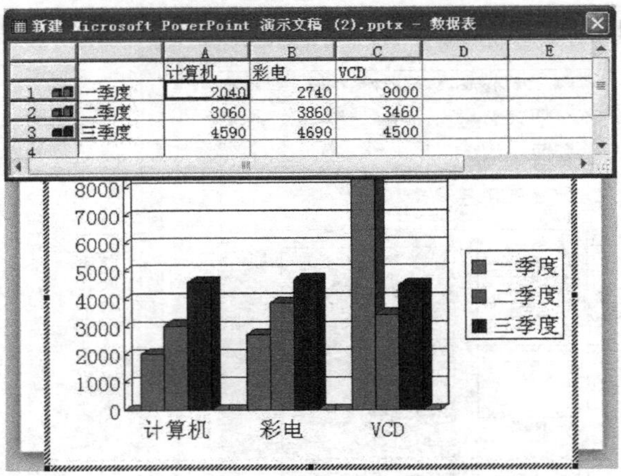

图 5.4 在数据表中输入数据

（2）修改数据表中的文本或数字

当需要修改数据表中的数字和文本时，按如下方法操作。

① 在数据表中单击需要修改的单元格。

② 重新输入新的数字或文本。

（3）删除数据表中的单元格、行或列

① 选中需要删除的单元格、行或列。

- 直接用鼠标单击某单元格，可以选中该单元格。
- 直接用鼠标单击表示某列的列标（字母），可选中该列。
- 单击表示某行的行标（数字），可选中该数字所代表的行。

② 单击“编辑”菜单，在弹出的下拉菜单中选择“删除”命令，也可以按【Delete】键，选中的单元格、行或列被删除。当单元格、行或列被删除后，周围的单元格、行或列将自动填补删除后所留出的空位。

3.“包含/排除”图表数据

制作统计图表时，有时希望数据表中的某些数据不在图表中显示，但又不想把它们从数据表中删除。使用 PowerPoint 2010 提供的“包含/排除”图表数据功能，可以很方便地做到这点。所谓“包含”是指在图形中要显示的数据，而“排除”是指在图形中不显示的数据。

使用“包含/排除”图表数据功能，确定图表显示的数据时，按如下方法操作：

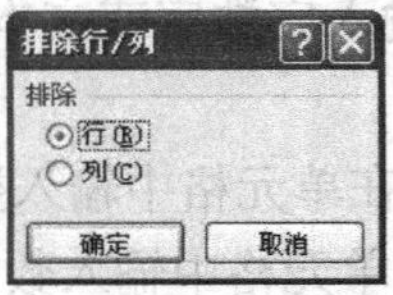

图 5.5 “排除行/列”对话框

① 在数据表中选中图表中不使用的数据所在的单元格。

② 单击“数据”菜单中的“排除行/列”命令，打开“排除行/列”对话框，如图 5.5 所示。

③ 若要排除行数据，在对话框中选中“行”单选框。

④ 若要排除列数据，在对话框中选中“列”单选框。

⑤ 单击“确定”按钮。

如果要在图表中重新显示已排除的行或列，按如下方法操作：

① 选中已被排除的行或列中的任意单元格。

② 单击“数据”菜单中的“包含行/列”命令，打开“包含列或行”对话框，如图 5.6 所示。

③ 如果要重新显示单元格所在的行，选中“行”单选框。

④ 如果要重新显示单元格所在的行，选中“列”单选框。

⑤ 单击“确定”按钮。

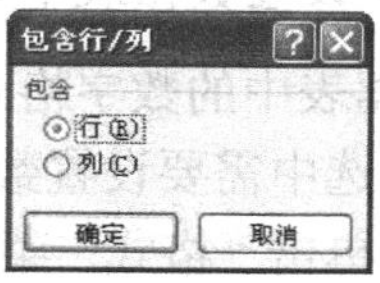

图 5.6 “包含行/列”对话框

4. 移动和复制数据

在创建数据表时，用户可以使用 PowerPoint 提供的移动和复制数据的功能来轻松地完成数据的输入工作。例如，可以用鼠标“拖放”功能，或使用“剪贴板”移动或复制数据。

（1）用鼠标复制/移动数据

① 选中需要复制或移动的数据单元格。

② 把鼠标指针放在选中的数据单元格的边框上，鼠标指针变为形状。

③ 如果要复制选中区域的数据，按住【Ctrl】键的同时用鼠标拖动数据单元格到目标位置，然后松开鼠标，在目标单元格出现复制的数据。

④ 如果要移动选中区域的数据，用鼠标拖动数据单元格到目标位置，然后松开鼠标。在目标单元格出现移动的数据，而原单元格的数据消失。

（2）使用剪贴板复制/移动数据

若要对数据表中的某些数据进行多次复制，使用剪贴板完成数据的复制或移动更方便和快捷。具体操作方法如下：

① 选中需要复制或移动的数据单元格（同时复制多个单元格的数据时，选中多个单元格中的数据）。

② 如果要复制选中单元格的数据，单击“编辑”菜单中的“复制”命令。然后用鼠标单击要放置数据的目标单元格（同时复制多个单元格的数据时，单击目标区域左上角的单元格），单击“编辑”菜单中的“粘贴”命令。

③ 如果要移动选中单元格的数据，单击“编辑”菜单中的“剪切”命令。然后用鼠标单击要放置数据的目标单元格（同时复制多个单元格的数据时，单击目标区域左上角的单元格），单击“编辑”菜单中的“粘贴”命令。

5. 格式化数据表中的数字

（1）设置数据表中的文字格式

数据表中的文字格式的设置方法如下。

① 单击数据表的标题栏。

② 单击“格式”菜单，在弹出的下拉菜单中选择“字体”命令，弹出“字体”对话框，如图 5.7 所示。

③ 在对话框中，可以设置文字的字体、字体样式、大小、颜色、下画线类型及文字的特殊效果。

④ “字体”对话框设置完成以后，单击“确定”按钮。

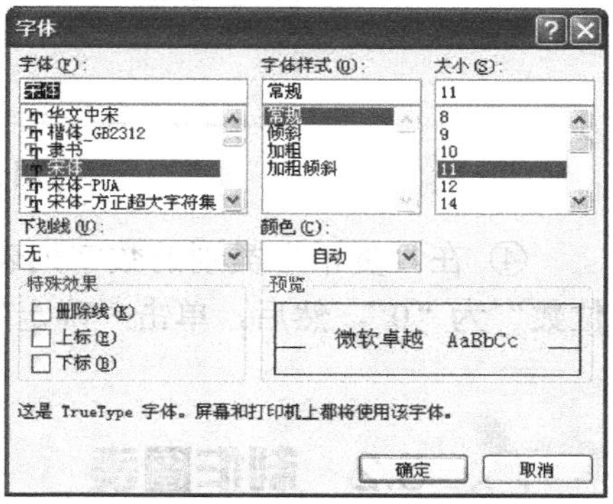

图 5.7 “字体”对话框

（2）设置数据表中的数字格式

数据表中的数字格式的设置方法如下。

① 选中需要设置数字的单元格。

② 单击“格式”菜单，在弹出的下拉菜单中选择“数字”命令，弹出“设置数字格式”对话框，如图 5.8 所示。

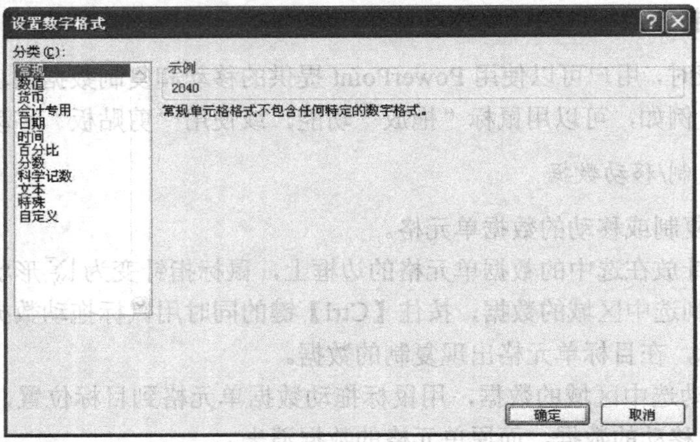

图 5.8 “设置数字格式”对话框

③ 在对话框的“分类”列表中选择一种类别，对话框的右侧将弹出该类别的选项列表。例如：选择“货币”类别，对话框的右侧将出现“货币”类别的选项列表，如图 5.9 所示。

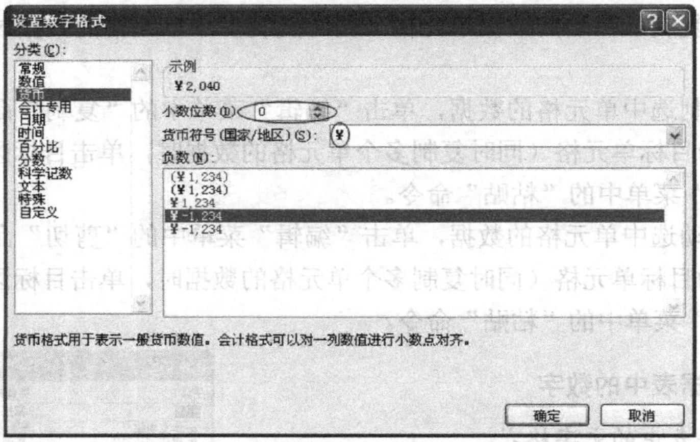

图 5.9 “货币”类别选项列表

④ 在“货币”类别的数字列表项中选择某一项，例如：选择人民币符号“￥”，“小数位数”为“0”，然后，单击“确定”按钮。

5.2 制作图表

在数据表中输入数字并进行必要的格式化以后，便可进入图表的制作过程。

1. 选择图表的类型

Microsoft Graph 图表应用程序提供了多种图表类型，其默认类型是“三维簇状柱形图”，图表形式如图 5.10 所示。根据需要，可以改变图表的类型，操作方法如下。

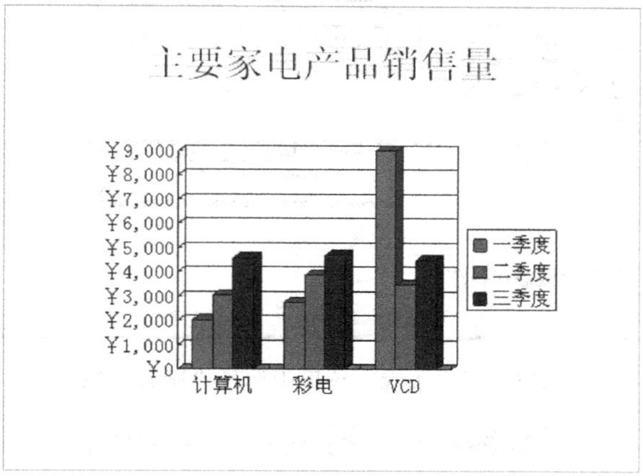

图 5.10　默认图表类型

① 启动 Microsoft Graph 图表应用程序，进入图表编辑状态。双击图表，然后在弹出的提示框中选择“编辑现有图表”按钮，如图 5.11 所示，进入图表编辑状态。单击“视图”菜单下的“数据表”命令，如图 5.12 所示，可以设置是否显示“数据窗口”。

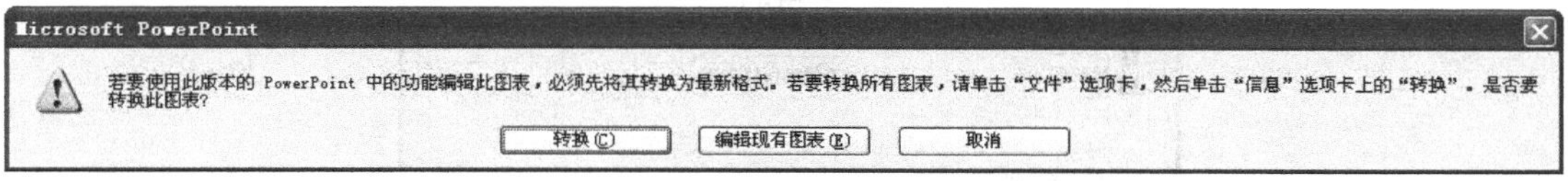

图 5.11　进入图表编辑状态提示框

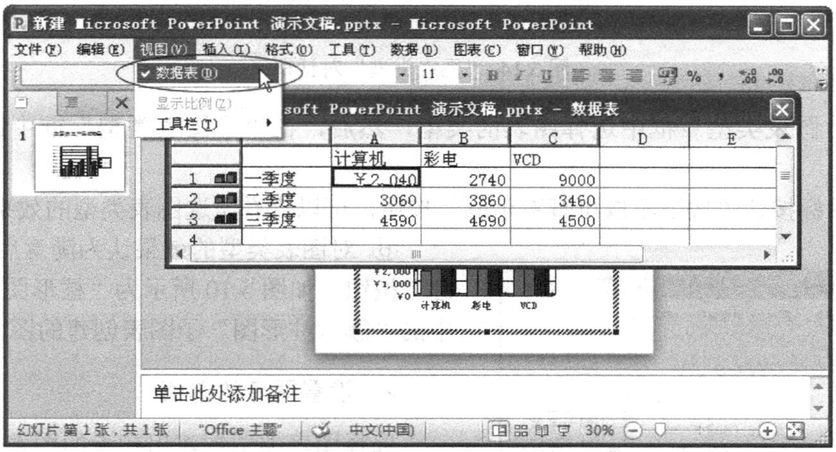

图 5.12　显示“数据窗口”

② 单击“图表”菜单，在弹出的下拉菜单中选择“图表类型”命令，如图 5.13 所示。

③ 弹出“图表类型”对话框，如图 5.14 所示。在图表类型对话框中，单击“标准类型”选项卡。

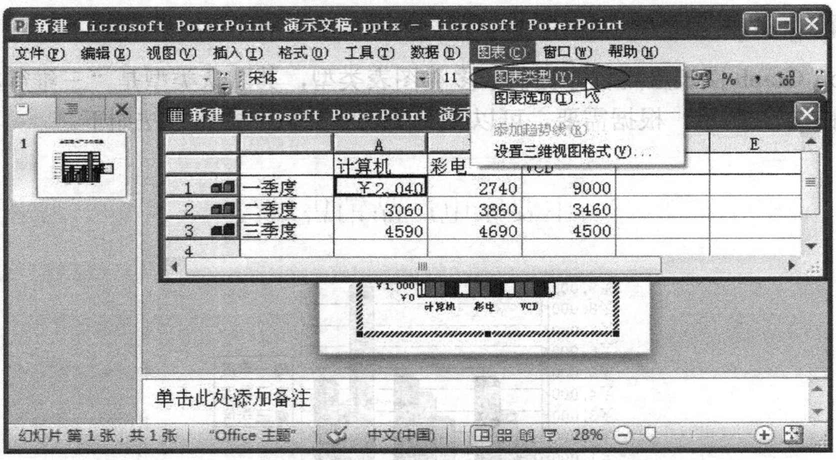

图 5.13　在“图表”菜单中选择“图表类型”

图 5.14　“图表类型”对话框

④ 在“图表类型”框中选择图表的类型，然后，在“子图表类型”框中选择子图表类型。

⑤ 用鼠标按住“按下不放可查看示例”按钮，可以查看所选图表类型的效果。

⑥ 对图表类型的效果认为满意后，单击“确定”按钮。如图 5.10 所示为“柱形图”图表类型中的“簇状柱形图”子图表创建的图表。

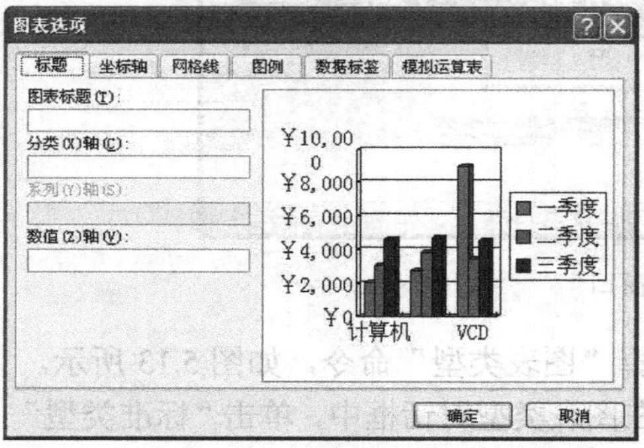

图 5.15　“图表选项”对话框

2．设置图表的选项

选择图表类型创建出初步的图表后，还可以在图表中加入其他的内容。

在图表编辑状态下，单击“图表”菜单，在弹出的下拉列表中选择“图表选项”命令，弹出“图表选项”对话框，如图 5.15 所示。

（1）设置图表的标题及纵横轴的名称

① 单击“图表选项”对话框中的“标题”选项卡。

② 在“图表标题”文本框中输入图表的名称。

③ 在“分类（X）轴”框中输入X轴的名称。

④ 在“数值（Z）轴”框中输入Z轴的名称。

⑤ 所输入的内容连同图表一起将显示在对话框的右侧，确认无误后，单击“确定”按钮。

（2）设置图例的位置

① 单击“图表选项”对话框的“图例”选项卡，该对话框切换成如图5.16所示的形式。

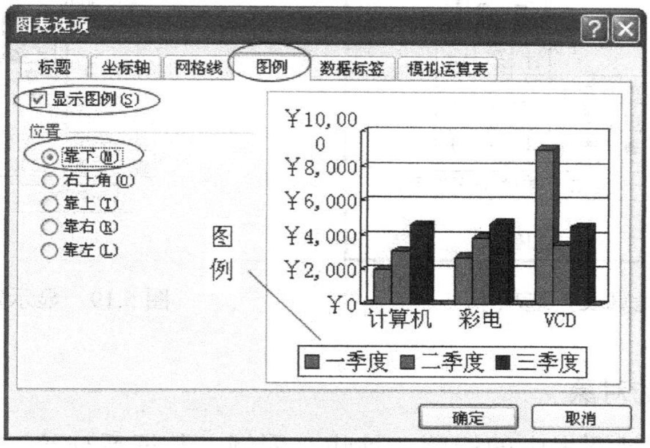

图5.16 “图例”选项卡

② 若选中“显示图例”复选框，则显示图例。否则，若保持“显示图例”复选框为空，图例将在图表中消失。

③ 在“位置”选项区可以选择图例在图表中的位置。在五个位置中选中某个位置的单选框，例如：选中“靠下”单选框，则图例出现在图表的底部，如图5.16所示。

（3）增加数据标签

① 单击“图表选项”对话框的“数据标签”选项卡，“图表选项”对话框切换成如图5.17所示的形式。

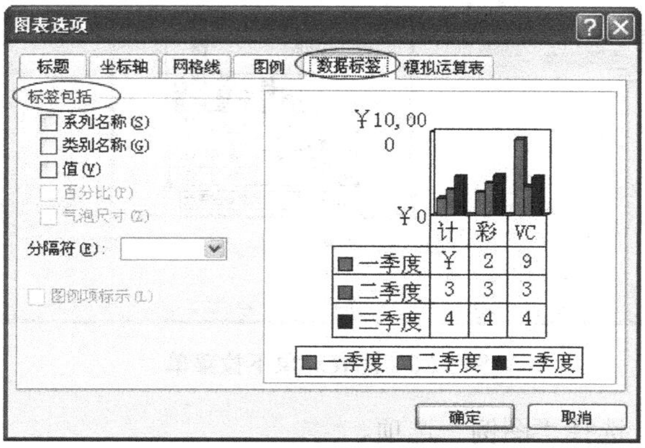

图5.17 “数据标签”选项卡

② 根据实际需要，可以选中“标签包括”选项区中的某个单选框。

（4）显示数据表

① 单击“图表选项”对话框中的“模拟运算表”选项卡，“图表选项”对话框切换成图 5.18 所示的形式。

② 选中“显示模拟运算表”复选框，可以在图表的下方显示出数据表，如图 5.19 所示。

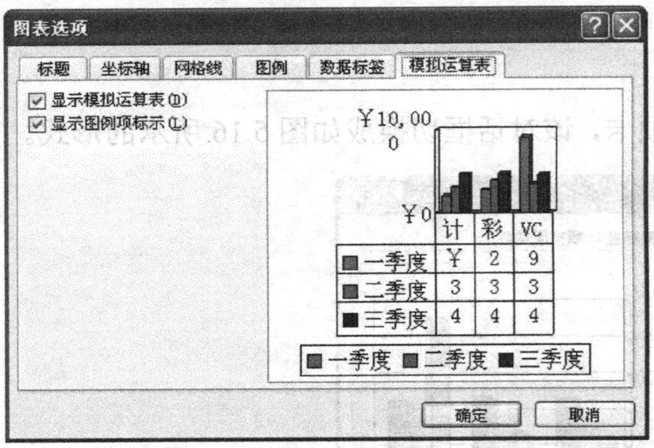

图 5.18 “模拟运算表”选项卡

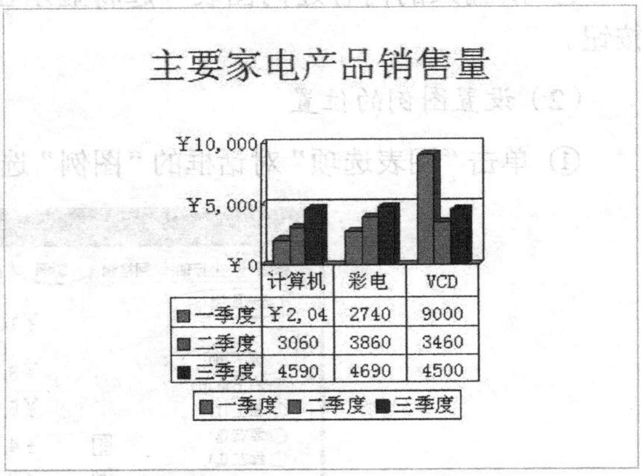

图 5.19 显示数据表的图表

3. 格式化图表中的对象

图表中的对象（包括图表中的标题、轴线、图例、数据系列等）可根据需要进行编辑。

（1）编辑图例

① 在幻灯片视图中，双击所需编辑的图表，在弹出的对话框中选择“编辑现有图表”按钮，进入图表编辑状态。

② 用鼠标单击图表小窗口，然后，打开“常用”工具栏中的“图表对象”下拉菜单，弹出图表对象菜单，如图 5.20 所示。

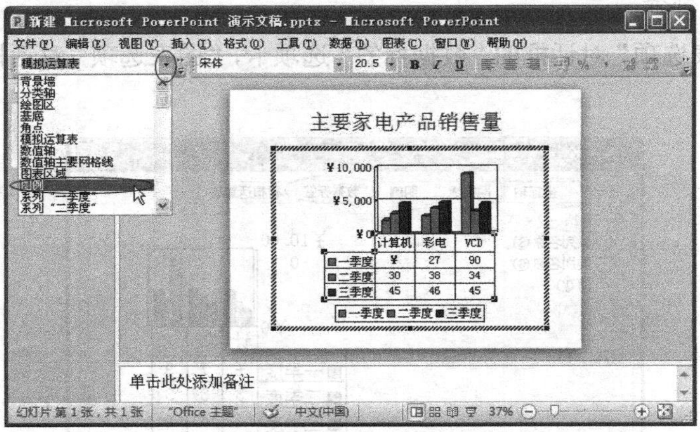

图 5.20 图表对象下拉菜单

③ 在下拉菜单中，选择“图例”选项。

④ 单击“格式”菜单，在弹出的下拉列表中选择“字体”命令，弹出“图例格式”对

话框，如图 5.21 所示。

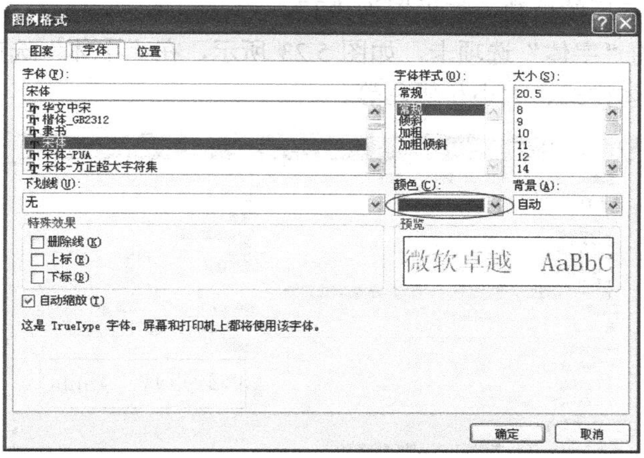

图 5.21 “图例格式”对话框

⑤ 单击对话框中的“字体”选项卡，然后，在对话框中改变图例中的字体、字体样式、大小、颜色、背景颜色、下画线和字体的特殊效果。例如：要改变字体的颜色，可单击“颜色”框的下拉按钮，选择一种颜色，如红色。

⑥ 完成图例格式的设置后，单击“确定”按钮。

当完成对表的编辑后，在图表以外的任意位置单击鼠标，便可退出图表的编辑状态，返回到幻灯片视图中。

如果需要重新进入图表编辑状态，在幻灯片视图中双击图表，在弹出的对话框中选择“编辑现有图表”按钮，即可进入图表编辑状态中。

（2）编辑数值轴

① 重复上述“编辑图例”操作步骤的①、②。

② 在如图 5.20 所示的图表对象下拉菜单中，选择“数值轴”项。

③ 单击“格式”菜单，在弹出的下拉列表中选择“所选坐标轴”命令，弹出“坐标轴格式”对话框，如图 5.22 所示。

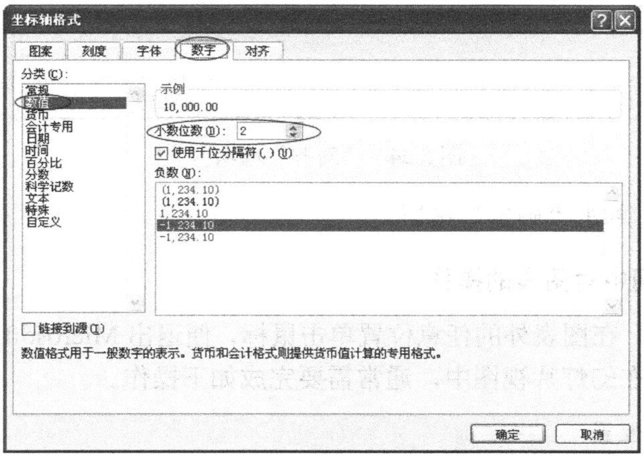

图 5.22 “坐标轴格式”对话框

④ 在对话框中单击“数字”选项卡，在“分类框”中选择“数值”选项；在“小数位数”选项中设置小数点后的位数，如设置为“2”。

⑤ 单击对话框的“字体”选项卡，如图 5.23 所示，在“字体”选项卡中改变数值坐标轴中数字的字体、字体样式、大小和颜色等。

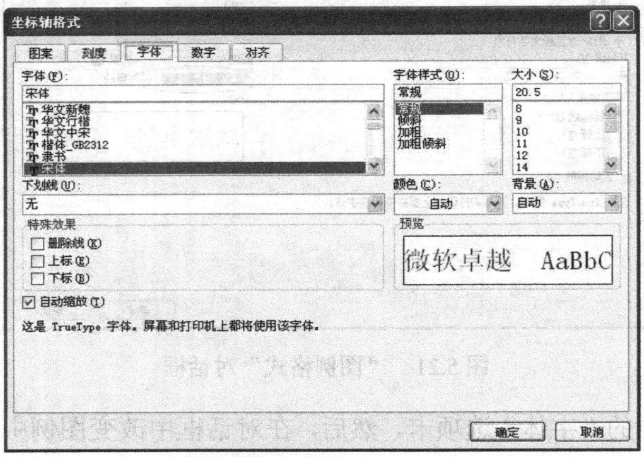

图 5.23 “字体”选项卡

⑥ 单击“对齐”选项卡，如图 5.24 所示，在此选项卡中可以改变坐标轴文本的方向。若选“0”度，文本水平放置；若选“90”度，文本垂直放置。根据需要还可以将文本设置成任意的角度。

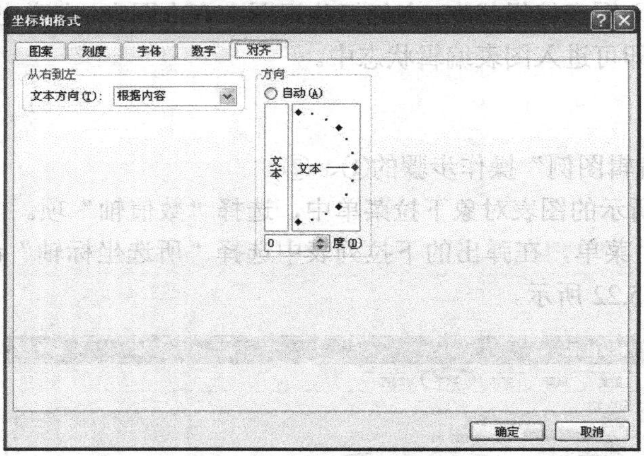

图 5.24 “对齐”选项卡

⑦ 设置完成后，单击“确定”按钮。

4．在幻灯片视图中对图表的操作

图表制作完成后，在图表外的任意位置单击鼠标，便退出 Microsoft Graph 应用程序，返回到幻灯片视图中。在幻灯片视图中，通常需要完成如下操作。

（1）移动图表的位置

① 在幻灯片视图中单击图表，在图表周围将出现八个控制点，如图 5.25 所示。

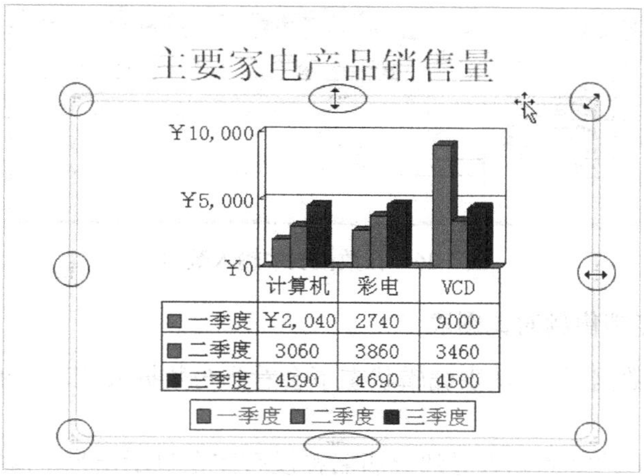

图 5.25 选中幻灯片中的图表

② 将光标移到幻灯片的图表中，当光标变为十字箭头形状时，按下并拖动鼠标，即可将幻灯片移到所需的位置。选中图表后，也可以用【↑】、【↓】、【←】、【→】四方向键来移动图表的位置。

（2）改变图表的大小

① 在幻灯片视图中，用鼠标单击所需编辑的图表，在图表周围出现 8 个控制点，如图 5.25 所示。

② 将光标移到图表周围的控制点上（圆圈位置），当鼠标指针变为双向箭头形状时，按下并拖动鼠标即可调整图表的大小。将光标移到图表上、下或左、右的控制点，可以分别调整图表的高度尺寸和宽度尺寸。而将光标移到四个角上的控制点时，可以同时调整图表的高度尺寸和宽度尺寸。

5.3 应用举例——某连锁商店各分店销售额统计图表

下面以某连锁商店各分店销售额统计图表为例讲解它的制作过程。

1. 进入图表编辑状态

① 打开或新建一个演示文稿文档，单击“开始”选项卡上“幻灯片”组中的“新建幻灯片”按钮，插入一张新幻灯片，单击“幻灯片”组中的“版式”按钮 版式，打开“Office 主题”任务窗格，在任务窗格中选择“标题和内容”版式。单击“标题和内容”版式，新建一张幻灯片。

② 在幻灯片的标题位置输入幻灯片的标题“分店销售额统计图表”。

③ 双击幻灯片中的“插入图表”按钮，进入图表编辑状态。

2. 在数据表中输入数据

① 将数据表中的数据删除。

② 在数据表中输入某连锁商店五个分店销售额的统计资料，如图 5.26 所示。

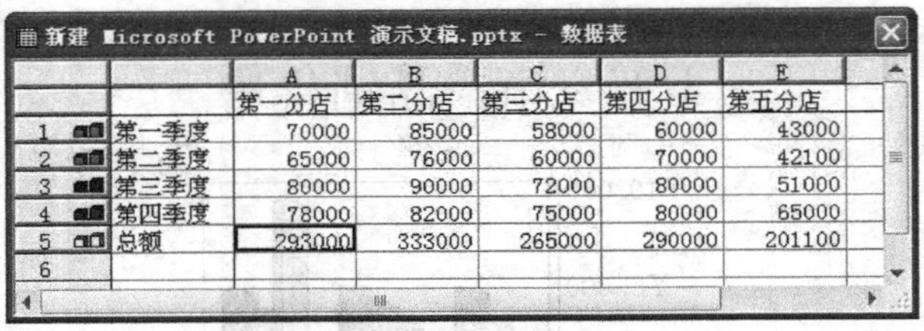

		A	B	C	D	E
		第一分店	第二分店	第三分店	第四分店	第五分店
1	第一季度	70000	85000	58000	60000	43000
2	第二季度	65000	76000	60000	70000	42100
3	第三季度	80000	90000	72000	80000	51000
4	第四季度	78000	82000	75000	80000	65000
5	总额	293000	333000	265000	290000	201100
6						

图 5.26　在数据表中输入数据

3．制作分店季度销售额对比图表

在数据表中输入数据后，在图表编辑状态下会看到与数据表相对应的数据图表，如图 5.27 所示。

由于“分类轴”上的字体偏大导致分店名称没有完全显示出来，需要在如图 5.23 所示的“坐标轴格式”对话框中修改字号大小。例如，修改为“12”。修改后的效果如图 5.28 所示。

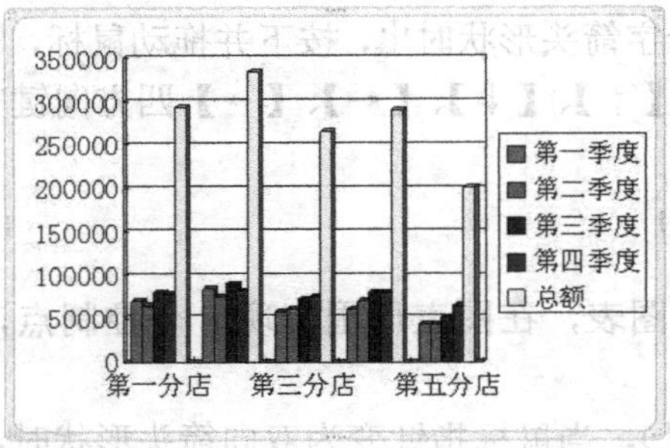

图 5.27　与数据表相对应的数据图表

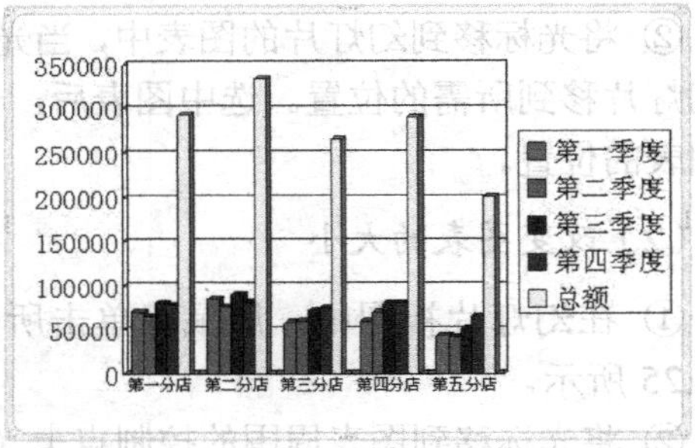

图 5.28　修改字体后的数据图表效果

在该图表中包括了各分店全年销售总额的数据系列，如果要制作分店各季度销售额对比图表，按以下方法操作。

① 在数据表中单击“总额”一行中的任意单元格。

② 单击“数据”菜单中的“排除列/行”命令，打开“排除列或行”对话框。

③ 在对话框中选中“行”单选框，然后单击“确定”按钮。

④ 在数据表“总额”行中的数据以灰度显示，而在图表中的总额系列被隐藏，如图 5.29 所示。

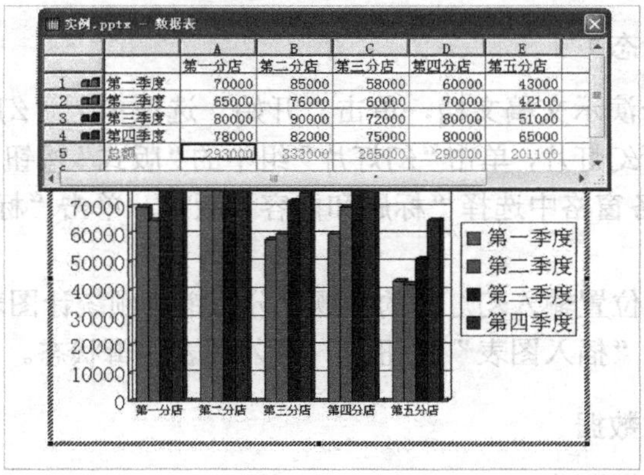

图 5.29　不含“总额”行的图表

⑤ 在图表之外的任意位置单击鼠标，退出图表编辑状态。

4. 制作全年各分店销售总额在总店中所占比例对比图表

① 在幻灯片“大纲”视图中，选中已制作的“分店季度销售额对比图表”幻灯片，单击“开始”选项卡上“剪贴板”组中的“复制”按钮，然后再单击“剪贴板”组中的“粘贴”按钮，复制一张新幻灯片。

② 在复制的幻灯片中，双击图表，在弹出的对话框中选择“编辑现有图表”按钮，进入图表编辑状态，如图5.30所示。

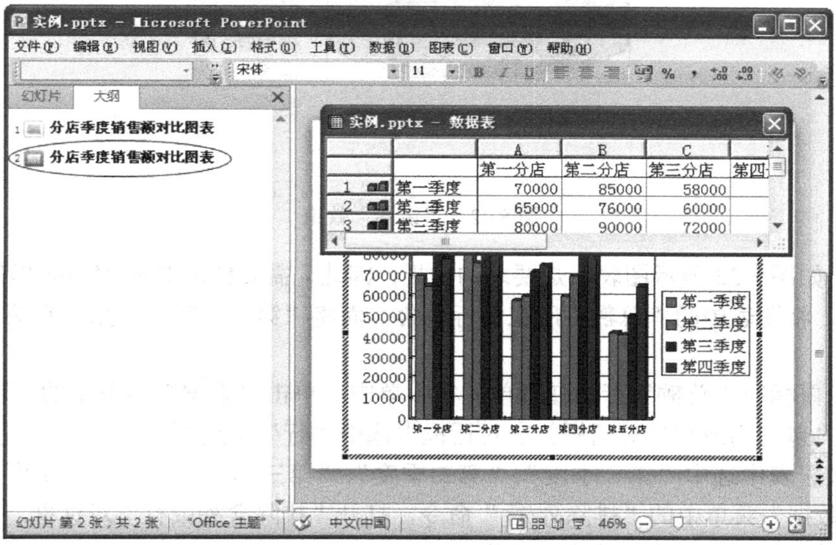

图5.30 进入图表编辑状态

③ 单击“图表”菜单中的“图表类型”命令，打开“图表类型”对话框，如图5.31所示。

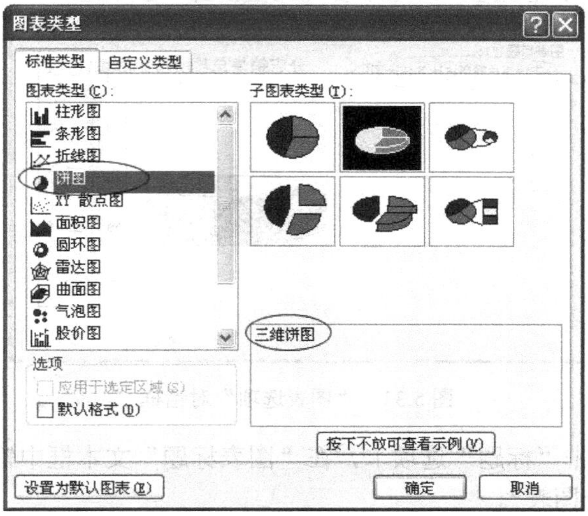

图5.31 “图表类型”对话框

④ 在对话框的“图表类型”中选择“饼图”，在“子图表类型”中选择“三位饼图”。

⑤ 单击“确定”按钮，图表效果如图5.32所示。

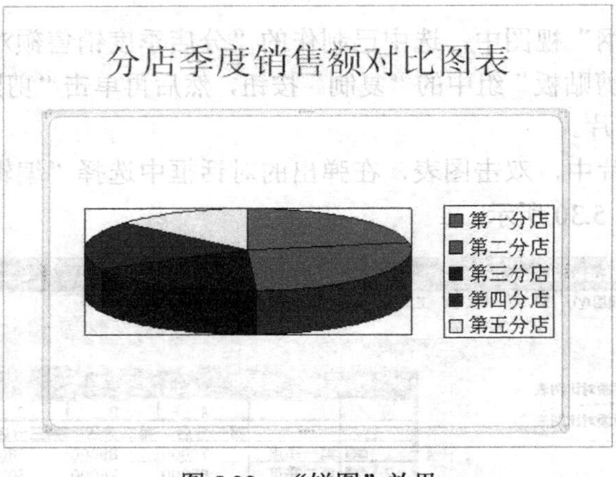

图5.32 “饼图”效果

⑥ 由于如图5.32所示图表不是要求的结果，因此，需要使用PowerPoint提供的“包含/排除”功能，将图表中的“总额”所在的行包含，而将“第一、第二、第三和第四季度”所在的行排除。

⑦ 先用鼠标在“总额”行的任意单元格中单击，单击“数据”菜单中的“包含列/行”命令，打开“包含列或行”对话框。在对话框中选中“行”单选框，并单击“确定”按钮。

⑧ 在数据表中选中“第一季度”、“第二季度”、“第三季度”和“第四季度”四个单元格，单击“数据”菜单中的“排除列/行”命令，打开“排除含列或行”对话框。在对话框中选中“行”单选框，并单击“确定”按钮。

⑨ 单击“图表”菜单中的“图表选项”命令，打开“图表选项”对话框，如图5.33所示。

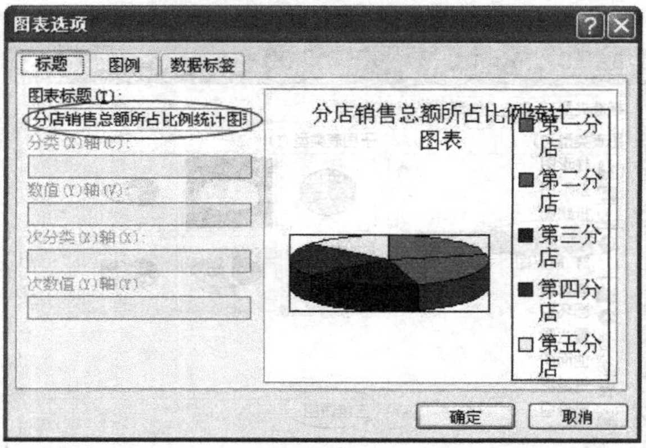

图5.33 “图表选项”对话框

⑩ 在对话框中单击“标题”选项卡，在“图表标题”文本框中输入图表的标题“分店销售总额所占比例统计图表”。

⑪ 在对话框中单击“图例”选项卡，如图5.34所示。选中“显示图例”复选框，并在“位置”选项中选择“靠下”单选框。

⑫ 在对话框中单击“数据标签”选项卡，对话框如图 5.35 所示。在“数据标签”选项卡中选择“百分比”单选框。

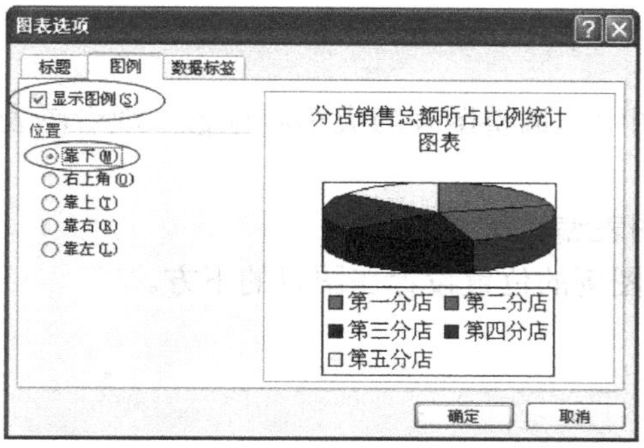

图 5.34 “图例”选项卡

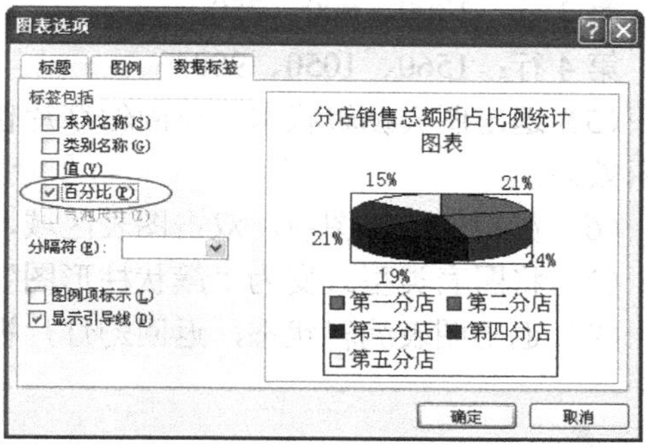

图 5.35 设置“数据标签”选项卡

⑬ 在“图表选项”对话框中单击“确定”按钮，并在图表之外的任意位置单击鼠标，退出图表编辑状态。幻灯片标题栏文字改为“分店销售总额统计图表”，其效果如图 5.36 所示。

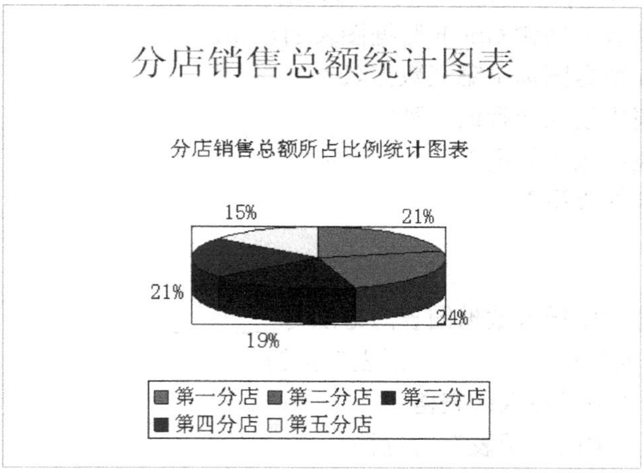

图 5.36 各分店销售总额在总店中所占比例图表

上机实习 5

1．进入中文 PowerPoint 2010，打开文件 PP2。

2．显示 PP2 文件中的第 4 张幻灯片，然后增加一张新的“标题与内容”自动版式幻灯片。

3．启动 Microsoft Graph 应用程序进入图表编辑状态，进行如下操作：

（1）输入标题：“自学式多元媒体教材销售情况”。

（2）在图表小窗口的第一列中输入行标题：“2011 年”、“2012 年”和“2013 年”。

（3）在图表小窗口的第一行中输入列标题：“文字教材”、“单机版课件”和“网络版课件”。

（4）在图表小窗口的第 2 行、第 3 行和第 4 行中分别输入下列数据：

第 2 行：1150、420、680

第 3 行：1300、800、750

第 4 行：1560、1050、900

（5）退出图表编辑状态，返回幻灯片普通视图中，调整图表的大小和位置，观看图表的显示效果。

（6）在幻灯片视图中，双击图表区域，进入图表编辑状态。

（7）将图表类型改变为“簇状柱形图”，并将图例的位置设置在图表的下方。

（8）退出图表编辑状态，返回幻灯片视图中。

习题 5

一、问答题

1．启动 Microsoft Graph 应用程序进入图表编辑状态有哪几种方法？

2．简述利用自动版式创建 Graph 数据图表的步骤。

3．怎样在 Graph 数据图标中隐藏数据表？

4．如何在数据表中插入一行或一列？

5．如何在数据表中输入数据？

6．怎样选择图表的类型？

二、选择题

1．在已有的幻灯片中插入数据图表的方法为________。

A．单击“插入”选项卡上的“图表”按钮

B．双击幻灯片中已插入的表格

C．双击幻灯片中的“图表”占位符

D．单击“格式”菜单中的“对象”命令

2．给数据表的一个单元格输入数据后，然后按________，便可输入当前单元格右侧单元格的内容。

A．【Enter】键　　B．【Tab】键

C．【Shift+ Enter】组合键　　D．【Shift+ Tab】组合键

3．在幻灯片的图表中，图例用来表示数据图表各系列元素的内容，下面有关图例的说法中，不正确的是________。

A．可以在图表中隐藏图例　　B．可以把图例移到图表的上侧

C．可以修改图例的颜色　　D．不能把图例移到图表的左侧

4．在幻灯片中，当制作好数据图表后，退出图表编辑状态的方法为________。

A．单击“文件”菜单中的“关闭”命令　　B．按【Ctrl+W】组合键

C．在数据图表外单击鼠标　　D．以上方法都正确

5．在图表编辑状态中，通过修改数据表的内容可以修改图表图形，如果想使图表图形

不包含数据表中的内容，首先单击________菜单中的“排除行/列”命令。

A.“表格”　　B.“数据”　　C.“格式”　　D.“图表”

6．制作好数据图表后，返回幻灯片普通视图后，不可对数据图表进行操作的内容有________。

A．改变数据图表的位置　　B．改变数据图表的大小

C．改变数据图表的类型　　D．为数据图表增加数据标签

三、判断题

1．在幻灯片中插入数据图表时，首先应启动 Microsoft Graph 图表应用程序，进入图表编辑状态。 (　　)

2．进入图表编辑状态，如果没有显示数据表，单击“视图”菜单中的“数据工作表”命令。 (　　)

3．使用 PowerPoint 2010 的“包含/排除”图表数据功能，可以排除数据表中的多行或多列数据，可显示数据表。 (　　)

4．要重新编辑幻灯片中的数据图表时，在幻灯片中单击数据图表。 (　　)

5．要编辑数据图表的坐标轴，在图表编辑状态中，直接双击图表坐标轴或坐标轴上的文字和数字，即可打开“坐标轴格式”对话框。 (　　)

6．要编辑数据图表中的图例，在图表编辑状态中，直接双击数据图表中的图例，即可打开“图例格式”对话框。 (　　)

7．数据图表制作完成后，除了不能对数据图表的类型修改外，可以修改数据图表的其他任何部分。 (　　)

第 6 章

组织结构图

制作演示文稿时，如果要讲述一种结构关系或层次关系，使用 PowerPoint 提供的 SmartArt 图形，可以形象地表达结构和层次关系，快速高效地制作组织结构图。SmartArt 图形是 PowerPoint 2010 新增的功能，可以快速轻松地创建所需形式，以便有效地传达信息或观点，包括：图形列表、流程图及更为复杂的图形（如维恩图和组织结构图等）。

6.1 制作组织结构图

1. 进入 SmartArt 图形操作窗口

通过以下两种方法可以进入 SmartArt 图形操作窗口。

（1）使用“SmartArt 图形”自动版式幻灯片

① 单击“开始”选项卡上“幻灯片”组中“新建幻灯片”按钮旁的向下箭头，弹出“Office 主题”对话框。

② 选择“Office 主题”对话框中的“标题和内容”版式，如图 6.1 所示，新建一张幻灯片。

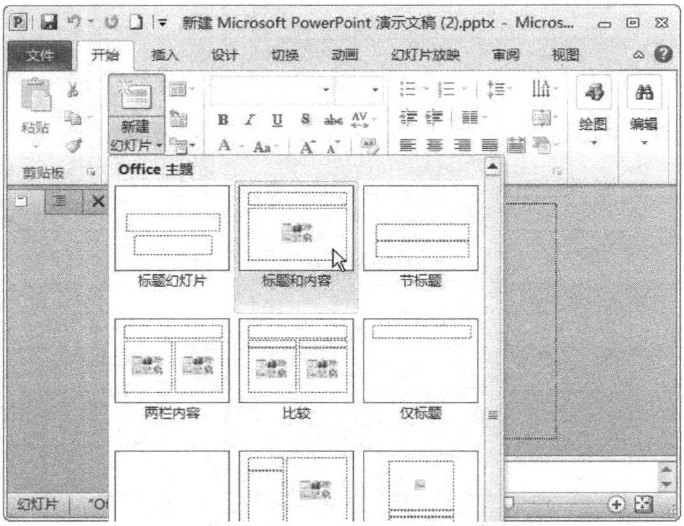

图 6.1 “标题和内容”版式

③ 用鼠标双击“SmartArt”占位符，弹出“选择 SmartArt 图形”对话框，如图 6.2 所示。在对话框左侧选择“层次结构”项，然后在对话框右侧出现“组织结构图”。

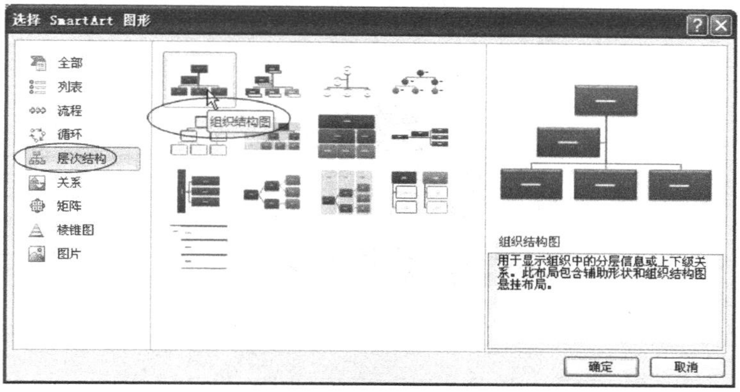

图 6.2　“选择 SmartArt 图形”对话框

④ 双击“组织结构图”按钮，即可进入“组织结构图”窗口，如图 6.3 所示。

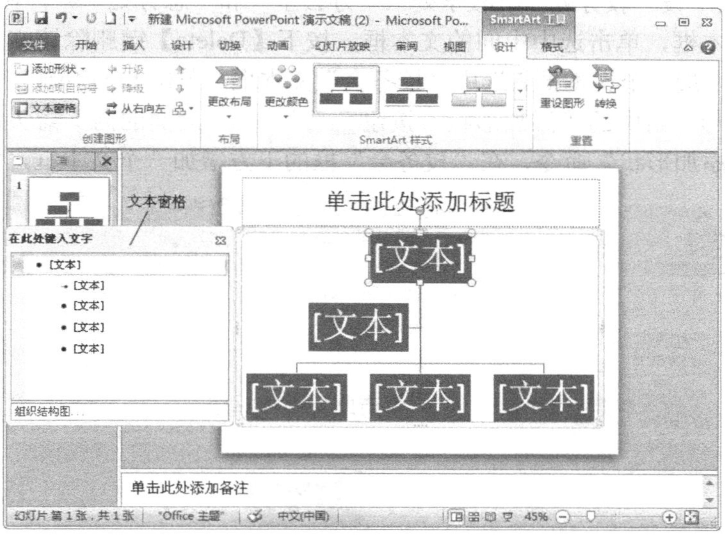

图 6.3　“组织结构图”窗口

（2）使用 “SmartArt 图形” 命令

在普通视图“幻灯片”选项卡中，单击“插入”选项卡上“插图”组中的“SmartArt 图形”按钮 SmartArt，打开“选择 SmartArt 图形”对话框。在对话框左侧选择“层次结构”项，在对话框右侧双击“组织结构图”，即可进入“组织结构图”窗口，同时打开“组织结构图”工具栏。

2. 建立组织结构图

下面通过编制某学校的机构设置来介绍组织结构图的制作过程。操作方法如下：

① 进入组织结构图操作窗口。

② 在如图 6.3 所示的“组织结构图”窗口中单击关闭按钮☒，可以关闭“文本窗格”。单击 按钮，可以打开“文本窗格”，如图 6.4 所示。用鼠标单击上面第一个文本框，在该文本框中出现文字光标。

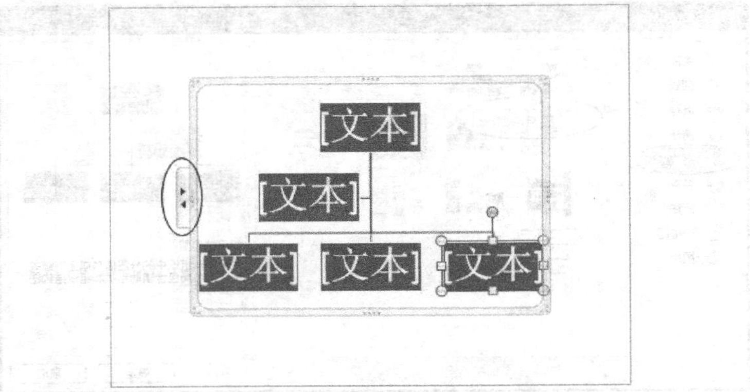

图 6.4　打开“文本窗格”按钮

③ 在文本框中输入文字“校务会”。

④ 由于学校下设“教务处”、“教学处”、“办公室”和“总务处”4 个中层机构，因此需要删除中间的文本框，单击选中中间的文本框，按下【Delete】键删除该文本框。在“校务会”下面需要再增加一个文本框。选中“校务会”文本框，单击 SmartArt 工具栏“设计”选项卡上“创建图形”组中的“添加形状”按钮 添加形状 后面的向下箭头，在弹出的菜单中选择“在下方添加形状”命令，在“校务会”框的下方增加一个文本框，如图 6.5 所示。

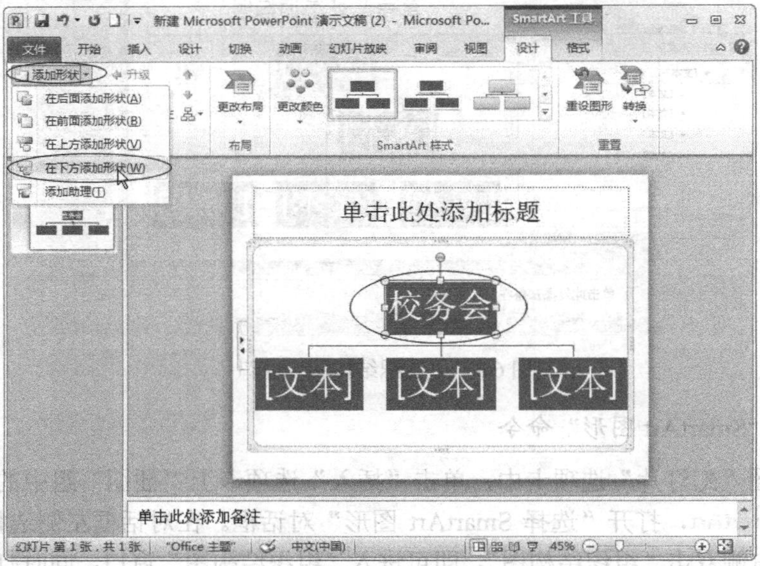

图 6.5　增加一个文本框

⑤ 用鼠标单击“校务会”文本框下方左端的文本框，输入文字“办公室”。

⑥ 用同样的方法在其余三个文本框中分别输入文字“教务处”、“教学处”和“总务处”，效果如图 6.6 所示。

⑦ 由于教务处下设“教材科”和“教师科”，因此需要在教务处下方制作出两个文本框。将鼠标指针移到“教务处”文本框上单击，按照步骤④中“在下方添加形状”的方法，在“教务处”文本框的下方增加两个下属文本框。

⑧ 在新增的两个文本框中分别输入“教师科”和“教材科”，如图 6.7 所示。

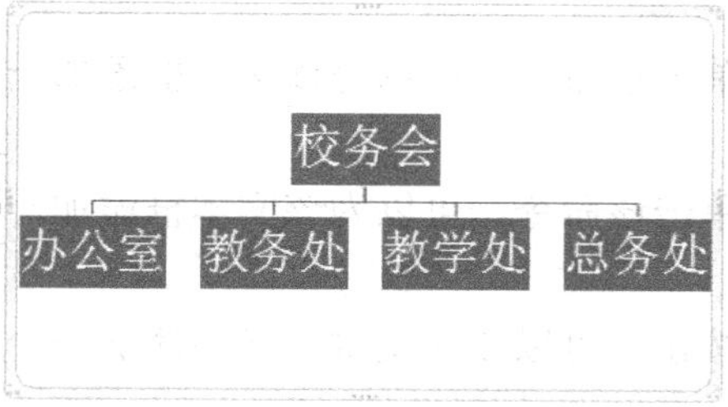

图 6.6 在组织结构图的文本框中输入文字

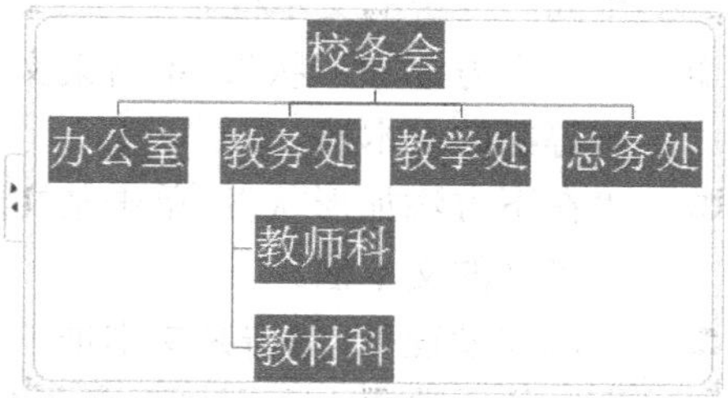

图 6.7 在组织结构图中增加文本框

⑨ 用同样的方法，输入学校机构设置中的其他机构，再在各文本框中输入名称。用鼠标单击文字“单击此处填加标题”，当文字光标出现后即可输入文字。例如：输入“学校组织结构图”，并将其字体设置为隶书，颜色为红色，效果如图 6.8 所示。

3. 编辑及其他操作

(1) 选中文本框

① 选中单个文本框。

用鼠标单击需要选中的文本框，则该文本框被选中，如图 6.9 所示。

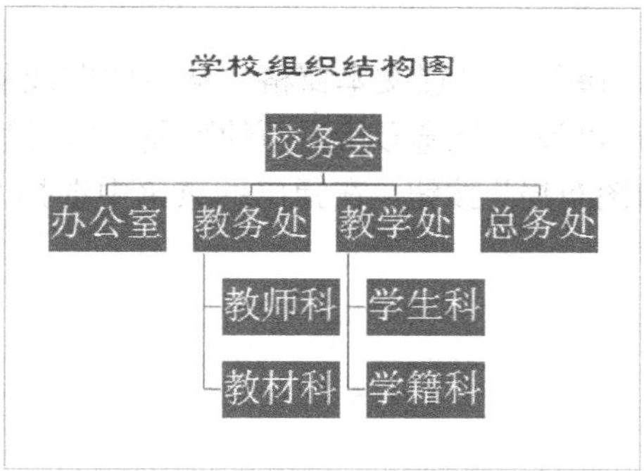

图 6.8 组织结构图实例

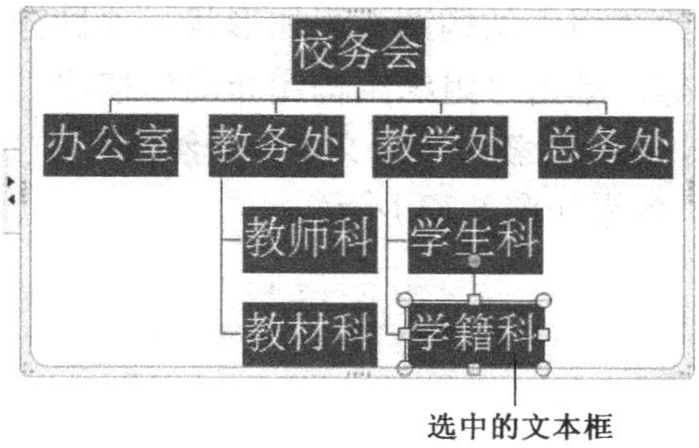

图 6.9 选中单个文本框

② 选中多个文本框

先选中第一个文本框，在按下【Shift】键的同时，依次单击其他需要选中的文本框。

(2) 删除文本框

在“组织结构图”操作窗口中，选中要删除的文本框，按键盘上的【Delete】键。

(3) 添加新文本框

通过 SmartArt 工具栏中的“添加形状”按钮 添加形状 ，如图 6.10 所示，可以在组织结构图中增加文本框。

图 6.10 SmartArt 工具栏中的“添加形状”按钮

菜单中各命令的主要功能如下。

- “在后面添加形状”：单击某文本框，再单击该命令，可以在该文本框后面添加一个同一等级的文本框。
- “在前面添加形状”：单击某文本框，再单击该命令，可以在该文本框前面添加一个同一等级的文本框。

- “在上方添加形状”：单击某文本框，再单击该命令，可以为该文本框添加一个上一等级的文本框。
- “在下方添加形状”：单击某文本框，再单击该命令，可以为该文本框添加一个下一等级的文本框。
- “添加助理”：单击某文本框，再单击该按钮，可以在该文本框下面添加一个文本框，位于选中文本框与下级文本框之间。

（4）SmartArt 工具栏

单击“组织结构图”会出现 SmartArt 工具栏，如图 6.11 所示，其各组功能如下。

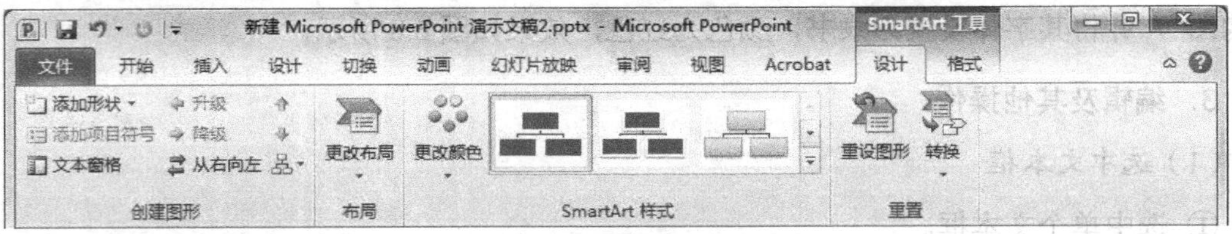

图 6.11　SmartArt 工具栏

①“创建图形”组

给“组织结构图”添加形状、项目符号、升级、降级，设置文本窗格、从右向左或从左向右等。单击“组织结构图布局”按钮 布局，可以设置所选形状下面的附属形状类型。例如，选中“教务处”文本框，然后单击“组织结构图布局”按钮，在弹出的菜单中选择“标准”，效果如图 6.12 所示。

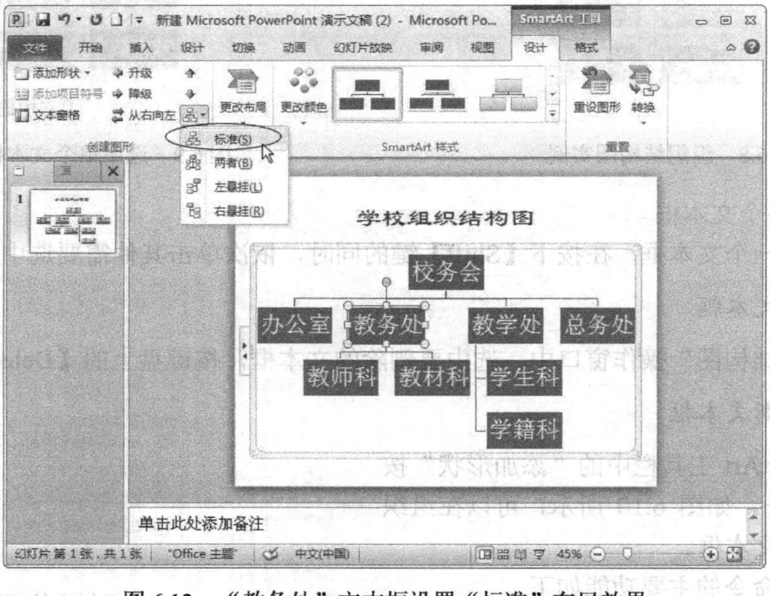

图 6.12　“教务处”文本框设置“标准”布局效果

② “布局”组

为组织结构图设置不同的布局样式，如图 6.13 所示。

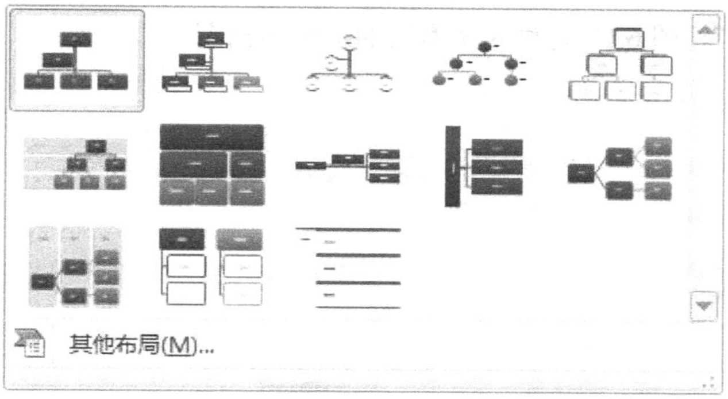

图 6.13　布局样式

③“SmartArt 样式”组

为组织结构图设置不同的颜色和应用不同的“SmartArt 样式”，如图 6.14 所示。

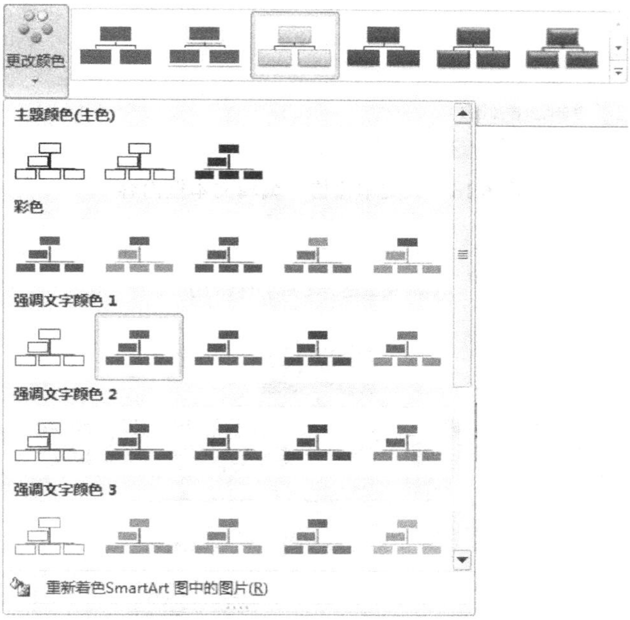

图 6.14　颜色选项和“SmartArt 样式”

④ “重置”组

将组织结构图还原为默认值，也可以把组织结构图转换为文本和形状，如图 6.15 所示。

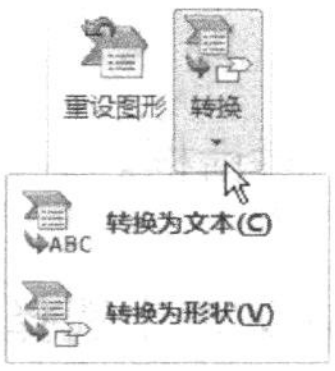

图 6.15　“转换”菜单

（5）在组织结构图中输入文本

① 在普通视图中，双击“组织结构图”，进入“组织结构图”窗口。

② 双击需要输入文字的文本框即可以编辑该文本框中的内容，也可以通过打开“文本窗格”，单击需要编辑的文字来编辑文本框的内容，如图 6.16 所示。

③ 在组织结构图工作窗口中，单击绘图工具栏上的“文本框”按钮，将光标移到需要输入文字的位置单击鼠标，当出现文字输入光标后，即可输入文字。

例如：输入“2014.5”。图 6.17 为输入文本后的组织结构图。

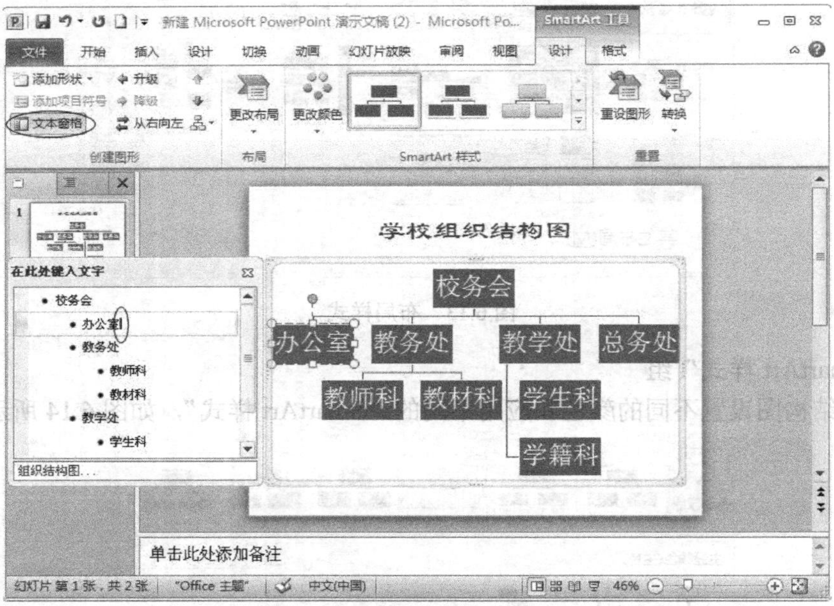

图 6.16 “文本窗格”编辑文本框内容

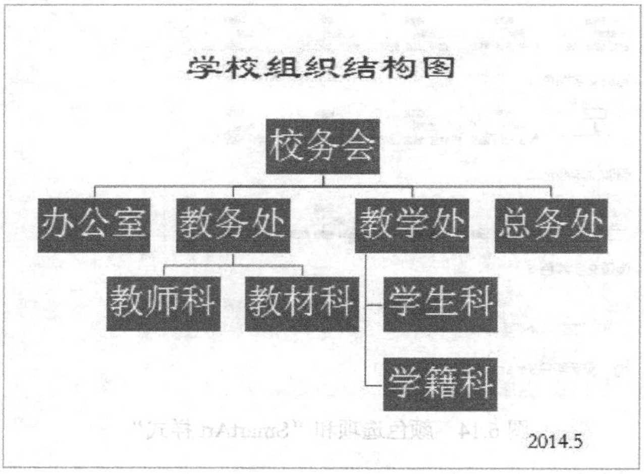

图 6.17 输入文本后的组织结构图

（6）格式化文本

① 单击文本框中的文本，即选中需要格式化的文本框。

② 右击鼠标，在弹出的快捷菜单中选择“字体”命令，弹出“字体”对话框。

③ 在“字体”对话框中，设置文字的字体、字体样式和大小。

④ 在“字体”对话框中，打开“字体颜色”按钮后面的下拉列表，在列表中选择需要的颜色。

⑤ 设置完成以后，单击“确定”按钮，效果如图 6.18 所示。标题为隶书，字号为“60”，颜色为“红色”，各文本框中的文字字体为“宋体”，字号为“28”，颜色为“白色”，日期文字的字体为“华文楷体”，字号为“24”。

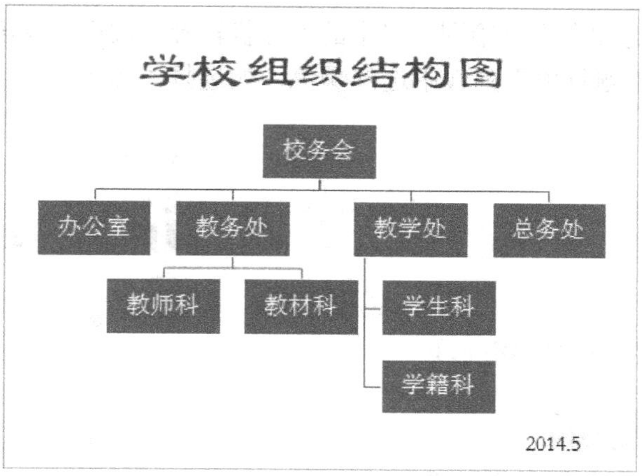

图 6.18 文本格式化后的组织结构图

（7）格式化文本框

① 选中组织结构图中所需格式化的文本框，如选中“校务会”。

② 右击鼠标，在弹出的快捷菜单中选择“设置形状格式”命令，如图 6.19 所示。弹出“设置形状格式”对话框，如图 6.20 所示。

图 6.19 “文本框”快捷菜单

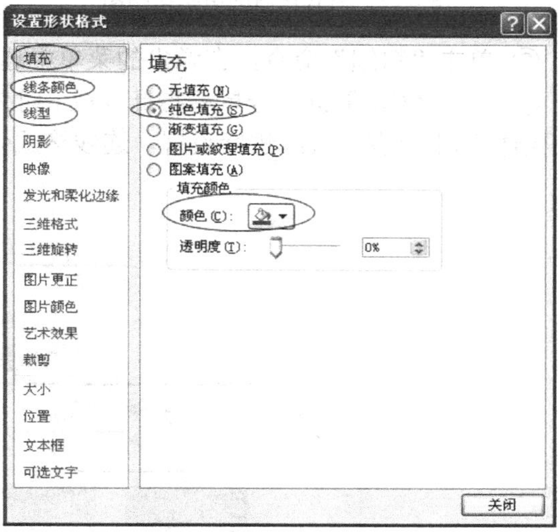

图 6.20 “设置形状格式”对话框

③ 在“设置形状格式”对话框的左侧选项卡中，依次选择“填充”、“线条颜色”和“线型”，在右侧的选项卡分别将文本框设置为“紫色”纯色填充，文本框的颜色线条设置为“实线”、“红色”，线型宽度为“1 磅”。

④ 单击“关闭”按钮。格式化后的组织结构图如图 6.21 所示。

（8）格式化连接线

设置连接线格式的操作过程可通过“开始”选项卡上“绘图”组中的工具按钮完成，操作方法如下：

① 在组织结构图中选择要格式化的连接线。

② 单击“开始”选项卡上“绘图”组中的“形状轮廓”按钮，弹出“形状轮廓”菜单，如图 6.22 所示。在“主题颜色”列表中选择颜色，如选择“黑色”。

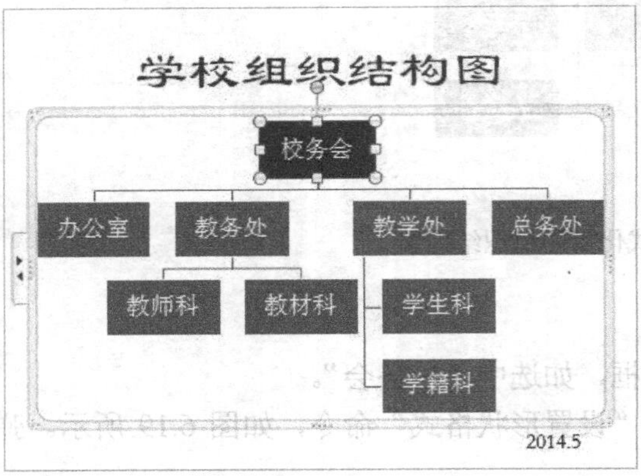

图 6.21 格式化后的组织结构图

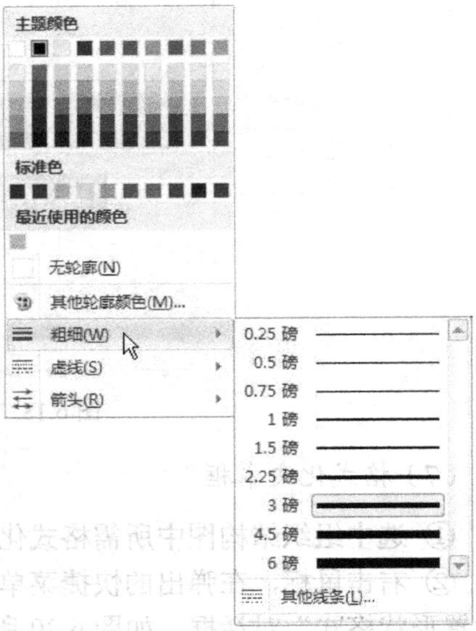

图 6.22 “形状轮廓”菜单

③ 单击“粗细”命令，在弹出的菜单中选择连接线的线型，如选择“3 磅”。

④ 按住【Ctrl】键，当鼠标指针变成时依次单击各个线条，重复①、②、③步骤，将组织结构图中所有连接线进行设置。连线格式化后的组织结构图如图 6.23 所示。

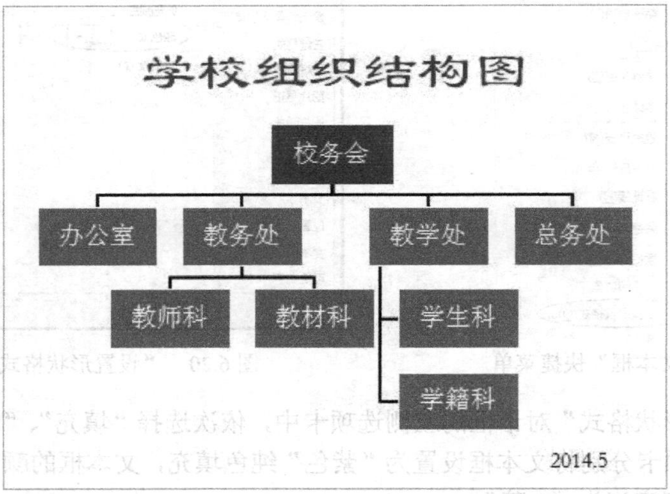

图 6.23 连接线格式化后的组织结构图

（9）改变组织结构图的样式

① 选中需要改变样式的文本框。例如：在图 6.23 中选中“校务会”文本框。

② 单击“SmartArt 工具”栏“设计”选项卡上“创建图形”组中的“组织结构图布局”按钮 布局，在弹出的下拉菜单中选择所需的布局，例如：“两者”，如图 6.24 所示。

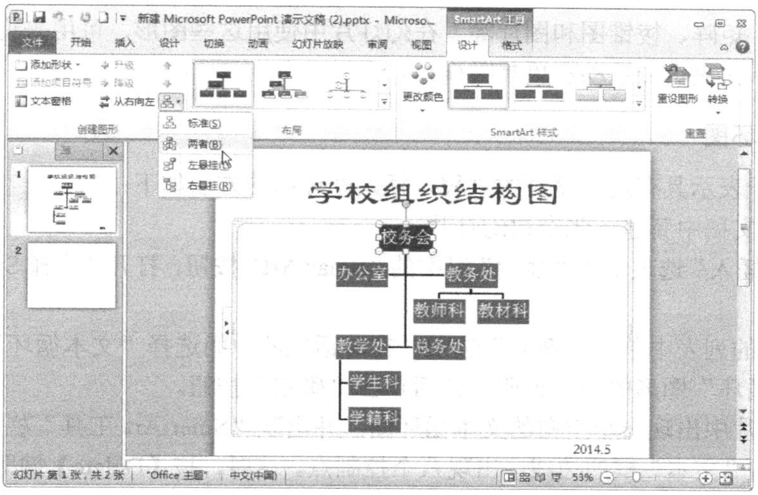

图 6.24 “两者”布局样式

（10）使用组织结构图的预设图样

PowerPoint 2010 提供了多种组织结构图的预设图样，供用户选择。不同的样式采用了不同的文本框颜色、阴影及样式等。如果给幻灯片中的组织结构图使用预设图样，操作方法如下：

① 单击“组织结构图”出现“SmartArt 工具”栏。

② 单击“设计”选项卡上“SmartArt 样式”组右下角的“其他”按钮，弹出“文档的最佳匹配对象”对话框，如图 6.25 所示。在这里可以给组织结构图设置各种样式。例如：选择“三维”选项下的“砖块场景”。

③ 如图 6.21 所示的组织结构图将改变为如图 6.26 所示的样式。

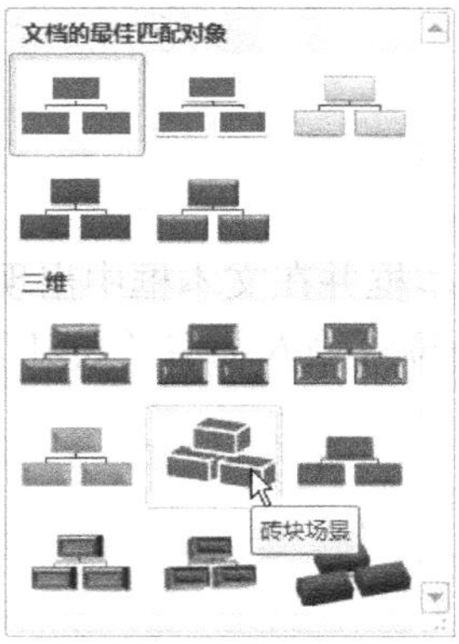

图 6.25 “文档的最佳匹配对象”对话框

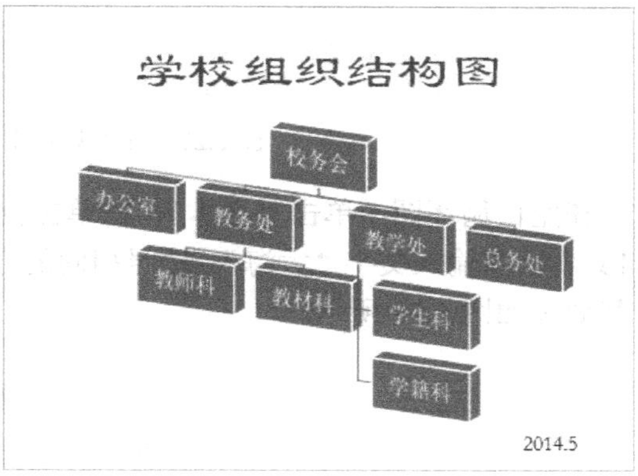

图 6.26 改变组织结构图的样式

6.2 制作“SmartArt”幻灯片

PowerPoint 2010 具有通用性 SmartArt 图形的图库，图形的类型有列表、流程、循环、层次结构、关系、矩阵、棱锥图和图片等。在幻灯片中使用这些图形，可用来说明各种概念性的资料并使演示文稿更加生动和更具吸引力。

1．插入循环图

循环图用于表示具有连续循环的过程，插入循环图的方法如下：

① 在演示文稿中新建一张空白幻灯片。

② 单击“插入”选项卡上“插图”组中的“SmartArt”按钮，打开“选择 SmartArt 图形”对话框。

③ 在左侧的列表中单击“循环”选项，在对话框的中间选择“文本循环”，对话框的右侧显示“文本循环”图形的简要说明，然后单击“确定”按钮。

④ 在幻灯片中出现一个空白的文本循环图，并出现“SmartArt 工具”栏，如图 6.27 所示。用鼠标单击“文本”框的边线，出现八个控制点。这时，按【Delete】键即可删除该“文本”框，删除图中多余的“文本”框，保留三个“文本”框。

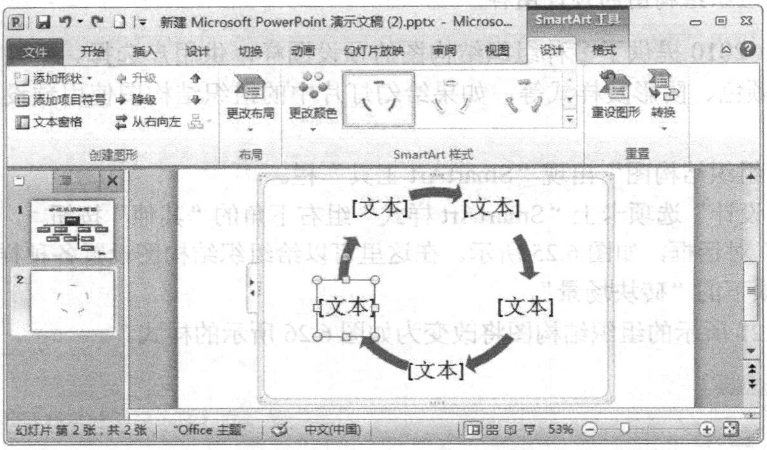

图 6.27　在幻灯片中插入空白循环图

⑤ 在空白循环图中单击“文本”，在单击位置出现一个文本框并在文本框中出现文字光标，向文本框中输入文字“大海”。按照相同的方法在其他两个位置输入文字“太阳”和“雨水”，其效果如图 6.28 所示。

图 6.28　在幻灯片中插入循环图

2．插入棱锥图

棱锥图常用来表示基于基础之间的关系，在幻灯片中插入棱锥图的操作方法如下：

① 在演示文稿中选择或新建一张空白幻灯片。

② 单击“插入”选项卡上“插图”组中的“SmartArt”按钮，打开“选择 SmartArt 图形”对话框。

③ 在左侧的列表中单击“棱锥图”选项，在对话框的中间选择“基本棱锥图”，对话框的右侧显示“基本棱锥图”图形的简要说明，然后单击“确定”按钮。

④ 在幻灯片中出现一个空白的棱锥图，并出现“SmartArt 工具”栏，如图 6.29 所示。

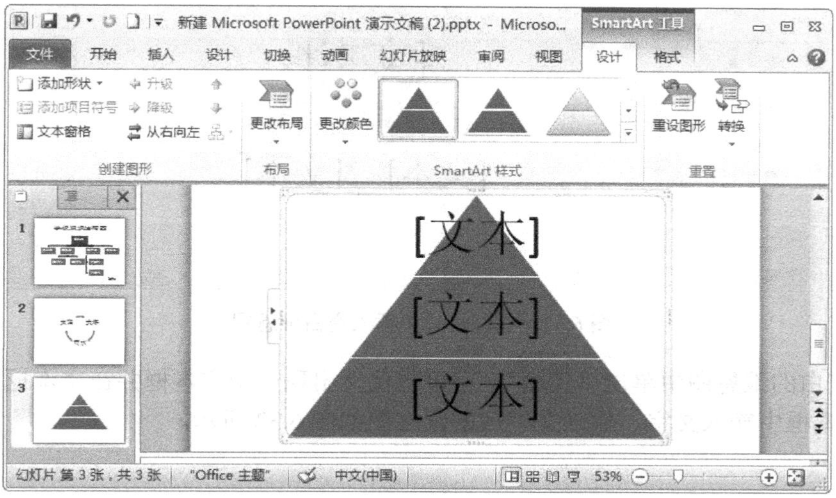

图 6.29　在幻灯片中插入空白棱锥图

⑤ 在空白的棱锥图中单击“文本”，在单击位置出现一个文本框并在文本框中出现文字光标，向文本框中输入文字。输入文字后的棱锥图如图 6.30 所示。

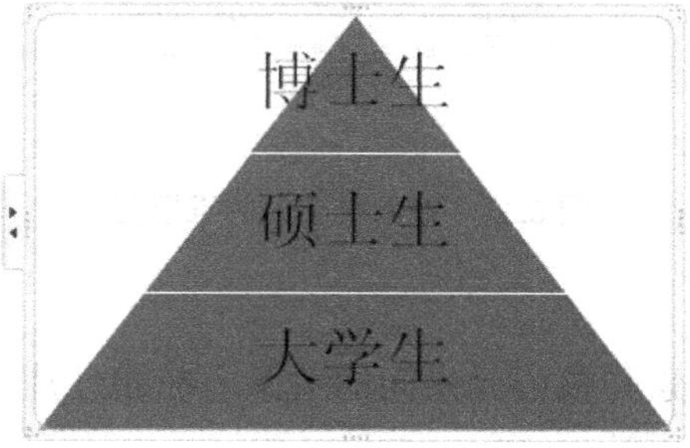

图 6.30　输入文字后的棱锥图

3. 插入维恩图

维恩图通常用于表示各元素的重叠区域间的关系。在幻灯片中插入棱锥图的操作方法如下：

① 在演示文稿中选择或新建一张空白幻灯片。

② 单击“插入”选项卡上“插图”组中的“SmartArt”按钮，打开“选择 SmartArt 图形”对话框。

③ 在左侧的列表中单击“关系”选项，在对话框的中间靠下选择“基本维恩图”，对话框的右侧显示“基本维恩图”图形的简要说明，然后单击“确定”按钮。

④ 在幻灯片中出现一个空白的维恩图，并出现“SmartArt 工具”栏，如图 6.31 所示。

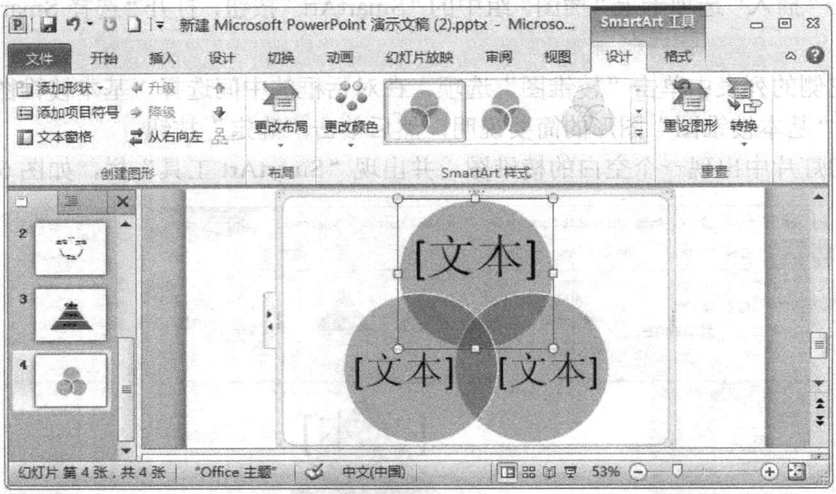

图 6.31　在幻灯片中插入空白维恩图

⑤ 在空白的维恩图中单击“文本”，在单击位置出现一个文本框并在文本框中出现文字光标，向文本框中输入文字。输入文字后的维恩图如图 6.32 所示。

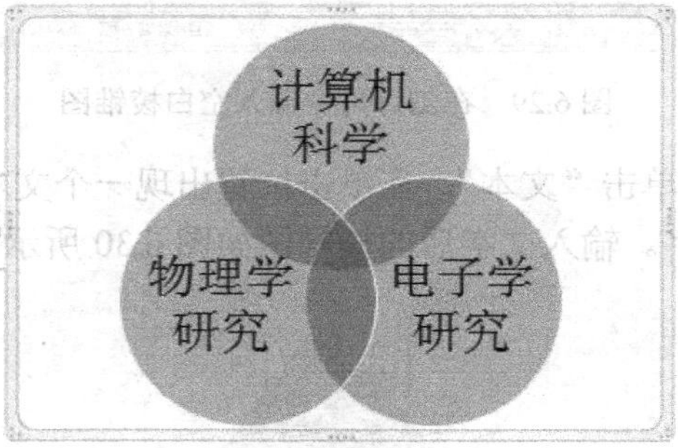

图 6.32　输入文字后的维恩图

4．插入射线图

射线图通常用于表示元素与核心元素间的关系。在幻灯片中插入射线图形的操作方法如下：

① 在演示文稿中选择或新建一张空白幻灯片。

② 单击“插入”选项卡上“插图”组中的“SmartArt”按钮，打开“选择 SmartArt 图形”对话框。

③ 在左侧的列表中单击“循环”选项，在对话框的中间选择“基本射线图”，对话框的右侧显示“基本射线图”图形的简要说明，然后单击“确定”按钮。

④ 在幻灯片中出现一个空白的射线图，并出现“SmartArt 工具”栏，如图 6.33 所示。单击最下面“文本”框的边线，出现八个控制点，按下【Delete】键删除该图形，保留四个图形元素。

⑤ 在幻灯片中单击“文本”，在单击位置出现一个文本框并在文本框中出现文字光标，向文本框中输入文字。输入文字后的射线图如图 6.34 所示。

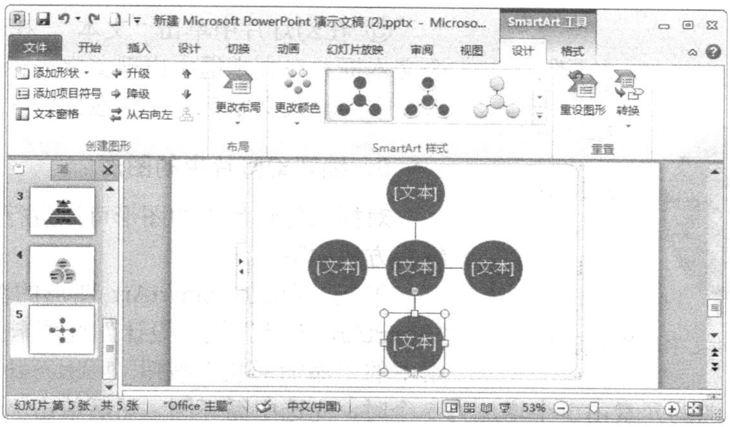

图 6.33 在幻灯片中插入空白射线图

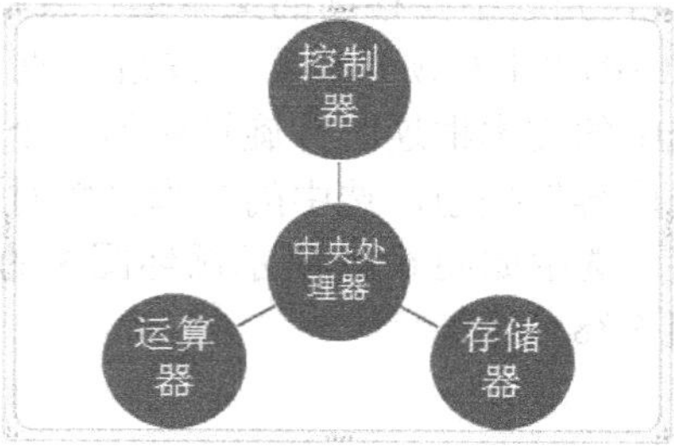

图 6.34 输入文字后的射线图

5. 插入目标图

目标图通常用于表示实现目标的步骤。在幻灯片中插入目标图的操作方法如下：

① 在演示文稿中选择或新建一张空白幻灯片。

② 单击“插入”选项卡上“插图”组中的“SmartArt”按钮，打开“选择 SmartArt 图形”对话框。

③ 在左侧的列表中单击“关系”选项，在对话框的中间选择“基本目标图”，对话框的右侧显示“基本目标图”图形的简要说明，然后单击“确定”按钮。

④ 在幻灯片中出现一个空白的目标图，并出现“SmartArt 工具”栏，如图 6.35 所示。

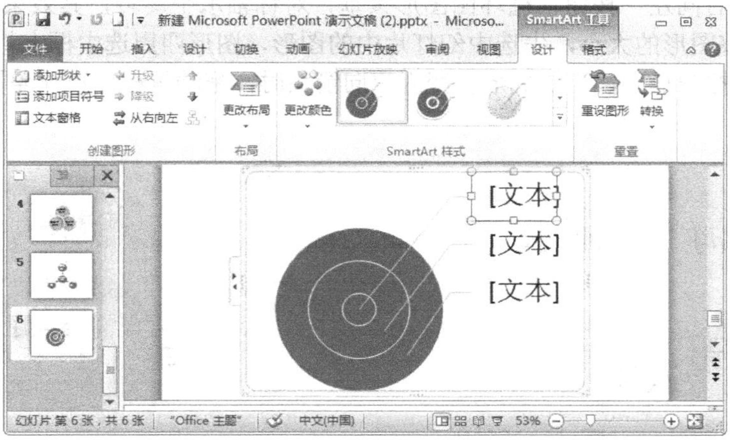

图 6.35 在幻灯片中插入空白目标图

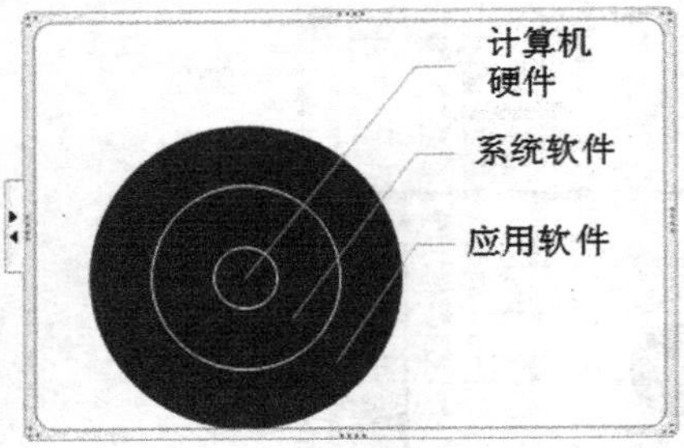

图 6.36　输入文字后的目标图

⑤ 在幻灯片中单击“文本”，在单击位置出现一个文本框并在文本框中出现文字光标，向文本框中输入文字。输入文字后的目标图如图 6.36 所示。

6．编辑幻灯片中的图形

对插入幻灯片中的图形可以进行修改和编辑，其编辑方法如下：

① 若要增加 SmartArt 图形的图形元素，单击“SmartArt 工具”栏“设计”选项卡上“创建图形”组中的“添加形状”按钮 添加形状 ▾。例如，把如图 6.28 所示循环图的元素由 3 个增加为 5 个时，先选中循环图，然后单击“添加形状”按钮两次，其效果如图 6.37 所示。

② 若要移动文本框的位置，先选中要移动的文本框，然后单击“SmartArt 工具”栏“设计”选项卡上“创建图形”组中的“上移所选内容”按钮或“下移所选内容”按钮。单击“上移所选内容”按钮，选中的文本框逆时针旋转到另一个位置，其他文本框逆时针旋转相同的角度。单击“下移所选内容”按钮，选中的文本框顺时针旋转到另一个位置，其他文本框则顺时针旋转相同的角度。选中如图 6.28 所示循环图中的“太阳”文本框，单击“上移所选内容”按钮，其效果如图 6.38 所示。

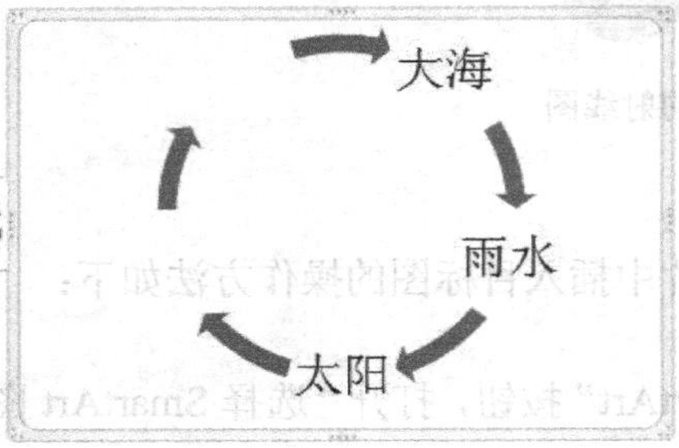

图 6.37　增加元素后的效果

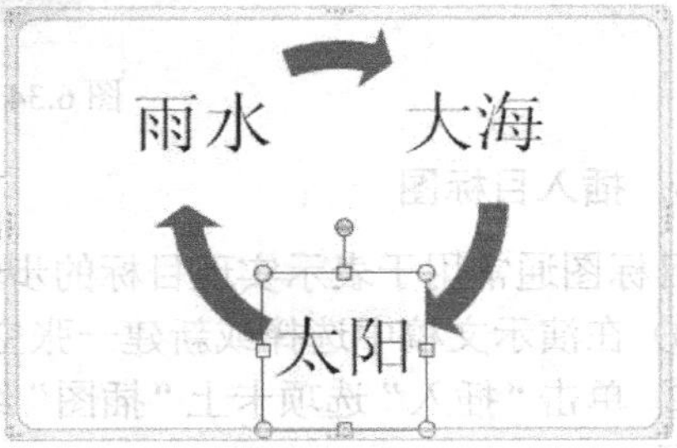

图 6.38　移动文本框位置

③ 若要翻转幻灯片中的图形，先选中图形，然后单击“SmartArt 工具”栏“设计”选项卡上“创建图形”组中的“从右向左”按钮 从右向左。例如，选中如图 6.38 所示的循环图图形，单击“从右向左”按钮，循环图图形按垂直对称轴水平旋转，其效果如图 6.39 所示。

④ 若要调整图形的大小，先选中幻灯片中的图形，图形四周选中框上将出现 8 个控制点，把鼠标移到控制点上，当鼠标形状变为双向箭头时，拖动鼠标即可调整图形的大小，如图 6.40 所示。

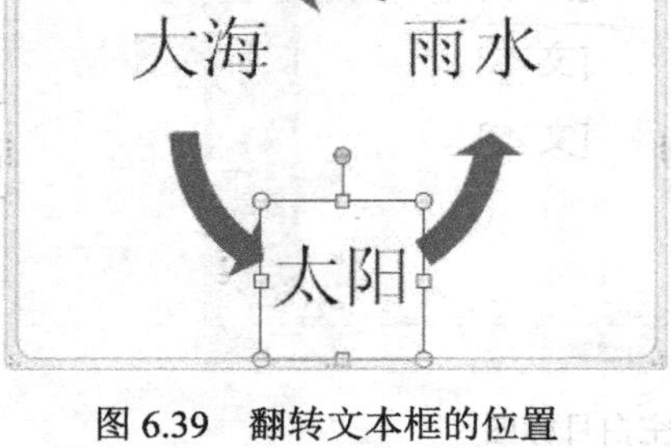

图 6.39　翻转文本框的位置

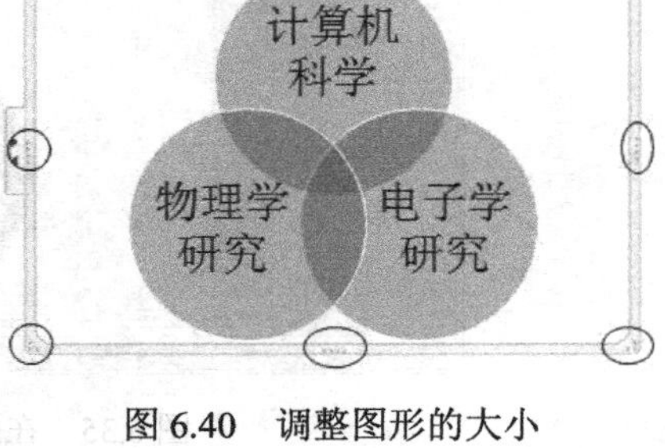

图 6.40　调整图形的大小

⑤ 若需要设置图形中的文字效果，用鼠标双击图形中的文字，即将文字选中，然后使用"开始"选项卡上"字体"组中的文字格式按钮改变文字的字体、字号、修饰或颜色等属性。选中文字后，设置文字效果的另一种方法是右击鼠标，在弹出的快捷菜单中选择"字体"命令，打开"字体"对话框。通过"字体"对话框设置文字的效果。

上机实习 6

1．进入中文 PowerPoint 2010，打开文件 PP2。

2．显示 PP2 文件中的第 5 张幻灯片，然后增加一张新的"标题和内容"版式幻灯片。

3．进入组织结构图操作窗口，进行如下操作：

（1）输入标题："自学式多元媒体教材评估机构设置"。

（2）在顶部文本框中输入文本："评估机构"。

（3）由于教材评估机构有四个专业小组组成，因此，在顶部文本框下方再增加一个下属文本框。

（4）在四个下属文本框中输入下列文本：

"课程专家"、"教学法专家"、"媒体专家"和"行政领导"。

（5）在"媒体专家"文本框下方增加两个下属文本框，并在两个文本框中输入文本："硬件专家"和"软件专家"。

（6）更改组织结构图中所有的文本框填充色为红色。

（7）为所有文本框增加"右下"阴影。

（8）改变所有文本框的边框颜色为"绿色"。

（9）将所有文本框中的文字设置为"黄色"，字体为"黑体"。

（10）将所有连接线的颜色设置为"黄色"，并加粗连接线。

（11）改变"媒体专家"文本框下面的两个部下文本框的样式为"竖排"。

4．退出组织结构图操作窗口，返回幻灯片普通视图中。用原文件名保存文件到原文件夹中。

习题 6

一、问答题

1．什么是组织结构图？

2．进入"组织结构图"工作窗口有哪几种方法？

3．在组织结构图的文本框中如何输入文字？在组织结构图中如何增加文本框？

4．选中组织结构图中的文本框有哪几种方法？

5．如何改变组织结构图的文本框样式及背景？

6．格式化图形主要包括哪些内容？

二、选择题

1．进入组织结构图操作窗口，可以有________方法。

A．一种 B．两种 C．三种 D．四种

2．要删除组织结构图中的一个文本框，操作过程为将鼠标________，然后按【Delete】键。

A．指向文本框的边框，当鼠标变为花箭头时单击

B．指向文本框，当鼠标变为文字光标“Ⅰ”时单击

C．在文本框中单击鼠标

D．在文本框中双击鼠标

3．如果要在组织结构图中添加文本框，首先选中一个文本框。然后按下面的方法操作。下列四种操作方法中正确的是______。

A．要添加三个下属文本框，在工具栏上连续单击“添加形状”按钮三次

B．要添加三个同事文本框，在工具栏上连续单击“添加形状”按钮三次

C．要添加三个助手文本框，在工具栏上连续单击“添加形状”按钮三次

D．以上三种方法都不正确

4．在幻灯片中插入循环图后，默认的图形元素为5个，但可以增加图形元素到________。

A．5个之内 B．8个之内

C．任意多个 D．以上说法都不正确

5．在幻灯片中插入图形后，可以调整图形的大小。下面几种操作方法中正确的是______。

A．选中图形后用鼠标拖动图形周围的控制点

B．单击“版式”菜单中的“缩放图形”命令，然后拖动图形周围的控制点

C．单击“设置图片格式”按钮，然后拖动图形周围的控制点

D．在图片工具栏中单击“压缩图片”按钮

三、判断题

1．在插入组织结构图时，进入组织结构图操作窗口后，同时打开“SmartArt”工具栏。（ ）

2．在组织结构图中，最上方只能有一个文本框。（ ）

3．选中组织结构图的多个文本框时，先选中第一个文本框，然后，在按下【Alt】键的同时，依次单击其他需要选中的文本框。（ ）

4．改变组织结构图的样式时，可以使用“SmartArt”工具栏中的“SmartArt样式”组自行设置，也可以单击“更改颜色”按钮，在对话框中选择样式。（ ）

5．选中图形中的一个文本框，在“SmartArt”工具栏中单击“从右向左”按钮，选中的图形按逆时针方向旋转一个角度。（ ）

第 7 章

插入表格

使用表格，可以清楚地表达各数据之间的关系，使展示的内容更加有条理，对比强烈且有很强的说服力。本章将介绍在幻灯片中插入表格的方法。

7.1 插入表格

当需要在演示文稿中插入表格时，可以利用表格幻灯片版式创建一张新幻灯片，也可以向已包含其他对象的原幻灯片中添加表格。

1. 创建含表格的幻灯片

利用表格幻灯片版式创建新幻灯片的操作方法如下：

① 单击“开始”选项卡上“幻灯片”组中的“新建幻灯片”按钮旁的向下箭头。

② 在弹出的“Office 主题”对话框中选择“标题和内容”自动版式，如图 7.1 所示，其中包含两个占位符：一个是幻灯片标题，一个是内容。

③ 双击表格占位符，弹出“插入表格”对话框，如图 7.2 所示。

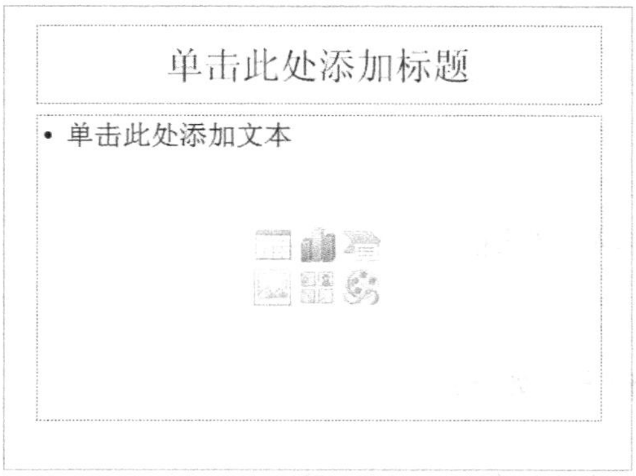

图 7.1 选择“标题和内容”自动版式后的幻灯片

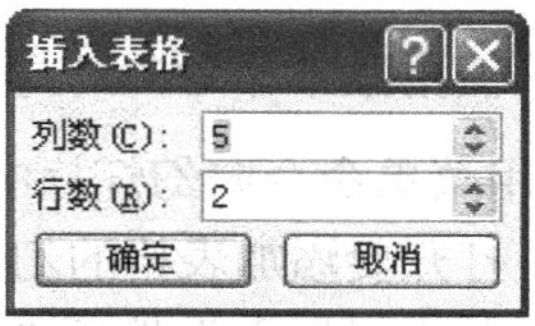

图 7.2 “插入表格”对话框

④ 在“列数”编辑框中输入表格的列数，在“行数”编辑框中输入表格的行数。

⑤ 单击“确定”按钮，即可在幻灯片中插入所需表格。

2. 利用“表格”按钮插入表格

利用“表格”按钮插入表格的操作方法如下：

① 打开要插入表格的幻灯片。

② 单击“插入”选项卡上“表格”组中的“表格”按钮，并拖动鼠标，在下拉网格

中选择行数和列数，如图 7.3 所示。

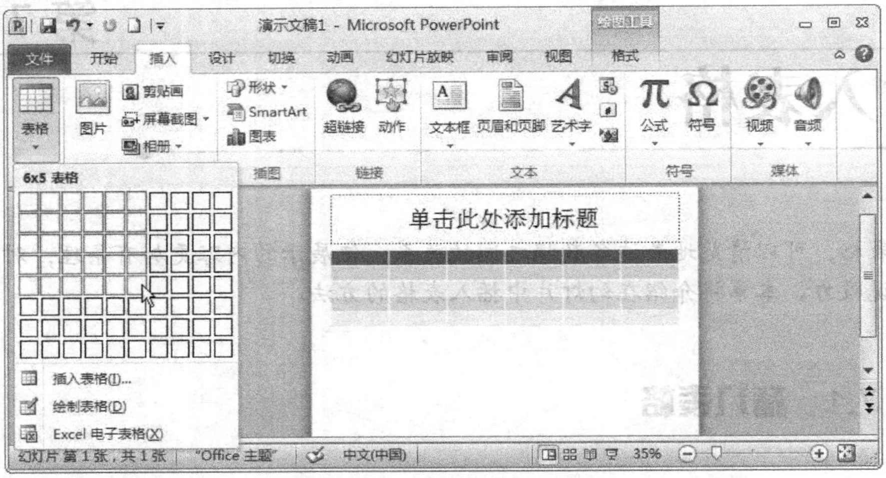

图 7.3　选择行数和列数

③ 松开鼠标左键并单击其他位置，在幻灯片插入一个二维表格。如图 7.4 所示。

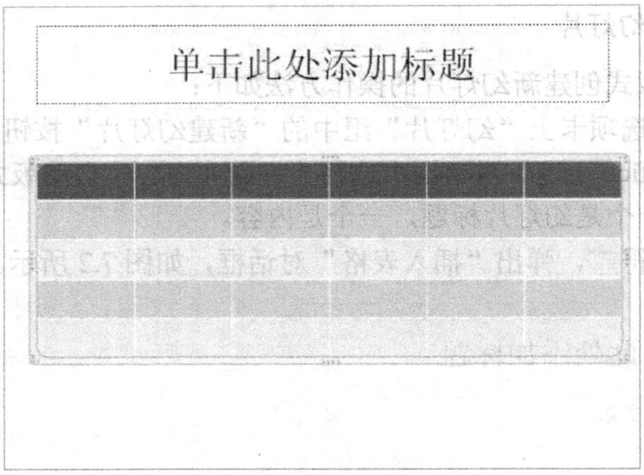

图 7.4　插入二维表格

3. 使用菜单命令向幻灯片中添加表格

使用菜单命令向幻灯片中添加表格的操作方法如下：

① 打开要添加表格的幻灯片。

② 单击“插入”选项卡上“表格”组中的“表格”按钮，弹出“插入表格”对话框，如图 7.3 所示，选择“插入表格”命令。

③ 在对话框中输入所需的行数和列数。

④ 单击“确定”按钮，即可插入表格。

4. 绘制自由表格

PowerPoint 除了按上述命令制作表格以外，还提供了类似于手动制表的功能，即绘制自由表格功能，用它可以制作带斜线的复杂表格，同时也可以与命令制作表格结合，简化表格的制作。

打开绘制自由表格的操作是：单击“插入”选项卡上“表格”组中的“表格”按钮，弹出“插入表格”对话框。选择“绘制表格”命令，打开“表格工具”栏，如图 7.5 所示。此时鼠标指针在工作区变成笔形。

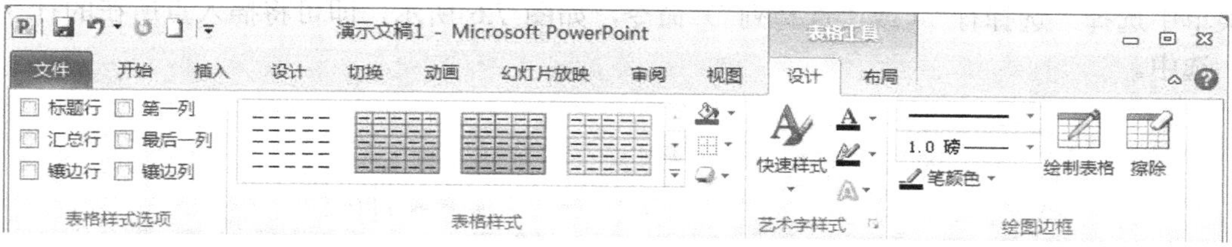

图 7.5　“表格工具”栏

使用“表格工具”栏制作表格时，操作方法如下：

① 在表格的左上角拖动鼠标到表格的右下角后松开左键，以确定表格的外框。

② 在表格外框中绘制横线、竖线或斜线，方法仍然是从起始位置拖动鼠标到其终点后松开，如同笔绘一样。

③ 单击“表格工具”栏中“设计”选项卡上“绘制边框”组中的“擦除”按钮，鼠标指针将变成橡皮擦形状，在表格线上拖动鼠标即可删除对应的表格线。

④ 在表格以外的任意位置单击鼠标，光标将恢复为插入状态。

⑤ 如果要绘制外粗里细的表格，即表格外边框线比较粗而内边框线比较细的表格，或在表中需要插入一条较粗一点的线条等，可选择线型和线条粗细。

说明： *表格绘制完毕后，如发现行高、单元格宽度不符合要求，可用鼠标拖动表格边框线进行修改。*

7.2　表格的编辑

1．填充表格

向表格中输入内容通常采用横向输入和纵向输入两种方法。

① 如果要输入表头，应采用横向输入法，在第一个单元格中输入数据后按【Tab】键右移一个单元格，再输入数据，然后再按【Tab】键右移一个单元格，直到全部表头输入完毕。如果输入有错误，还可以用【Shift+Tab】组合键使插入点左移一个单元格进行修改。

② 如果要输入表头下面各单元格的数据，一般用纵向输入法，第一个单元格输入数据后，按【↓】键下移到下一个单元格并输入数据。

③ 表格中的文本编辑和格式设置与普通文本的操作方法相同。当输入内容到达单元格右边界时，文本自动换行，单元格的行高将随之改变。如要恢复原来的行高可调整列宽（将在下一节学习）。如果用【Enter】键改变了行高，可用【Backspace】键来恢复。

④ 用鼠标单击表格中的单元格，就可以将文字光标插入移到该单元格中。

2．选定行、列、单元格

根据先选定后操作的原则，编辑表格之前，也要首先选定欲操作的行、列和单元格，操作方法如下：

① 单击幻灯片中的表格，打开“表格工具”栏。

② 单击“表格工具”栏中“布局”选项卡上“表”组中的“选择”按钮，在打开的下拉菜单中选择“选择行”（或“选择列”）命令，如图 7.6 所示，即可将插入点所在的行（或列）选中。

图 7.6　选中表格元素的操作

3. 修改行高或列宽

（1）修改行高

修改行高的操作方法如下：

① 将鼠标指向要修改行的行边框线上，使其光标形状变为÷。

② 按下鼠标左键并拖动到所需要的位置，如图 7.7 所示。

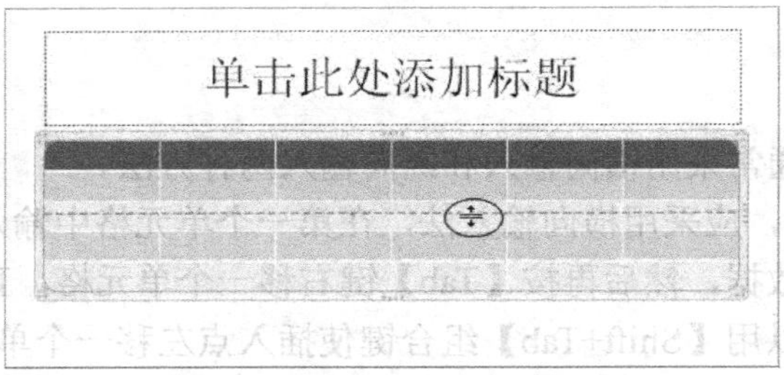

图 7.7　修改行高

（2）修改列宽

修改列宽的操作方法如下：

① 把鼠标指针指向所要调整列的列边框线上，使鼠标指针的形状变为+||+。

② 按住鼠标左键向左或向右拖动，至合适列宽后松开鼠标左键。

（3）平均分布各行或各列

① 在表格中选中要调整的多行（或多列）。

② 单击“表格工具”栏中“布局”选项卡上“单元格大小”组中的“分布行”按钮或“分布列”按钮，则系统自动将所选多行（或多列）的行高（或列宽）均匀分布，如图 7.8 所示。

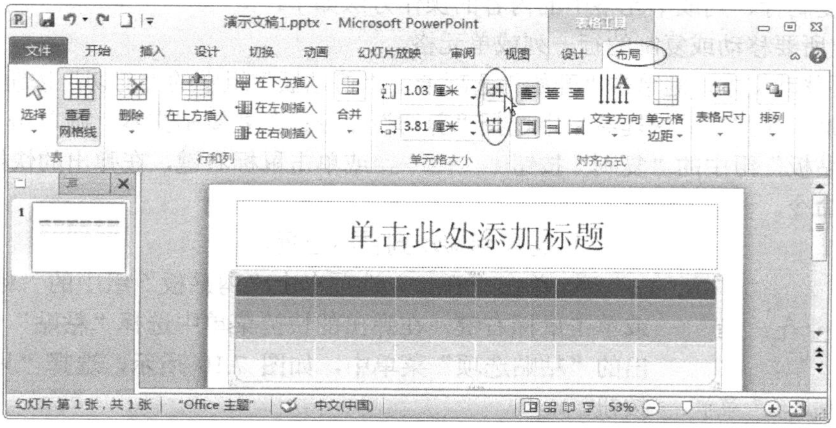

图 7.8　平均分布各行或各列

4. 插入行和列

（1）插入行

插入行的操作方法如下：

① 将光标置于要插入的行的任意一个单元格中。

② 单击鼠标右键，在弹出的快捷菜单中选择“插入”命令，如图 7.9 所示，在弹出的菜单中选择“在上方插入行”或“在下方插入行”命令。

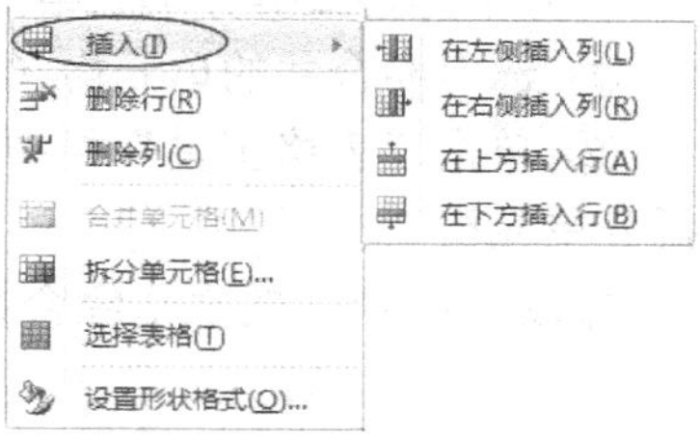

图 7.9　“插入”快捷菜单

（2）插入列

插入列的操作方法如下：

① 将光标置于要插入的行的任意一个单元格中。

② 单击鼠标右键，在弹出的快捷菜单中选择“插入”命令，在弹出的菜单中选择“在左侧插入列”或“在右侧插入列”命令。

5. 删除表格中的行、列或单元格

（1）删除行

删除行的操作方法如下：

① 在表格中选中要删除的行。

② 单击鼠标右键，在弹出的快捷菜单中单击“删除行”命令。

这时，删除选定的行，并将其余的行向上移动。

（2）删除列

删除列的操作方法如下：

① 在表格中选中要删除的列。

② 单击鼠标右键，在弹出的快捷菜单中单击“删除列”命令。

这时，删除选中的列，并将其余的列向左移动。

6．移动、复制行、列或单元格中的内容

移动、复制行、列或单元格中的内容的操作方法如下：

① 选定所要移动或复制的行、列或单元格。

② 若要移动文本，则单击“开始”选项卡上“剪贴板”组中的“剪切”按钮 剪切，或单击鼠标右键，在弹出的快捷菜单中选择“剪切”命令；若要复制文本，则单击“开始”选项卡上“剪贴板”组中的“复制”按钮 复制，或单击鼠标右键，在弹出的快捷菜单中选择“复制”命令。

③ 将鼠标移动到目标位置。

④ 单击“开始”选项卡上“剪贴板”组中的“粘贴”按钮，或单击鼠标右键，在弹出的快捷菜单中选择“粘贴”命令，在弹出的“粘贴选项”菜单中，如图 7.10 所示，选择“只保留文本”按钮。

图 7.10 “粘贴选项”菜单

这时，就完成了所选文本的移动或复制操作。

7．合并单元格、拆分单元格

合并单元格或拆分单元格的操作方法如下：

① 选中要合并的单元格（至少应有两个）或要拆分的单元格（一个）。

② 单击“表格工具”栏中“布局”选项卡上“合并”组中的“合并单元格”按钮或“拆分单元格”按钮。

如图 7.11 所示的表格经合并单元格操作后，其结果如图 7.12 所示。

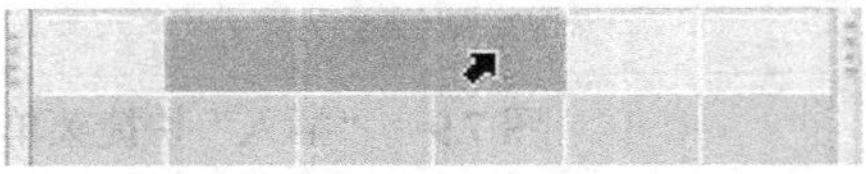

图 7.11 选中要合并的单元格

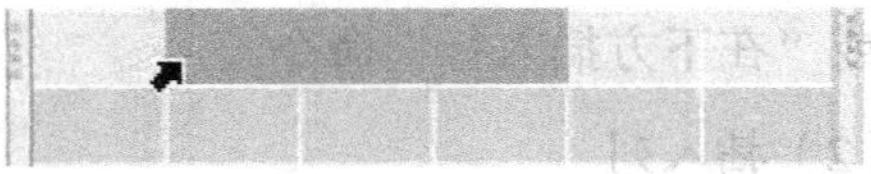

图 7.12 合并后的表格

7.3 格式化表格

表格创建完成后，还可以对表格的格式进行设置，以美化幻灯片中的表格。创建一个 3 列 4 行的 3×4 表格，并对其美化。

1．给表格中的文字设置格式和对齐方式

先选中要设置字符格式的行、列或单元格，然后根据需要进行设置。

将表格的第一行文字的字体设置为楷体，字号为 44，文字垂直居中。操作方法如下：

① 选中表格的第一行。

② 打开“开始”选项卡上“字体”组中的“字体”下拉菜单，在菜单中选择“楷体”。

③ 打开“开始”选项卡上“字体”组中的“字号”下拉菜单，在菜单中选择“44”。

④ 单击“表格工具”栏中“布局”选项卡上“对齐方式”组中的“垂直居中”按钮，

如图 7.13 所示。

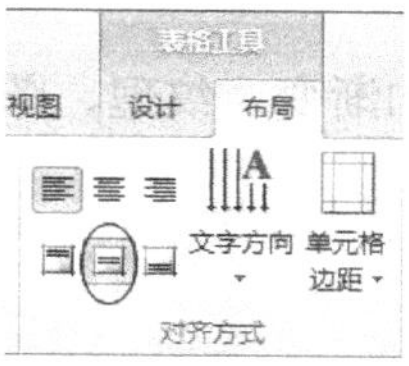

图 7.13 “布局”选项卡上“对齐方式”组中的“垂直居中”按钮

这样表格中的第一行内容就设置为楷体“44”磅，垂直对齐方式为“居中”的格式，效果如图 7.14 所示。

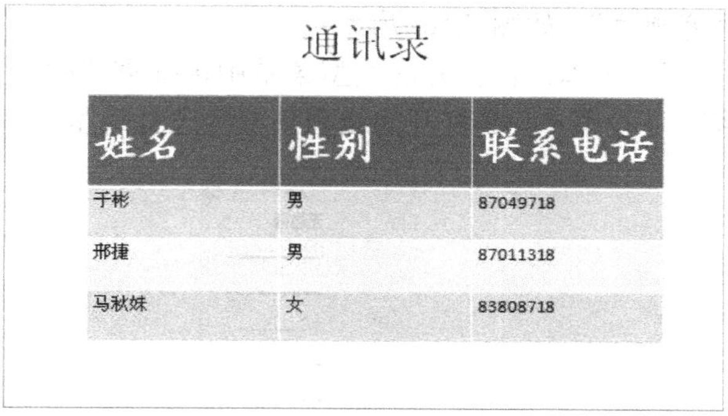

图 7.14 为文字设置格式和对齐方式

2. 为表格添加填充颜色和填充效果

为表格添加填充颜色和填充效果的操作方法如下：

① 选定需要添加填充的行、列或单元格。

② 在“表格工具”栏中“设计”选项卡上“表格样式”组中单击“底纹”按钮 底纹 旁的向下箭头，打开“主题颜色”下拉列表。

③ 单击所需的颜色方块，如填充为绿色，即可为选定对象添加颜色，如图 7.15 所示。

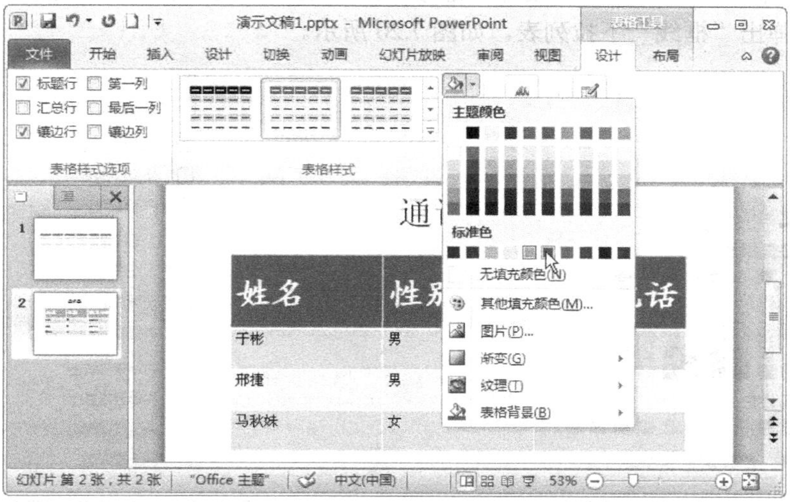

图 7.15 为表格第一行填充颜色示例

注意：如果需要从更多的颜色中选择，单击“其他填充颜色”，从弹出的“颜色”对话框中选择所需的颜色。

如果需要设置不同的填充效果，如渐变、纹理、图案或图片，选择相应命令，在弹出的对话框中选择所需的效果。

3．设置表格的边框

PowerPoint 默认的表格边框往往不能满足用户的要求，用户常常要重新设置表格的边框样式，表格边框可以设置的内容有边框的线型、边框的宽度和边框的颜色。

使用“表格工具”栏中的“设计”选项卡设置表格边框格式，按如下方法操作：

① 首先在“表格工具”栏中“设计”选项卡上“绘图边框”组中，设置边框的“笔样式”、“笔划粗细”和“笔颜色”，如图 7.16 所示。

② 单击“笔样式”下拉菜单，在打开的线型菜单中选择需要的线型，如图 7.17 所示。

③ 单击“笔划粗细”下拉菜单，在打开的线型菜单中选择线型的宽度，如图 7.18 所示。

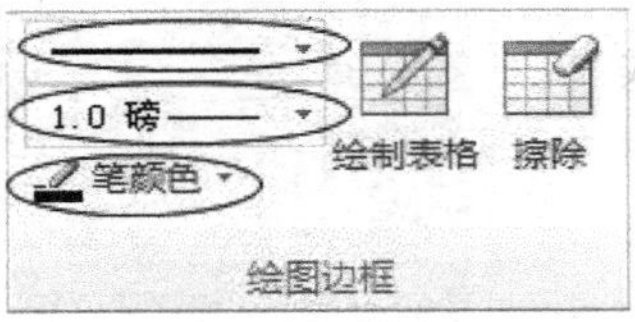

图 7.16 “绘图边框”组

图 7.17 选择线型

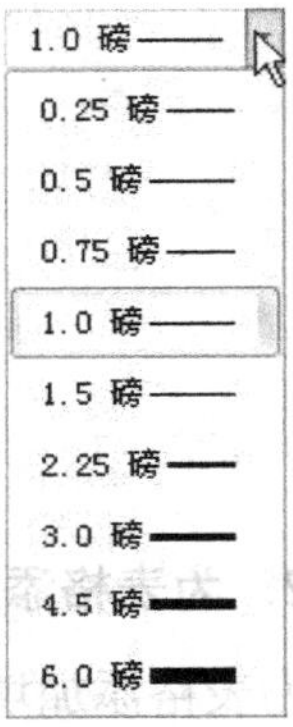

图 7.18 选择线型的宽度

④ 单击“笔颜色”按钮旁的向下箭头，在打开的选色板中选择边框的颜色，如图 7.19 所示。

⑤ 单击“表格工具”栏中“设计”选项卡上“表格样式”组中的“框线”按钮旁的向下箭头，弹出“框线”下拉列表，如图 7.20 所示。

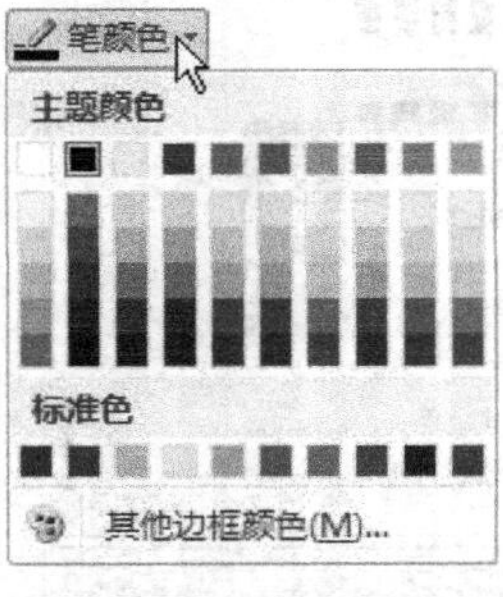

图 7.19 选择边框的颜色

图 7.20 “框线”下拉列表

“框线”对话框中各按钮所代表的表格边框线见表 7.1。这些边框线按钮都具有开关特性，如果第一次单击时增加边框线，则再次单击时将去除表格中相应的边框线。

表 7.1 “框线”下拉列表中各按钮所代表的表格边框线

按钮形状	按钮名称	功 能
	无框线	选中的表格、多个单元格或单个单元格无边框线
	所有框线	选中的表格、多个单元格或单个单元格所有边框线
	外侧框线	选中的表格、多个单元格或单个单元格的外侧边框线
	内部框线	选中的表格、多个单元格的内部框线
	上框线	选中的表格、多个单元格或单个单元格的上边框线
	下框线	选中的表格、多个单元格或单个单元格的下边框线
	左框线	选中的表格、多个单元格或单个单元格的左边框线
	右框线	选中的表格、多个单元格或单个单元格的右边框线
	内部横框线	选中的表格、多个单元格的内部横框框线
	内部竖框线	选中的表格、多个单元格的内部竖框框线
	斜下框线	选中的表格、多个单元格或单个单元格的斜下对角框线
	斜上框线	选中的表格、多个单元格或单个单元格的斜上对角框线

⑥ 选中表格或表格中的单元格，根据需要单击代表边框线的按钮，把步骤②、③、④设置的边框“笔样式”、“笔划粗细”和“笔颜色”应用到相对应的边框上。

4. 设置表格的样式

PowerPoint 2010 提供了更多的表格样式，利用这些样式，可以轻松美化表格。具体操作步骤如下：

① 单击需要改变样式的表格。

② 单击“表格工具”栏中“设计”选项卡上“表格样式”组中的其他按钮，弹出“文本的最佳匹配对象”对话框，如图 7.21 所示。

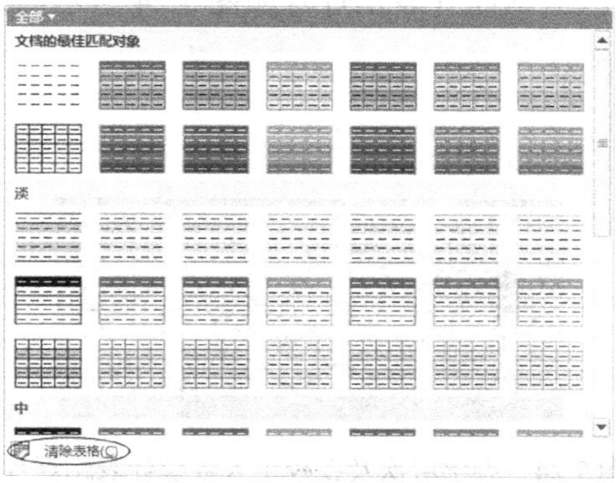

图 7.21 “文本的最佳匹配对象”对话框

③ 选择合适的表格样式，把该样式应用到表格上。

单击“清除表格”按钮，会清除表格中的样式。

5．设置文本与边框间的距离

当用户在表格中输入文本时，文本与内边框之间的距离可以调整，其具体操作方法如下：

① 选中一个或多个需要设置文本与内边框间距的单元格。

② 单击“表格工具”栏中“布局”选项卡上“对齐方式”组中的“单元格边距”按钮，弹出“单元格边距”下拉菜单，如图 7.22 所示。在菜单中，单击“自定义边距”命令，弹出“单元格文字版式”对话框，如图 7.23 所示。

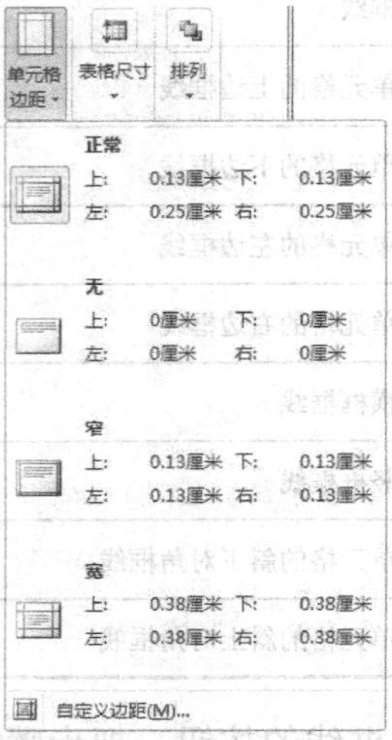

图 7.22 “单元格边距”下拉菜单

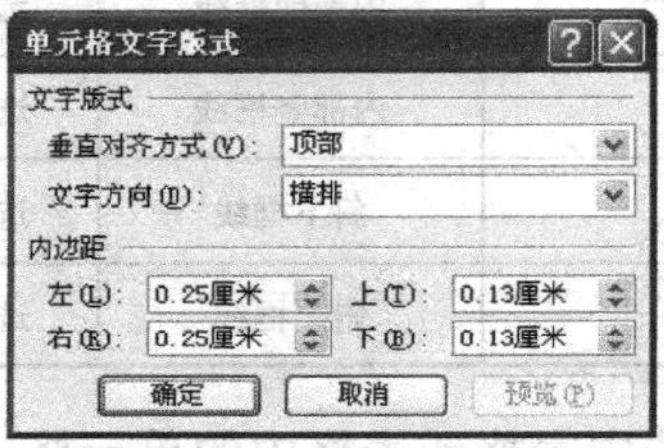

图 7.23 “单元格文字版式”对话框

③ 在“内边距”选项组中，分别设置文本与上、下、左、右内边框之间的距离。

④ 设置完成后，单击对话框的“确定”按钮。

7.4 应用举例——制作人数统计表

某大学近三年各办学层次人数统计表幻灯片如图 7.24 所示，该表格中的表格元素属性如下所述。

近三年各办学层次人数统计
时间
层次
2012年
2013年
2014年
大专生
2000
1800
1500
本科生
5000
6500
7200
研究生
100
150
175

图 7.24 办学层次及在校生人数统计表幻灯片

① 表格的第一行、第一列和其他部分分别采用了三种填充颜色。

② 表格的上、下及第一行的下边框线采用了宽度为 4.5 磅的边框线，其他边框线的宽度为 1 磅；表格无左、右边框线；表格的左上角单元格中有一条对角线。

③ 表格中的所有文本垂直居中对齐。

④ 第一行和第一列中文本采用水平居中对齐。

⑤ 表格中文本采用的字体为“宋体”，字号为“28”。

制作如图 7.24 所示表格幻灯片的操作方法如下：

① 打开或新建一个演示文稿文档，单击“开始”选项卡上“幻灯片”组中的“幻灯片版式”按钮，打开“Office 主题”对话框，在对话框中选择“标题和内容”自动版式，新建幻灯片。

② 在新幻灯片中单击表格占位符，弹出“插入表格”对话框。

③ 在“列数”编辑框中输入表格的列数“4”，在“行数”编辑框中输入表格的行数“4”，单击“确定”按钮，在幻灯片中插入一个 4 行 4 列的表格。

④ 单击“单击此处添加标题”文本框，输入幻灯片的标题文字：“近三年各办学层次人数统计”，如图 7.25 所示。

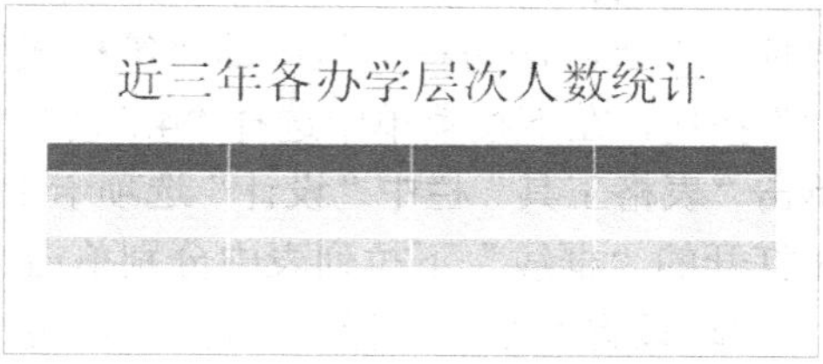
近三年各办学层次人数统计

图 7.25 在幻灯片中插入表格

⑤ 用鼠标单击左上角的单元格，单击“表格工具”栏中“设计”选项卡上“表格样式”组，单击“框线”按钮旁的向下箭头，在打开的边框板中单击“斜下框线”按钮，在左上角单元格中插入一条对角线。

⑥ 在表格的各单元格中输入需要的文字。

⑦ 设置文字的字体和字号。选中表格的所有单元格，在“开始”选项卡上“字体”组中将字号设置为“28”，字体设置为“宋体”。

⑧ 设置文字的垂直对齐方式。选中表格的所有单元格，单击“表格工具”栏中“布局”选项卡上“对齐方式”组中的垂直居中对齐按钮，使各单元格中的文字垂直居中对齐。

⑨ 设置文字的水平对齐方式。分别选中表格的第一行、第一列，单击“表格工具”栏中“布局”选项卡上“对齐方式”组中的水平居中对齐按钮，使各单元格中的文字水平居中对齐。设置后的效果如图 7.26 所示。

近三年各办学层次人数统计
时间
层次
2012年
2013年
2014年
大专生 2000 1800 1500
本科生 5000 6500 7200
研究生 100 150 175

图 7.26 格式化表格中的文字后的效果

⑩ 设置表格的填充色。

- 选中表格的所有单元格，单击“表格工具”栏中“设计”选项卡上“表格样式”组中的“底纹”按钮旁的向下箭头。在打开的“主题颜色”菜单中选择“标准色”下的“浅蓝”按钮，将各单元格的填充色设为“浅蓝色”。

➲ 用同样的方法，依次分别选中表格的第一列和第一行，将其填充色设置为“茶色”和“橄榄色”。

给表格添加填充色后的效果如图 7.27 所示。

近三年各办学层次人数统计
时间
层次
2012年
2013年
2014年
大专生
2000
1800
1500
本科生
5000
6500
7200
研究生
100
150
175

图 7.27　给表格添加填充色后的效果

⑪ 设置表格的上、下边框线。选中表格的所有单元格，单击“表格工具”栏中“设计”选项卡上“绘图边框”组中的“笔样式”按钮，在下拉菜单中选择“实线”；单击“笔划粗细”按钮，在下拉菜单中选择“4.5 磅”；单击“笔颜色”按钮，在下拉菜单中选择“红色”。单击“表格工具”栏中“设计”选项卡上“表格样式”组中“边框线”按钮的向下箭头，在打开的“框线”下拉列表中分别单击上框线按钮和下框线按钮。

⑫ 设置表格第一行的下边框线。选中表格的第一行，重复步骤⑪的操作，在“笔样式”下拉菜单中选择“实线”；在“笔划粗细”下拉菜单中选择“4.5 磅”；在“笔颜色”下拉菜单中选择“红色”；单击“边框线”按钮的向下箭头，在打开的“框线”下拉列表中单击下框线按钮。设置效果如图 7.28 所示。

近三年各办学层次人数统计
时间
层次
2012年
2013年
2014年
大专生
2000
1800
1500
本科生
5000
6500
7200
研究生
100
150
175

图 7.28　设置表格的边框线

⑬ 设置表格的内部框线。选中表格的所有单元格，重复步骤⑪的操作，在“笔样式”下拉菜单中选择“实线”；在“笔划粗细”下拉菜单中选择“1.0 磅”；在“笔颜色”下拉菜单中选择“黑色”；单击“边框线”按钮的向下箭头，在打开的“框线”下拉列表中单击内部框线按钮。

⑭ 设置表格的左、右边框线。选中表格的所有单元格，在“表格工具”栏中“设计”选项卡上“绘图边框”组中的“笔样式”下拉菜单中选择“无边框”；单击“表格样式”组中“边框线”按钮的向下箭头，在打开的“框线”下拉列表中分别单击左框线按钮和右框线按钮。设置的效果如图 7.24 所示。

上机实习 7

1．进入中文 PowerPoint 2010，打开文件 PP2。

2．显示 PP2 文件中的第 6 张幻灯片，然后增加一张新的“标题和内容”版式幻灯片。

3．进入制作窗口，进行如下操作：

（1）输入标题：“自学式多元媒体教材销售情况”。

（2）双击“表格”占位符，插入一个四行五列的表格。

（3）在表格左上角的单元格中添加一条下斜对角边框线。

（4）在表格中输入数据，其数据如实习图 7.1 所示。

自学式多元媒体教材销售情况

名称 / 年度	文字教材	CAI课件	网络课件	总额
2011年	1150	420	680	25000
2012年	1300	800	750	31000
2013年	1560	1050	950	39000

实习图 7.1　要创建的表格

（5）给表格中的文字设置格式和对齐方式。将左上角单元格中的第一行设为水平右对齐、第二行设为水平左对齐，将其余单元格的文字设置为水平居中、垂直居中对齐。

（6）将表格标题文字的字体设置为“华文新魏”，字号为“44”。

（7）将表格各单元格文字的字体设置为“宋体”，字号为“28”。

（8）将表格的上、下边框线、第一行的下边框线设为“4.5 磅”。

（9）将表格的左、右边框线设为“无边框线”。

（10）先给整个表格添加一种填充颜色，然后给第一列添加填充颜色，再给第一行添加填充颜色。

（11）创建的表格如实习图 7.1 所示。

习题 7

一、问答题

1．简述创建一个带有表格版式的新幻灯片的操作步骤。

2．怎样使用菜单命令向已经存在的幻灯片上添加表格？

3．怎样在表格中插入行或列？

4．怎样设置文本与边框的距离？
5．如何为幻灯片中的表格添加边框？
6．叙述合并单元格的操作步骤。

二、选择题

1．下面关于在幻灯片中插入表格的说法中，正确的是________。
A．只能在“标题和内容”版式幻灯片中插入表格
B．可以在文本框中插入表格
C．可以在任意版式的幻灯片中插入表格
D．以上说法都不正确

2．在表格的单元格中设置对角线边框线，可以使用________的操作方法。
A．在“表格”工具栏中，选择手工制表的功能
B．使用“表格布局”工具栏
C．使用“绘图”工具栏中的直线工具按钮
D．以上三种方法都正确

3．进行合并单元格的操作时，要先选中________单元格，然后单击“表格”工具栏上的“合并单元格”按钮。
A．必须是一行中的多个单元格　　B．必须是一列中的多个单元格
C．可以是任意不连续的多个单元格　　D．任意连续的多个单元格

4．对表格进行填充操作时，在一个表格中可以进行________颜色的填充。
A．最多为一种　　B．最多为三种
C．可以使用任意多种　　D．不能进行

5．在设置表格的边框线时，下面说法中正确的是________。
A．表格的所有边框线都应相同
B．表格的所有外边框线都应相同
C．表格的所有内边框线都应相同
D．表格的边框线均可设置成不同的属性

三、判断题

1．利用“插入”选项卡上“表格”组中的“插入表格”按钮，只能插入4行、5列的表格。（　）

2．在“表格”工具栏中，选择“绘制表格”按钮绘制表格后，在表格外的任意位置单击鼠标，笔形鼠标将变为插入状态的形状。（　）

3．选中表格，单击“表格”工具栏中的“平均分布各行”按钮，自动将表格的各行均匀分布，但表格的高度和宽度不变。（　）

4．表格的各单元格数据（文本、数字）都有“水平”和“垂直”两种对齐方式。（　）

5．表格中的不同单元格可以采用不同的填充颜色。（　）

6．对于表格中的边框线，除了可以设置成不同的宽度和不同的颜色以外，还可以将表格的任意一条边框线去除。（　）

第 8 章

使用 PowerPoint 的自动处理功能

中文 PowerPoint 2010 的一个重要功能是能使演示文稿中的所有幻灯片具有统一的外观。控制幻灯片外观的方法有三种：模板、母版和主题。本章主要介绍如何利用这三种方法设计制作具有自己风格的演示文稿。

8.1 使用模板创建演示文稿

使用 PowerPoint 2010 提供的“模板”，可以方便快捷地创建出具有统一格式和统一风格的演示文稿。PowerPoint 2010 提供了两种模板：自带模板和 Office.com 模板。使用自带模板，可以将 PowerPoint 2010 自带设计模板所定义的幻灯片外观应用到自己所创建的演示文稿中。使用 Office.com 模板，可以通过互联网络下载更多的、更丰富的模板，可以快捷地创建非常专业化的演示文稿。

1. 使用自带模板创建演示文稿

① 单击“文件”选项卡上的“新建”命令，在窗口右侧出现“可用的模板和主题对话框”，如图 8.1 所示。

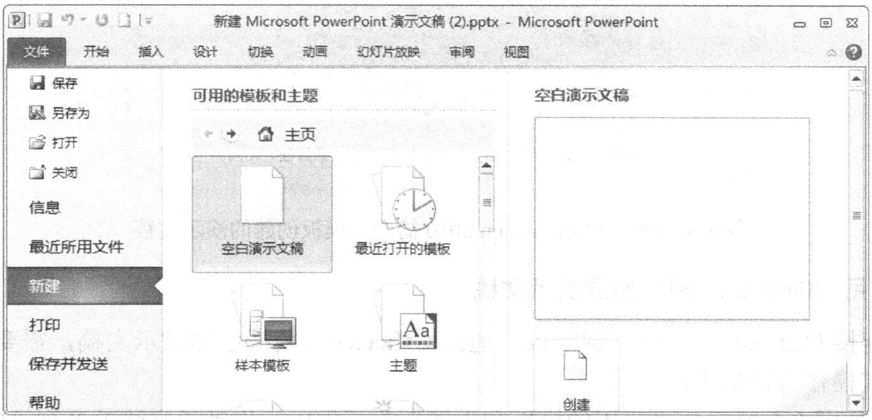

图 8.1 “可用的模板和主题”对话框

② 在“可用的模板和主题”对话框中单击“样品模板”按钮，将在窗口右侧显示 PowerPoint 2010 自带的模板：“PowerPoint 2010 简介”、“都市相册”、“古典型相册”、“宽屏演示文稿”、

“培训”、“现代型相册”、“项目状态报告”、“小测试短片”、“宣传手册”等。这里以“PowerPoint 2010 简介”模板为例，创建演示文稿，选中“PowerPoint 2010 简介”图标，单击右侧的“创建”按钮，如图 8.2 所示。

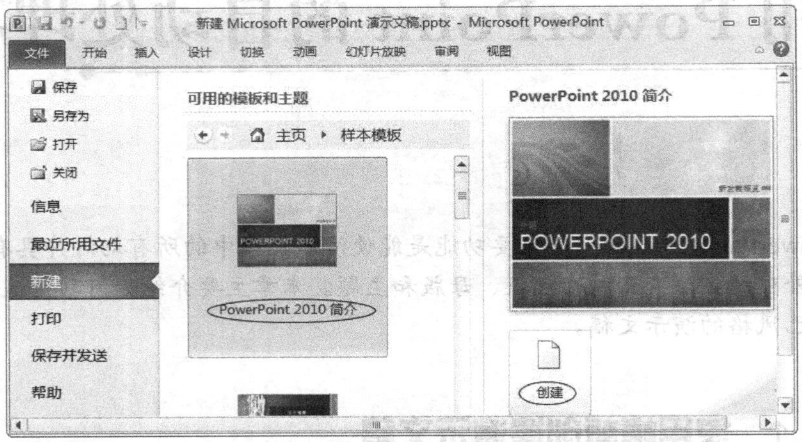

图 8.2 “PowerPoint 2010 简介”模板

③ 新建一个以该“PowerPoint 2010 简介”为模板的演示文稿，命名为“演示文稿 1”，如图 8.3 所示。

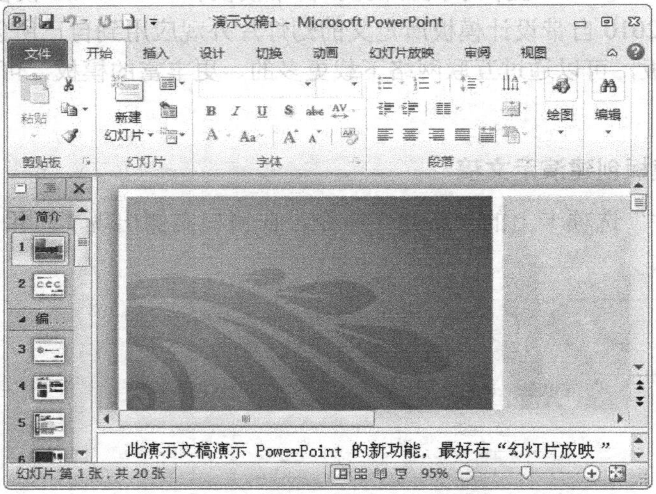

图 8.3 利用“PowerPoint 2010 简介”模板创建的演示文稿

2. 使用 Office.com 模板创建演示文稿

通过连接 Office.com 可以下载模板。通过 Office.com 模板创建演示文稿，需要计算机连接网络，其操作方法如下：

① 在如图 8.1 所示的“可用的模板和主题”对话框中，拖动垂直滚动条到“Office.com 模板”对话框，如图 8.4 所示。

② “Office.com 模板”对话框提供了很多种模板的分类，这里以“贺卡”类模板为例。单击“贺卡”图标，出现如图 8.5 所示的对话框，选择“节日”文件夹。

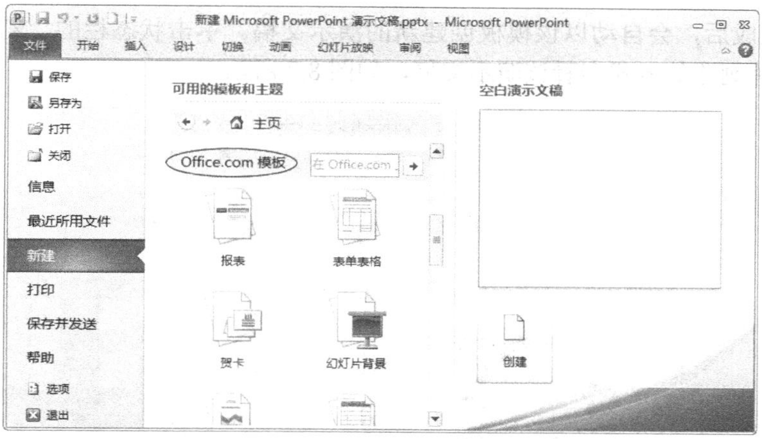

图 8.4 “Office.com 模板”对话框

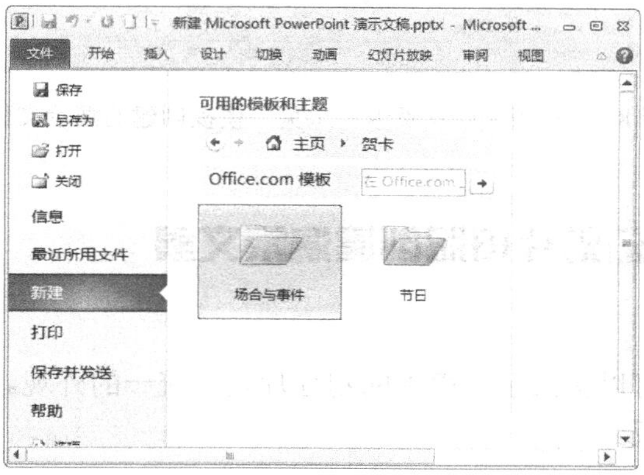

图 8.5 “贺卡”对话框

③ 在“节日”对话框中选择“中秋贺卡—玉兔”模板，然后单击右侧的“下载”按钮，从 Office.com 下载该模板，如图 8.6 所示。

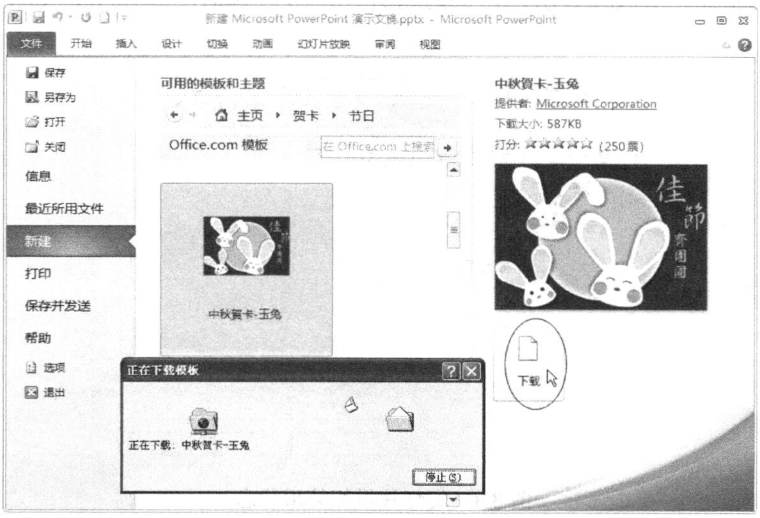

图 8.6 下载“中秋贺卡—玉兔”模板

④ 下载完成后，会自动以该模板创建新的演示文稿。单击状态栏的“幻灯片浏览”按钮，以幻灯片浏览的方式查看该演示文稿，如图 8.7 所示。

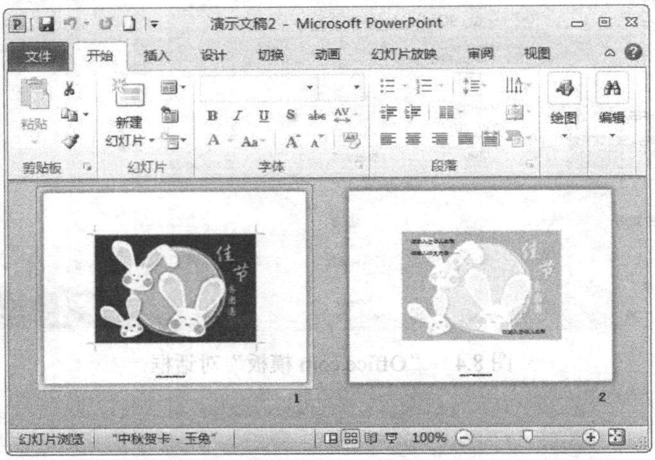

图 8.7　利用“中秋贺卡—玉兔”模板创建的演示文稿

8.2　使用幻灯片母版创建演示文稿

利用幻灯片母版，可以使演示文稿中的幻灯片具有统一的外观。在这一节中，将介绍如何创建自己的幻灯片母版。

1．进入幻灯片母版的编辑状态

进入幻灯片母版编辑状态的操作如下：

在窗口中单击“视图”选项卡上“母版视图”组中的“幻灯片母版”视图按钮，进入幻灯片母版编辑状态，如图 8.8 所示。同时打开“幻灯片母版”选项卡，如图 8.9 所示。

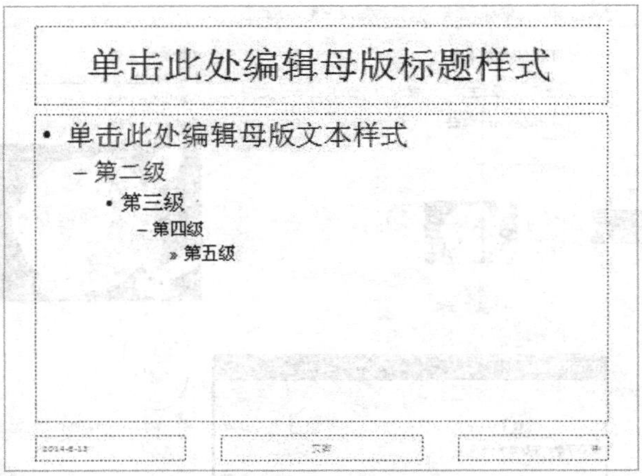

图 8.8　幻灯片母版编辑状态

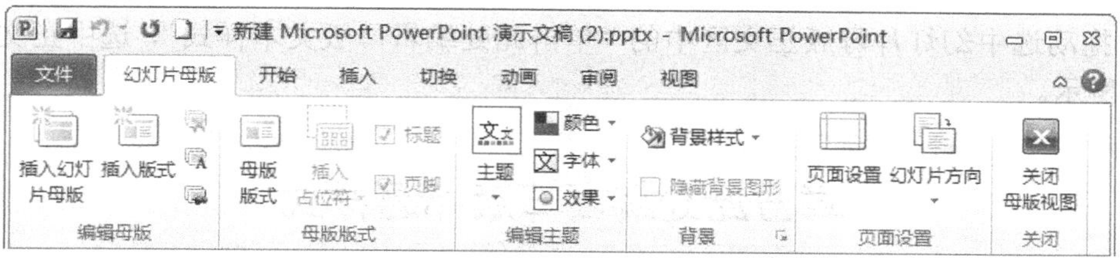

图 8.9 “幻灯片母版”选项卡

2．设置和编辑幻灯片母版

（1）设置标题区和正文区文本的格式

① 拖动鼠标选中幻灯片母版中的“单击此处编辑母版标题样式”区域，在字体周围出现选中框，如图 8.10 所示。

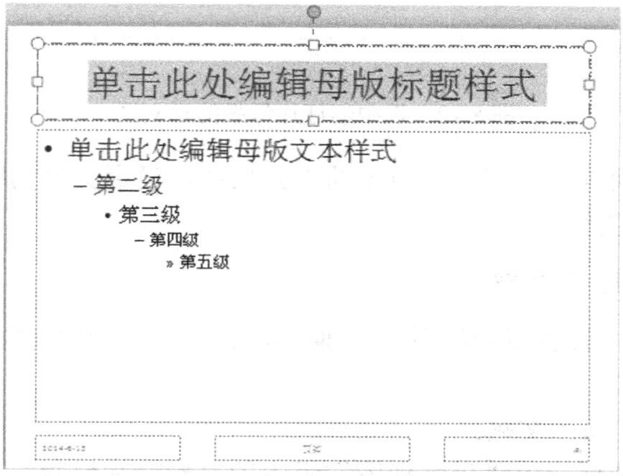

图 8.10 选中幻灯片母版的标题框

② 用“开始”选项卡上“字体”组中的工具按钮，设置文字的字体、字号、加粗、倾斜、下画线、阴影及颜色等。例如，设置字体为“黑体”，字号为“48”，字体倾斜。设置后的效果如图 8.11 所示。

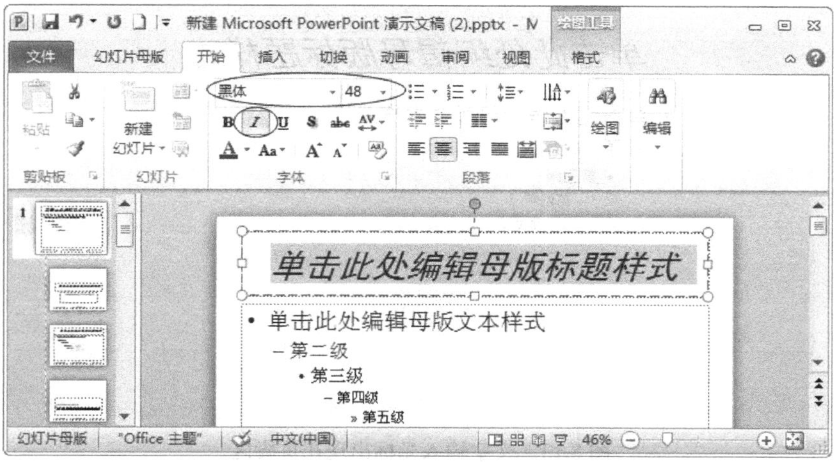

图 8.11 格式化标题区中的文字

③ 拖动选中幻灯片母版正文区中的“单击此处编辑母版文本样式”，选中正文区，如图 8.12 所示。

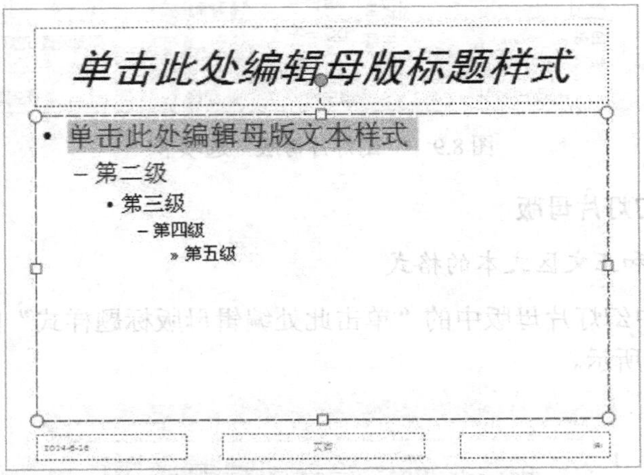

图 8.12　选中幻灯片母版的正文区

④ 用“开始”选项卡上“字体”组中的工具按钮，设置文字的字体、字号、加粗、倾斜、下画线、阴影及颜色等。

（2）设置幻灯片的页眉/页脚

通过在幻灯片母版中设置页眉/页脚和日期，可使演示文稿中的各张幻灯片具有统一的格式，其设置方法如下。

① 打开需要编辑的演示文稿。

② 单击“视图”选项卡上“母版视图”组中的“幻灯片母版”视图按钮，进入幻灯片母版编辑状态。

③ 将光标置于“页脚区”中的“页脚”上，当光标变成文字输入光标时，如图 8.13 所示，单击鼠标，然后输入文字“PowerPoint 2010 应用基础”，在“开始”选项卡上的“字体”组中将文字字体设置为“宋体”，字号为“18”，颜色为“黑色”。

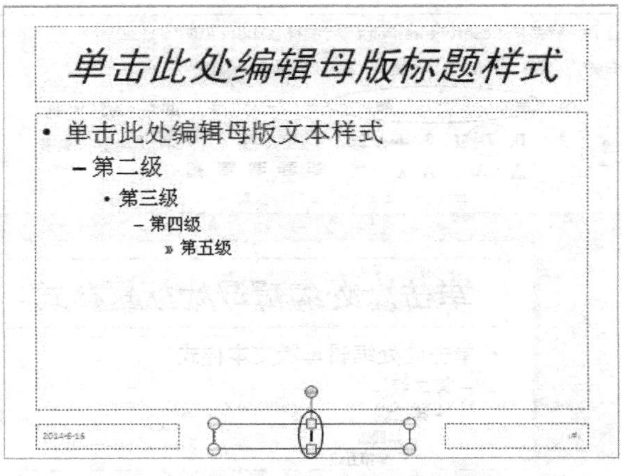

图 8.13　文字输入光标出现在页脚区

④ 将光标置于“页脚区”中，当光标变成双十字形状时，如图 8.14 所示，按下并拖动

鼠标，可移动页脚区的位置。例如，移动到幻灯片母版的右上角。

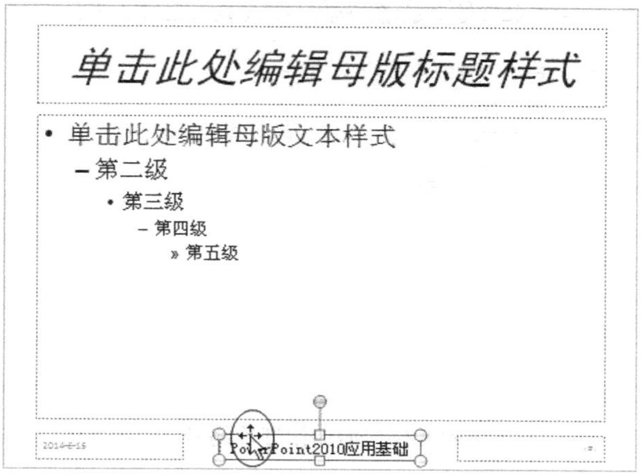

图 8.14　移动幻灯片的页脚区

（3）设置幻灯片的编制日期

① 重复设置幻灯片页眉/页脚步骤中的①、②。

② 选中“日期区”，并输入编制的日期，如“2014 年 5 月 5 日”。

③ 移动“日期区”到需要的位置，例如，移动到幻灯片母版的左上角。

（4）设置幻灯片的编号

① 重复“设置幻灯片页眉/页脚”步骤中的①、②。

② 单击“插入”选项卡上“文本”组中的“页眉和页脚”按钮，弹出“页眉和页脚”对话框，如图 8.15 所示。

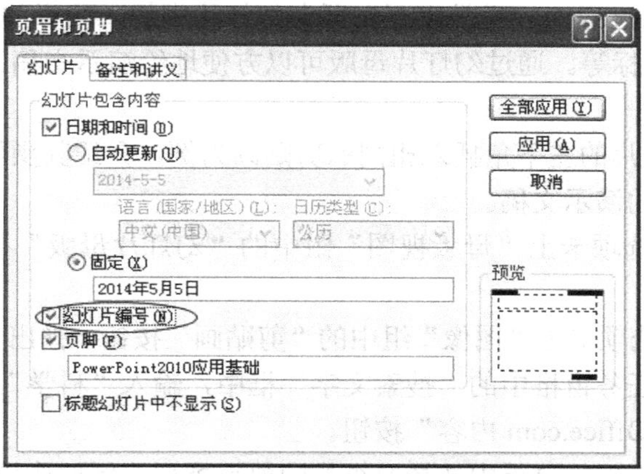

图 8.15　“页眉和页脚”对话框

③ 单击对话框的“幻灯片”选项卡，选中“幻灯片编号”复选框，然后单击“全部应用”按钮。此时幻灯片将按阿拉伯数字的次序 1，2，3，…编号。

④ 再次进入幻灯片母版编辑状态，在母版中的“数字区”中增加了“#”符号，如图 8.16 所示。

➲ 若在“#”符号的左侧输入“1-”，此时幻灯片的编号为 1-1，1-2，…。

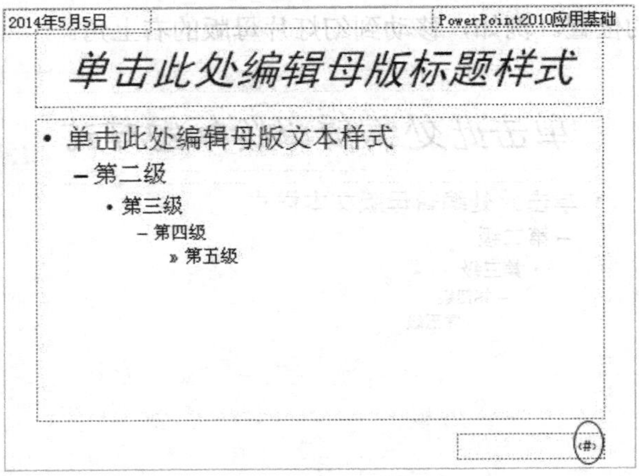

图 8.16　增加幻灯片编号

➲ 若在“#”符号的右侧输入“-1”，此时幻灯片的编号为 1-1，2-1，…。

⑤ 与“页脚区”一样，“数字区”也可以移至幻灯片中的任意位置。例如，将数字区移到幻灯片的底部居中的位置。

⑥ 当页眉/页脚、日期和编号设置完成以后，采用下列方法之一关闭幻灯片母版视图。

➲ 单击“视图”选项卡上“演示文稿视图”组中的“普通视图”按钮。

➲ 单击“幻灯片母版”选项卡“关闭”组中的“关闭母版视图”按钮。

经以上操作后，在演示文稿的所有幻灯片中已加入了编制日期“2014 年 5 月 5 日”、页眉“PowerPoint 2010 应用基础”和幻灯片编号。

（5）给幻灯片添加其他对象

在制作演示文稿的过程中，经常需要在所有幻灯片中加入同样的对象，如学校的校标、会议的会标、工厂的厂标等。通过幻灯片母版可以方便地给演示文稿的所有幻灯片添加同样的对象。

下面以在所有幻灯片的左下角插入相同的剪贴画为例，介绍其操作方法。

① 打开需要编辑的演示文稿。

② 单击“视图”选项卡上“母版视图”组中的“幻灯片母版”视图按钮，进入幻灯片母版编辑状态。

③ 单击“插入”选项卡上“图像”组中的“剪贴画”按钮，弹出“剪贴画”任务窗格。

④ 在“剪贴画”任务窗格中的“搜索文字”框中，输入“科学”。

⑤ 不勾选“包括 Office.com 内容”按钮。

⑥ 在“结果类型”下拉菜单中选择要查找的剪辑类型，例如选择“插图”。

⑦ 单击“搜索”按钮。这时在“剪贴画”任务窗格的“结果”列表框中，显示出搜索的有关“科学”类的图片。

⑧ 单击要插入的图片。可将剪贴画插入到光标所在位置，如图 8.17 所示。

⑨ 单击“视图”选项卡上“演示文稿视图”组中的“普通视图”按钮，返回到幻灯片“普通视图”，加入剪贴画后的效果如图 8.18 所示。

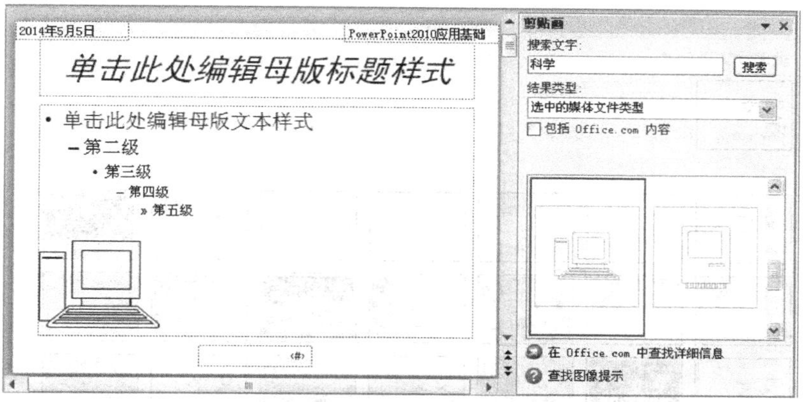

图 8.17　在幻灯片母版中加入剪贴画

图 8.18　使用母版给幻灯片加入剪贴画

经过以上操作，在演示文稿的所有幻灯片中都加入了这个剪贴画。

8.3　设置 PowerPoint 的文档主题

文档主题是 Office 2010 提供的一套统一的设计元素，是为文档提供的一套完整的格式集合，其中包括主题颜色（文档主题的集合）、主题文字（标题文字和正文文字的格式集合）和相关主题效果（如线条或填充效果的格式集合）。利用文档主题，可以非常容易地创建具有专业水准、设计精美、美观时尚的文档。

1．选择演示文稿的文档主题

① 打开需要设置文档主题的演示文稿文档。

② 单击“设计”选项卡上“主题”组中的“其他”按钮，打开“所有主题”对话框，如图 8.19 所示。

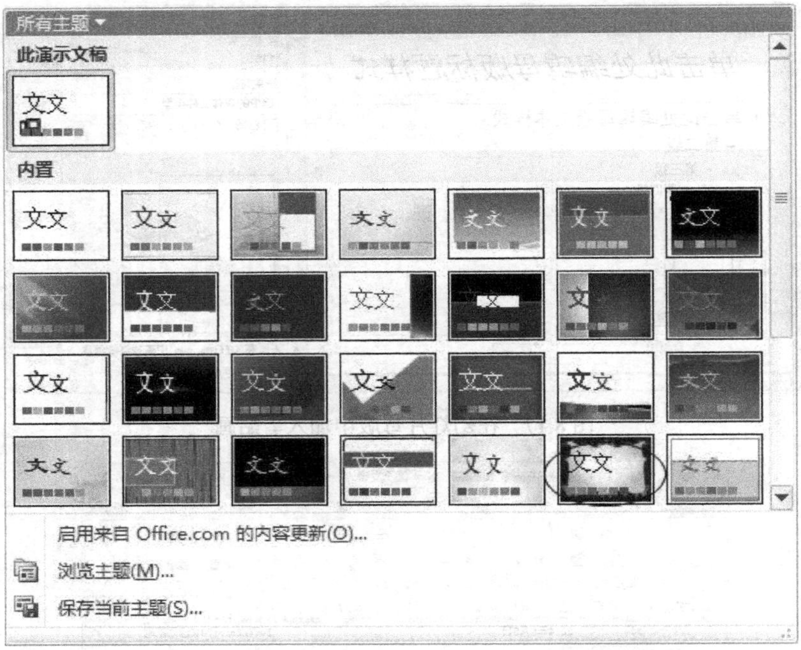

图 8.19　“所有主题”对话框

③ 在“所有主题”对话框中，单击选择所需的文档主题，例如，选择“内置”选项里第四行第六个“时装设计”主题，效果如图 8.20 所示。

图 8.20　“时装设计”主题效果

2. 自定义文档主题

如果 PowerPoint 的文档主题无法满足要求，还可以自己定义文档主题，具体操作方法如下。

① 单击“设计”选项卡上“主题”组中的“颜色”按钮■颜色▾，弹出“内置”对话框，如图 8.21 所示。

② 在“内置”对话框中选择“新建主题颜色”命令，弹出“新建主题颜色”对话框，如图 8.22 所示。

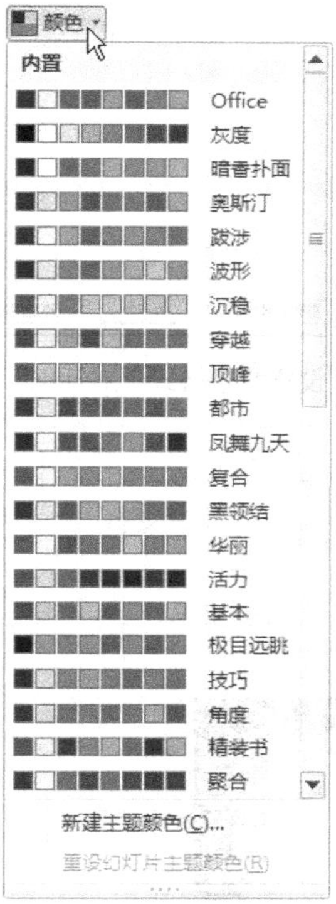

图 8.21 “内置”对话框

图 8.22 “新建主题颜色”对话框

③ 在该对话框中，可以设置构成文档主题的 12 种颜色选项，包括文本/背景、强调文字颜色、超链接和已访问的超链接的颜色。

④ 设置好主题颜色后，在“名称”文本框中输入新的主题颜色名称，单击“保存”按钮。

3. 自定义文档背景样式

更改文档背景样式的操作如下。

① 打开需要设置文档背景的演示文稿文档。

② 单击“设计”选项卡上“背景”组中的“背景样式”按钮背景样式▾，弹出“背景样式”对话框，如图 8.23 所示。单击选择合适的背景样式就可以修改当前文档的背景样式。

③ 单击“背景样式”对话框中的“设置背景格式”命令，弹出“设置背景格式”对话框，如图 8.24 所示。在“设置背景格式”对话框中可以分别设置“填充”、“图片更正”、“图片颜色”和“艺术效果”。例如，在“设置背景格式”对话框左侧选择“填充”选项，在对话框右侧的“填充”选项卡中选择“纯色填充”选项，在“填充颜色”选项的“颜色”列表中选择“黄色”，效果如图 8.25 所示。

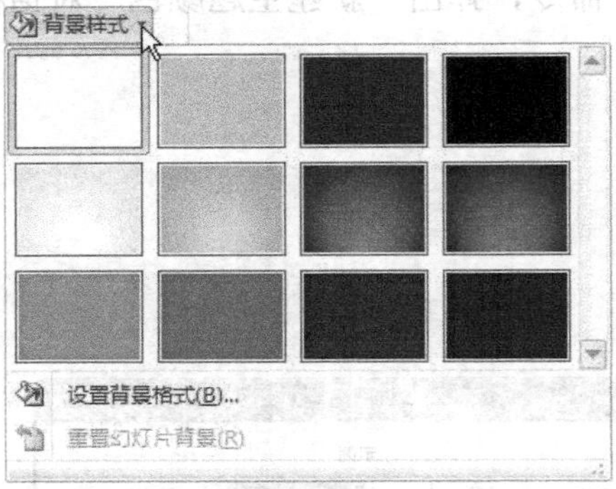

图 8.23 “背景样式”对话框

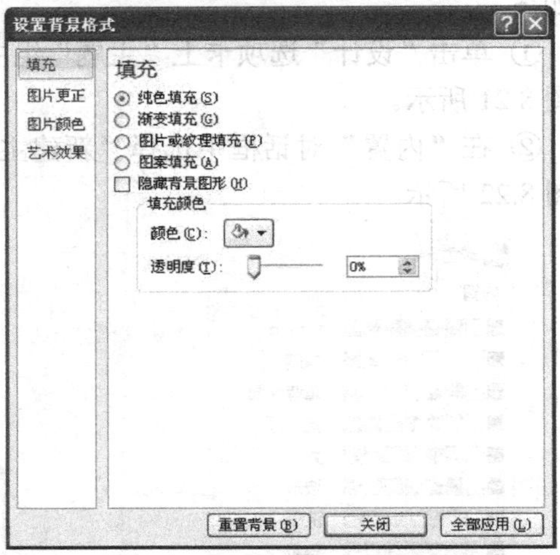

图 8.24 “设置背景格式”对话框

图 8.25 更改背景颜色后的演示文档

4．用“格式刷”改变幻灯片的文档主题

在一组幻灯片中，有时需要用某一个幻灯片的文档主题，改变另一个幻灯片的文档主题。其操作方法如下：

① 打开需要编辑文档主题的演示文稿。

② 在幻灯片普通视图中，选中一张幻灯片，然后单击“开始”选项卡上“剪贴板”组中的“格式刷”按钮，此时，光标旁边出现了格式刷的形状。

③ 单击“视图”选项卡上“演示文稿视图”组中的“幻灯片浏览”视图按钮，将幻灯片切换到幻灯片浏览视图，如图 8.26 所示。

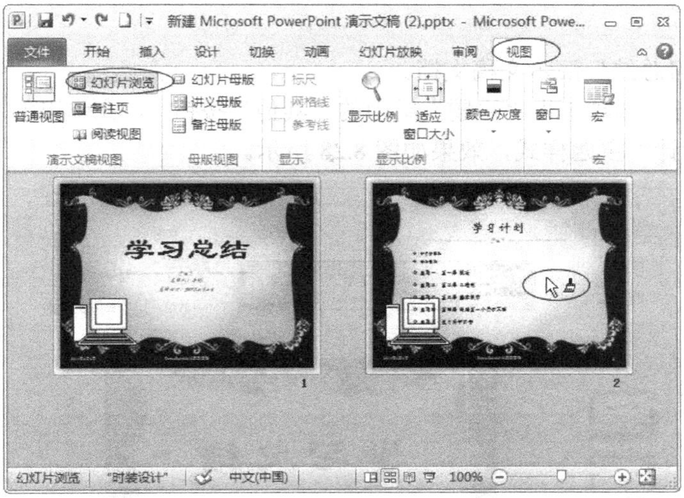

图 8.26 幻灯片浏览视图

④ 将光标移到需要修改文档主题的幻灯片上，单击鼠标，该幻灯片将被新的文档主题所代替，如图 8.27 所示。

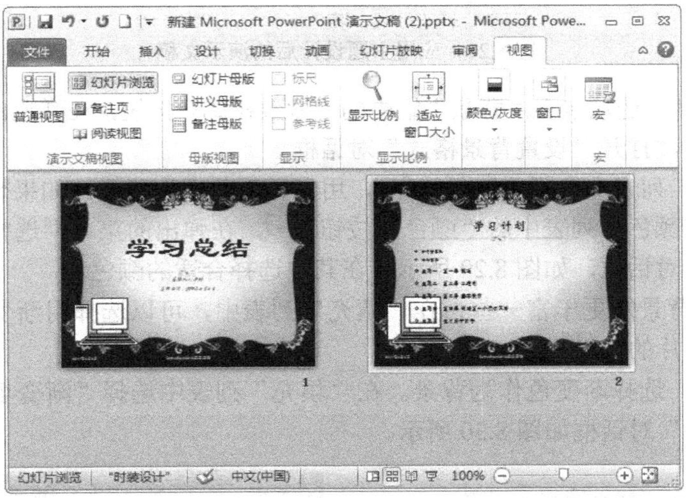

图 8.27 用“格式刷”改变幻灯片的背景颜色

⑤ 如果需要修改多张幻灯片的文档主题。选中一张幻灯片后，单击格式工具栏中的“格式刷”按钮，然后分别单击所需改变文档主题的幻灯片。设置完成后，按【Esc】键。

8.4 应用举例——为演示文稿添加模板和设置背景颜色

1. 为“学习总结”演示文稿添加模板和设置背景颜色

在第 3 章中，虽然已完成“学习总结”演示文稿中各张幻灯片内容的输入，但整体的外观还是白底黑字，不够美观。下面为“学习总结”添加模板并设置背景颜色。具体操作方法如下：

① 打开“学习总结”演示文稿文档。

② 单击“设计”选项卡上“主题”组中的“其他”按钮，在弹出的“所有主题”对话框中选择“时装设计”主题样式，效果如图 8.28 所示。

图 8.28 应用主题设计后的演示文稿

③ 单击“设计”选项卡上“背景”组中的“背景样式”按钮，在弹出的菜单中选择“设置背景格式”命令，打开“设置背景格式”对话框。

④ 在“填充”列表中选择“纯色填充”，用一种颜色作为背景。如果想从更多的颜色中选择，单击“填充颜色”列表中的“颜色”按钮，在弹出的菜单中选择“其他颜色”命令，弹出“颜色”对话框，如图 8.29 所示，在其中选择合适的颜色。

⑤ 如果希望背景能更丰富一些，在“填充”列表中，可以选择用渐变色、纹理、图片或者图案作为幻灯片的背景。

⑥ 在本例中，选择渐变色作为背景。在“填充”列表中选择“渐变填充”命令，这时的“设置背景格式”对话框如图 8.30 所示。

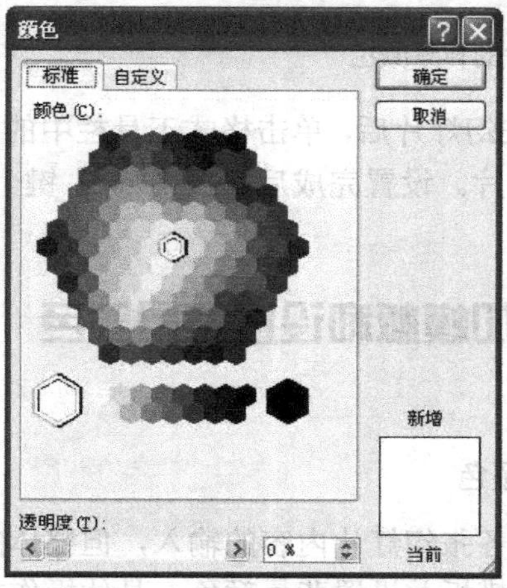

图 8.29 “颜色”对话框

图 8.30 “渐变填充”选项组

⑦ 选中“渐变光圈”中右边的第一个“渐变光圈”，将其颜色设置为白色。选中右边的第二个“渐变光圈”将颜色设置为蓝色，如图 8.31 所示。

⑧ 单击“方向”按钮，在弹出的菜单中选择第一行第三个图案“线性对角-右上到左下”，如图 8.32 所示。

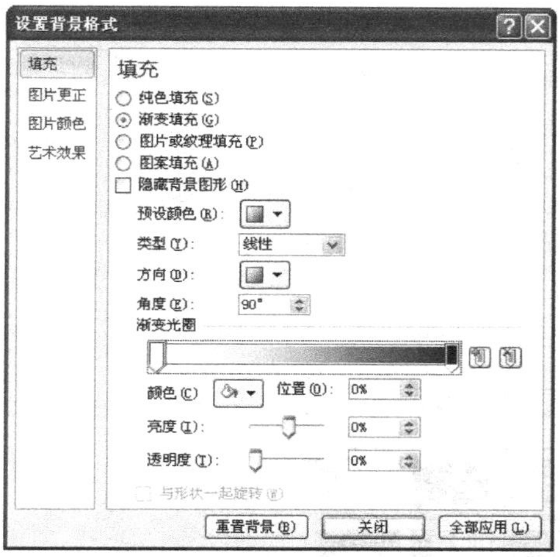

图 8.31　设置“渐变光圈”颜色

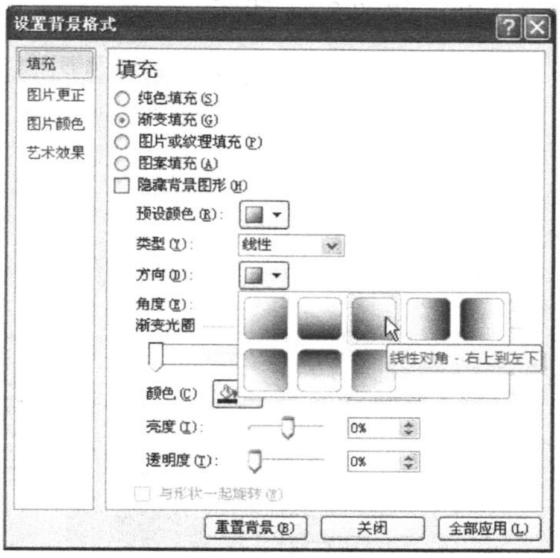

图 8.32　设置渐变颜色“方向”

⑨ 单击“全部应用”按钮，再单击“关闭”按钮。添加了背景的幻灯片效果如图 8.33 所示。

图 8.33　添加了背景的幻灯片效果

2．为演示文稿设计母版

随着信息技术的发展和计算机的日益普及，多媒体教学已经被广泛应用在教学过程中。作为信息展示领域的领导者 PowerPoint 自然是制作多媒体教学方案的一个非常重要的工具。制作教学演示幻灯片，色彩要相对明快，标题文字醒目、活泼，字体不要太小等。

为了让教学演示的幻灯片都有相同的格式，必须先为它设计一个母版。具体操作方法如下：

① 启动 PowerPoint，新建一个空白演示文稿。

② 单击“视图”选项卡上“母版视图”组中的“幻灯片母版”按钮，进入幻灯片母版编辑视图。

③ 在“幻灯片母版”选项卡上“编辑主题”组中单击“主题”按钮，弹出“所有主题”对话框，如图 8.34 所示。

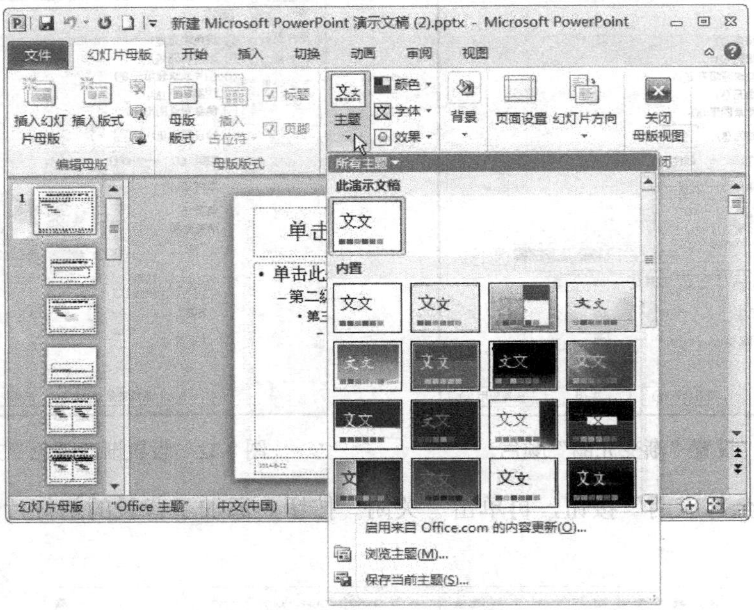

图 8.34 “所有主题”对话框

④ 拖动“所有主题”右面的滚动条，选择合适的文档主题并单击，即可将选定的文档主题应用于当前的演示文稿。例如，选择第一行第二个“暗香扑面”主题，效果如图 8.35 所示。

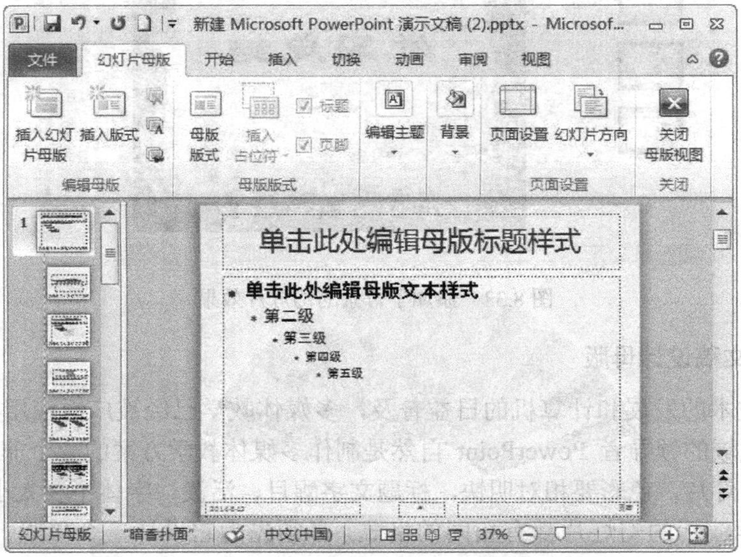

图 8.35 “暗香扑面”主题效果

⑤ 如果感觉主题自带的配色方案不能满足要求，可以自行编辑。在“幻灯片母版”选项卡上的“编辑主题”组中，单击“颜色”按钮，弹出颜色“内置”菜单。在该菜单中可以选择 PowerPoint 提供的配色方案，例如，选择“奥斯汀”。也可以单击“新建主题颜色”命令，在弹出的“新建主题颜色”对话框中设置自己的配色方案。

⑥ 如果感觉主题自带的字体方案不能满足要求，也可以自行编辑。在“幻灯片母版”选项卡上的“编辑主题”组中，单击“字体”按钮弹出字体“内置”对话框，如图 8.36 所示。选择合适的字体，例如，选择“沉稳”。也可以单击“新建主题字体”命令，在弹出的“新建主题字体”对话框中设置标题和正文字体，如图 8.37 所示。

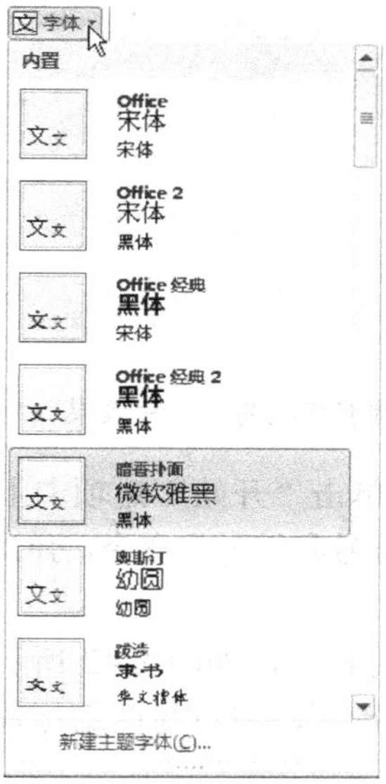

图 8.36　字体“内置”对话框

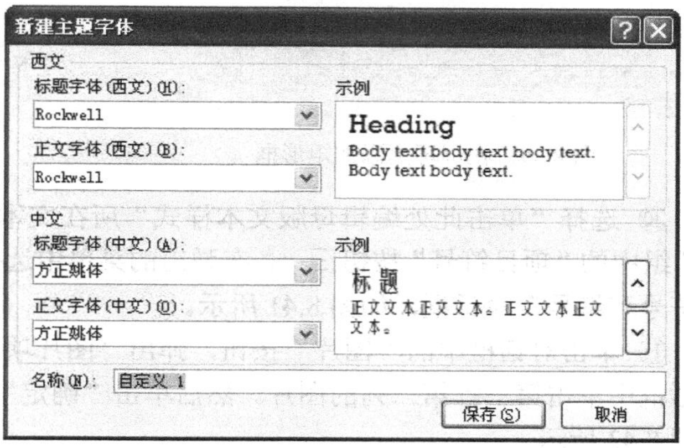

图 8.37　“新建主题字体”对话框

⑦ 应用了自定义文档主题、颜色和字体后的效果如图 8.38 所示。

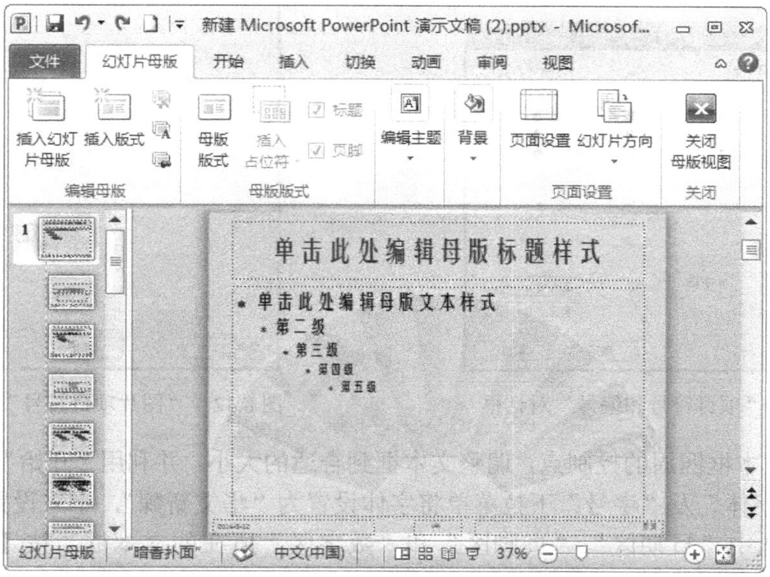

图 8.38　设置“奥斯汀”配色和“沉稳”字体后的幻灯片

⑧ 单击“插入”选项卡上“插图”组中的“形状”按钮，在弹出的菜单中选择“矩形”选项下的“矩形”按钮，当鼠标变成“十”字形状时，在幻灯片中画一个矩形，可以看到矩形的边框颜色和填充颜色自动采用了新设置的文档主题中的颜色，如图 8.39 所示。

⑨ 单击“开始”选项卡上“绘图”组中的排列按钮，在弹出的菜单中选择“排列对象”选项下的“置于底层”命令，将矩形框移到幻灯片上所有元素的下面，调整完成的幻灯片效果如图 8.40 所示。

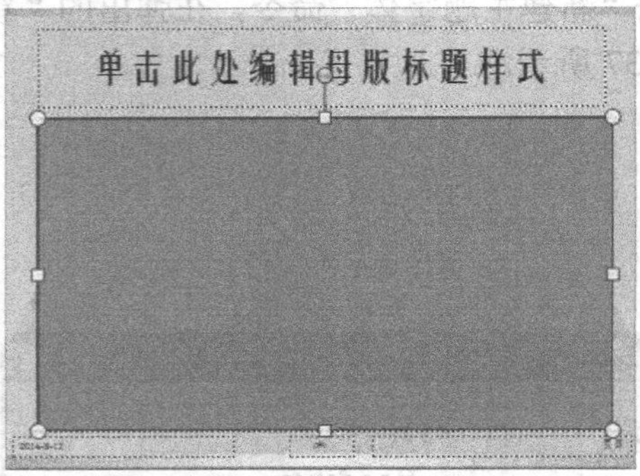

图 8.39　在屏幕上添加矩形框

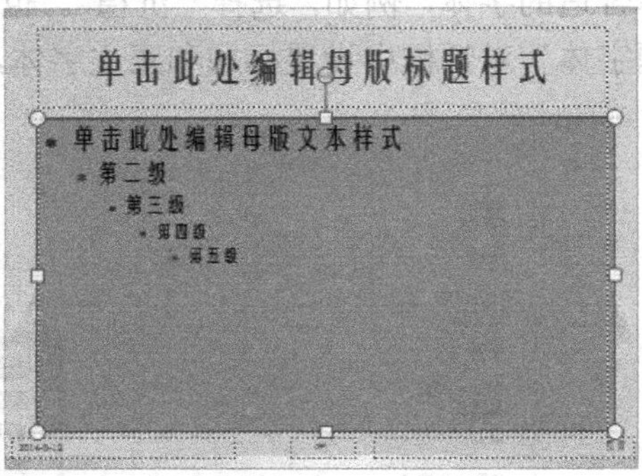

图 8.40　调整完成的幻灯片效果

⑩ 选择“单击此处编辑母版文本样式”所在文本框，然后单击“开始”选项卡上“段落”组中的“项目符号”按钮，在弹出的菜单中选择“项目符号和编号”命令，弹出“项目符号和编号”对话框，如图 8.41 所示。

⑪ 单击对话框中的“图片”按钮，弹出“图片项目符号”对话框，如图 8.42 所示。在对话框中单击第三行第二列的图片。然后单击“确定”按钮，更改了项目符号的幻灯片效果如图 8.43 所示。

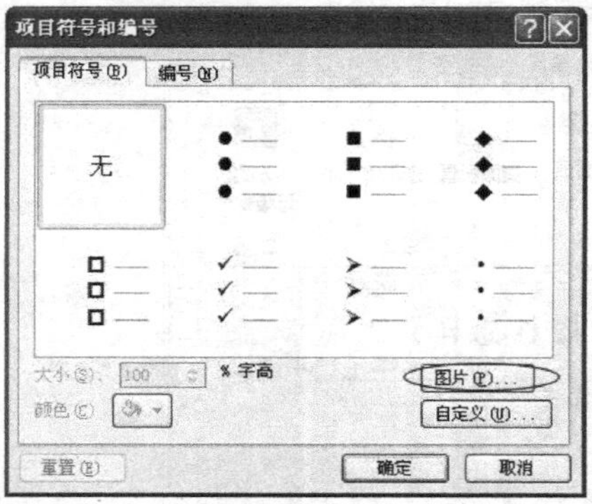

图 8.41　“项目符号和编号”对话框

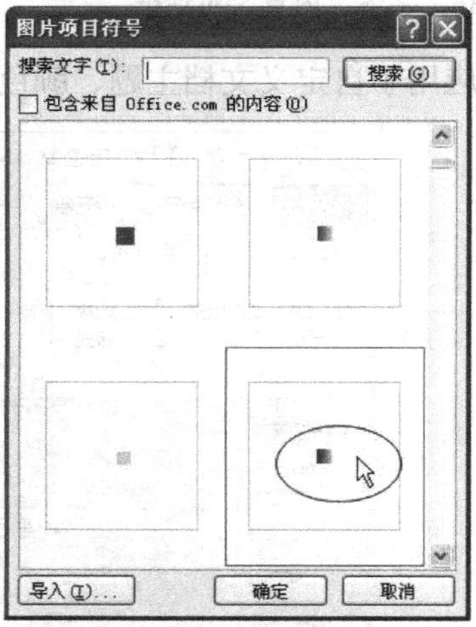

图 8.42　“图片项目符号”对话框

⑫ 拖动文本框四周的控制点，调整文本框到合适的大小，并利用“开始”选项卡上“字体”组中的“字体”及“字号”下拉菜单将字体设置为“华文新魏”，字号设置为“36”。

⑬ 分别选中“日期区”、“页脚区”和“数字区”所在的文本框，按【Delete】键将其删除。

⑭ 选择“单击此处编辑母版标题样式”所在的文本框。利用“开始”选项卡上“字体”组中的“字体”及“字号”下拉菜单将字体设置为“华文行楷”，字号为“48”，拖动文本框四周的控制点，调整文本框到合适的大小，此时幻灯片母版将变成如图 8.44 所示。

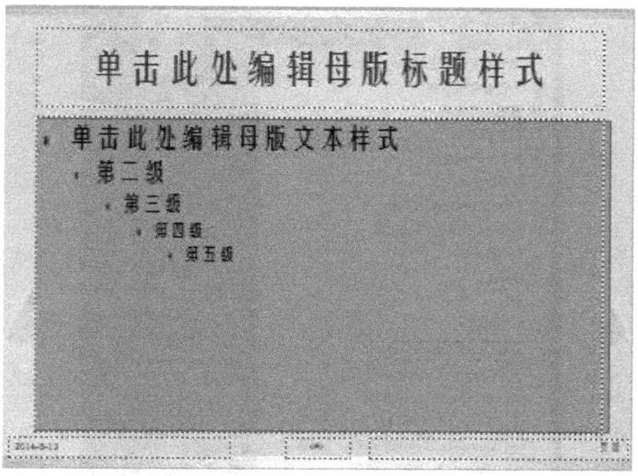

图 8.43 更改了项目符号的幻灯片

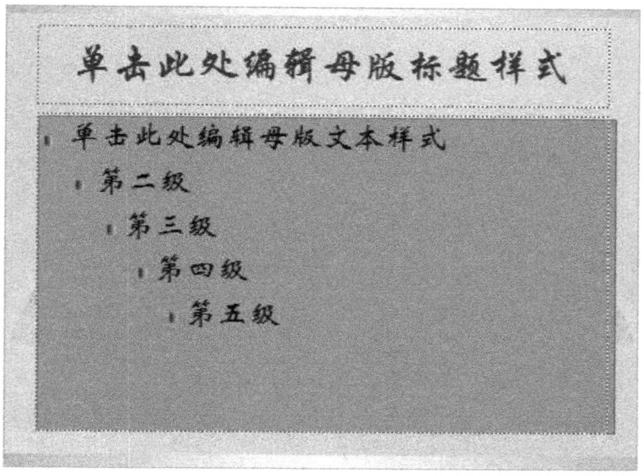

图 8.44 更改完设置的幻灯片母版

⑮ 此时，在母版中的其他幻灯片自动继承母版中第一张幻灯片的格式，例如，母版中的第二张幻灯片“标题幻灯片”，如图 8.45 所示。

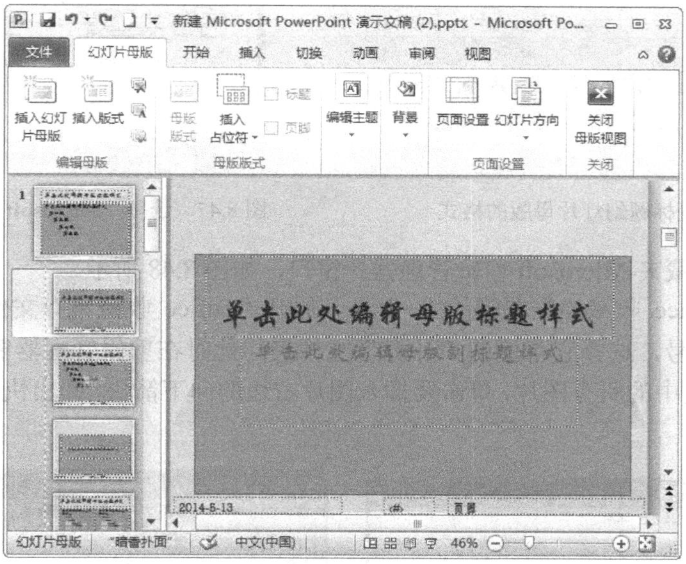

图 8.45 母版中“标题幻灯片”的格式

⑯ 选中“单击此处编辑母版副标题样式”所在的文本框，将字体设置为“华文行楷”，字号为“36”，并拖动四周的控制点，调整文本框的大小，并将此文本移到“单击此处编辑母版标题样式”所在文本框的上方，如图 8.46 所示。

⑰ 借助 Microsoft 剪辑管理器来为幻灯片加入更丰富的剪贴画。在 Office 2010 中，Microsoft 剪辑管理器是独立于 Office 各个组件的工具，专门用于组织和管理适用于 Office 组件的声音、视频、图片等媒体文件。用户可以从 Microsoft 剪辑管理器中复制图片、剪贴画到 Word 2010 文档。

单击“开始”按钮，从弹出的菜单中选择“所有程序”项，打开子菜单，从子菜单中选择“Microsoft Office”选项，在弹出的子菜单中选择“Microsoft Office 2010 工具”选项，再在弹出的子菜单中选择“Microsoft 剪辑管理器”，如图 8.47 所示。

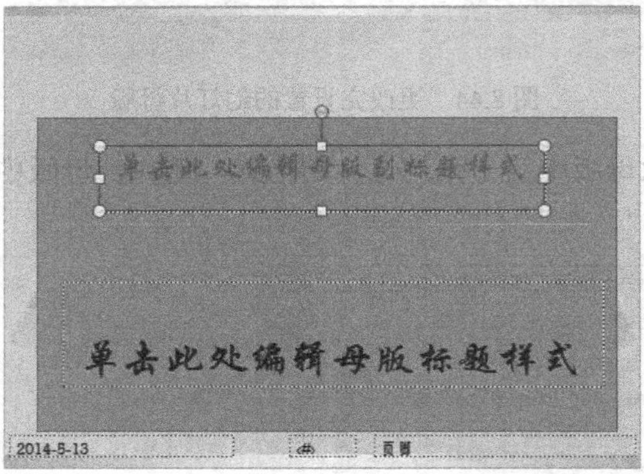

图 8.46 设置标题幻灯片母版的格式

图 8.47 选择“Microsoft 剪辑管理器”

⑱ 打开“收藏夹-Microsoft 剪辑管理器”窗口，如图 8.48 所示。

⑲ 单击“Office 收藏集”左侧的“+”号，展开“Office 收藏集”文件夹，再单击“科技”左侧的“+”号，选择它下面的“计算”文件夹，此时在剪辑管理器窗口的右边窗格中就会出现此文件夹中的所有图片，单击要插入图片右边的向下箭头，弹出快捷菜单，如图 8.49 所示。

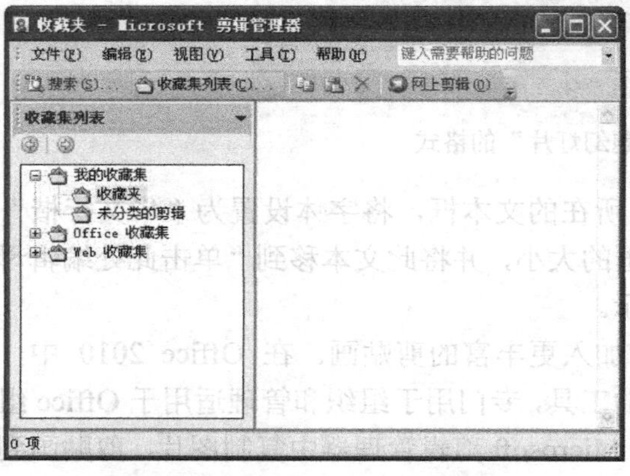

图 8.48 Microsoft 剪辑管理器

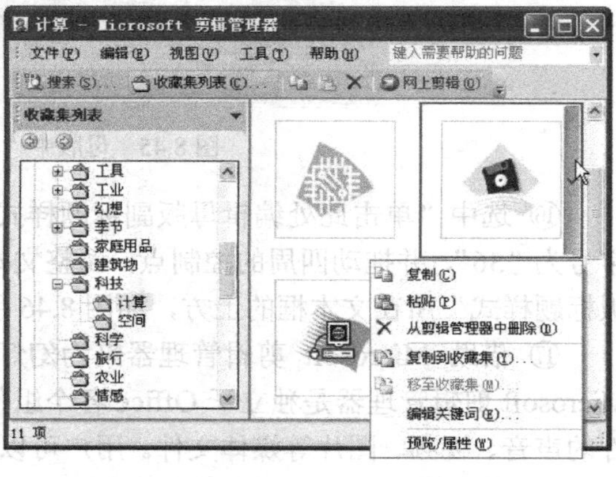

图 8.49 用于插入剪贴画的快捷菜单

⑳ 在如图 8.49 所示的快捷菜单中单击“复制”按钮，然后切换回 PowerPoint 窗口（注意：不要关闭“Microsoft 剪辑管理器”窗口，后面还会再用到），单击“开始”选项卡上“剪贴板”组中的“粘贴”按钮，在弹出的“粘贴选项”中单击“粘贴”按钮，如图 8.50 所示，即可在幻灯片中插入所选的剪贴画，如图 8.51 所示。

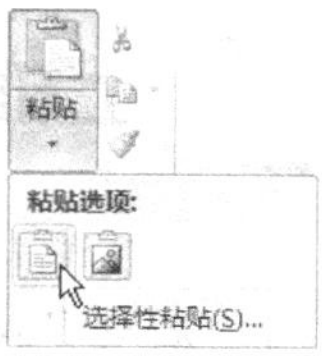

图 8.50 粘贴选项

㉑ 单击新插入的剪贴画，拖动四周的控制点，调整其大小，并将它移至屏幕的右下角，如图 8.52 所示。

图 8.51 插入所选的剪贴画

图 8.52 调整剪贴画的大小和位置

到此，幻灯片母版就编辑完成了。单击“幻灯片母版”选项卡上“关闭”组中的“关闭母版视图”按钮，返回到幻灯片的普通视图。单击“开始”选项卡上“幻灯片”组中“新建幻灯片”按钮 旁的向下箭头，在弹出的菜单中选择“标题幻灯片”版式，效果如图 8.53 所示。

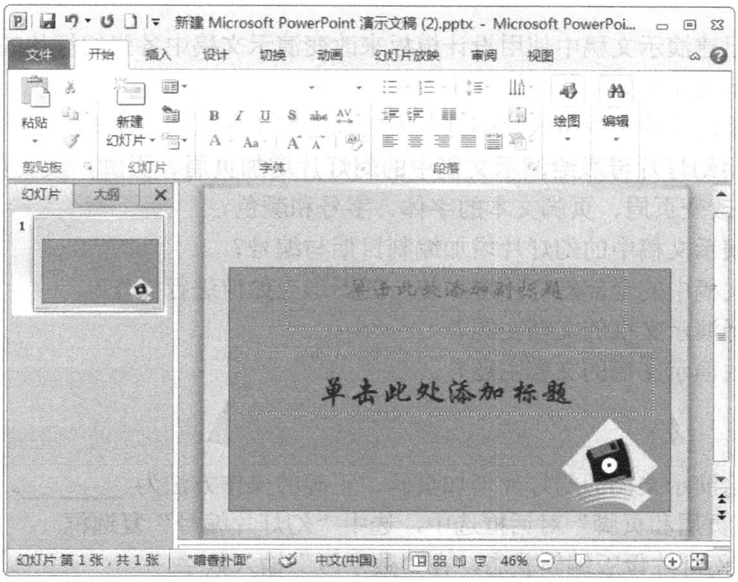

图 8.53 母版效果

上机实习 8

1．启动 PowerPoint 2010，打开文件名为 PP2 的演示文稿，并进入幻灯片普通视图中。

2．进入幻灯片母版编辑状态，完成如下操作：

（1）设置幻灯片母版标题区中的文本：字体为“黑体”，字号为“48”，显示效果为“倾斜”，文本颜色为“橘红色”。

（2）设置幻灯片母版正文区中的文本格式：字体为“宋体”，字号为“32”，颜色为“蓝色”。

（3）给幻灯片添加页眉：“自学式多元媒体教材设计”，并移至母版的右上角。

（4）给幻灯片添加编制日期“2014 年 3 月 3 日”，并移至幻灯片母版的左上角。

（5）给幻灯片添加编号 01-1、01-2、01-3、…。

（6）在幻灯片母版中插入一张自己喜欢的剪贴画或自己设计的图形，移至幻灯片母版的左下角。

3．退出幻灯片母版编辑状态，返回幻灯片普通视图中。

4．为演示文稿中的第一张幻灯片，选择一种新的文档主题。

5．将演示文稿用原文件名保存在原文件夹中，退出 PowerPoint 2010。

习题 8

一、问答题

1．如何在已建演示文稿中使用设计模板来改变演示文稿中各张幻灯片的外观？

2．新建演示文稿时如何使用设计模板？

3．如何使用幻灯片母版格式化幻灯片中的标题文本和正文文本？

4．如何使用幻灯片母版给演示文稿中的幻灯片增加页眉、页脚，改变页眉、页脚在幻灯片中的位置及改变页眉、页脚文本的字体、字号和颜色？

5．如何给演示文稿中的幻灯片增加编制日期与编号？

6．给演示文稿中的全部幻灯片增加统一的图形应如何进行操作？

7．如何选择演示文稿的文档主题？

8．如何更改演示文稿的文档主题？

二、选择题

1．如果要给演示文稿的幻灯片增加页码，正确的操作方法为________。

A．在“页眉和页脚”对话框选中，选中“幻灯片编号”复选框

B．进入幻灯片母版编辑状态，在“数字区”输入数字

C．先执行 A，然后执行 B

D．B 是正确的操作方法

2．在幻灯片母版编辑状态中，下面的操作方法中正确的是________。

A．“日期区”的内容可以在幻灯片中任意移动位置

B．“页角区”的内容不能移动位置

C．可以使用水平或垂直“文本框”按钮，在母版中添加文本内容

D．以上三种说法都正确

三、判断题

1．在幻灯片中加入时间时，只能添加固定的时间，而不能添加自动更新的时间。（　　）

2．文档主题是预设幻灯片中的背景、文本、填充、阴影等色彩的组合，根据需要可以更改文档主题的颜色。（　　）

3．通过编辑幻灯片母版，可以直接添加幻灯片的编号。（　　）

第 9 章

演示 PowerPoint 文档

做完演示文稿的全部幻灯片以后，下一步便是如何进行幻灯片的放映和展示工作。本章将给大家介绍如何设置幻灯片的放映。

9.1 幻灯片的放映

1. 基本放映控制

（1）进入幻灯片放映视图

进入幻灯片放映视图有如下 3 种方法。

① 单击状态栏上的“幻灯片放映”按钮，进入幻灯片放映视图。

② 单击“幻灯片放映”选项卡上“开始放映幻灯片”组中的“从头开始”按钮，也可进入幻灯片放映视图。

③ 按【F5】键。

（2）播放幻灯片

当进入幻灯放映视图以后，可以采用如下几种方法播放幻灯片。

① 每单击鼠标左键一次，向前播放一张幻灯片。

② 按一次上移键【↑】，向前播放一张幻灯片；按一次下移键【↓】，向后播放一张幻灯片。

③ 按其他键播放幻灯片。例如，按右移键【→】或空格键可以向前播放幻灯片；按左移键【←】或退格键【Backspace】可以向后播放幻灯片。

要了解更多有关幻灯片放映的信息，可在进入幻灯片放映视图后，按【F1】键，弹出一个“幻灯片放映帮助”信息框，如图 9.1 所示。

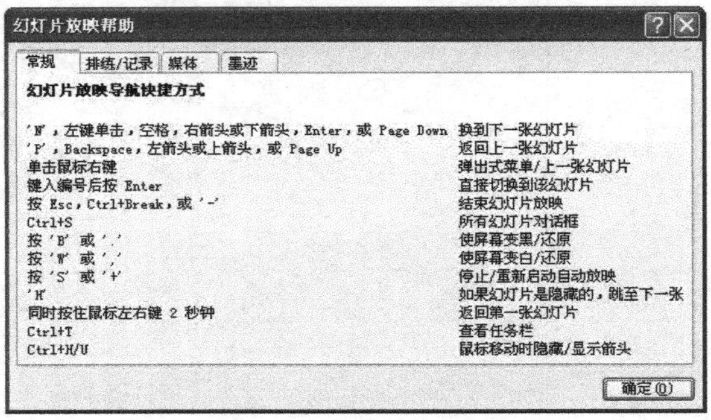

图 9.1　“幻灯片放映帮助”信息框

（3）控制幻灯片的放映

① 使用快捷菜单

在幻灯片的放映过程中采用如下方法可以弹出一个快捷菜单，用快捷菜单中的命令实现对幻灯片的控制。新的精巧而典雅的“幻灯片放映”工具栏可在播放演示文稿时方便地进行幻灯片放映导航。

- 晃动一下鼠标，在屏幕左下角出现一组弹出菜单按钮，单击相应按钮将弹出一个快捷菜单，如图 9.2 所示。
- 在窗口内单击鼠标右键，弹出一个快捷菜单，如图 9.3 所示。

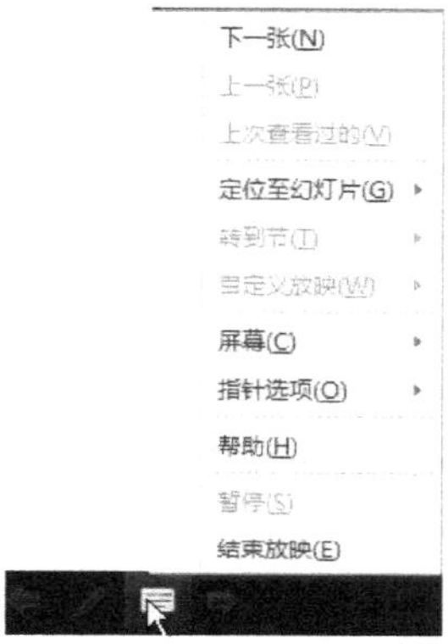

图 9.2　控制幻灯片放映的快捷菜单

图 9.3　窗口内单击弹出的快捷菜单

此外，常用幻灯片放映任务也被简化。在播放演示文稿期间，“幻灯片放映”工具栏可方便地使用墨迹注释工具、笔和荧光笔选项，以及“幻灯片放映”菜单，但是工具栏不会引起观众的注意。

② 放映特定的幻灯片

打开如图 9.3 所示的控制幻灯放映的快捷菜单以后，单击“下一张”命令，将向前播放一张幻灯片；单击“上一张”命令，将向后播放一张幻灯片。单击“定位至幻灯片”命令，将弹出其子菜单，子菜单中包含 “幻灯片漫游”选项。根据需要选择其中的选项，例如，选择“幻灯片漫游”项，弹出如图 9.4 所示的“幻灯片漫游”对话框。在对话框中显示出当前演示文稿中的全部幻灯片，选中任意一张幻灯片，单击，则开始放映所选中的幻灯片。

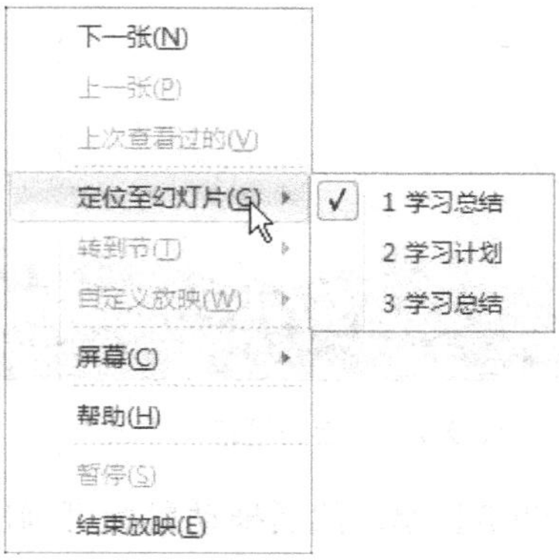

图 9.4　“幻灯片漫游”对话框

（4）用绘图笔描绘手画线

在给观众展示演示文稿的过程中，有时需要对幻灯片中的内容给予强调说明。这时可以对需要强调的对象（文字、图形或剪贴画）添加手画线。其操作方法如下：

① 在幻灯片的放映过程中，单击鼠标右键，弹出控制幻灯片放映的快捷菜单。

② 单击快捷菜单中的“指针选项”命令，弹出子菜单如图 9.5 所示。在子菜单中选中“笔”命令，光标变成了点的形状。

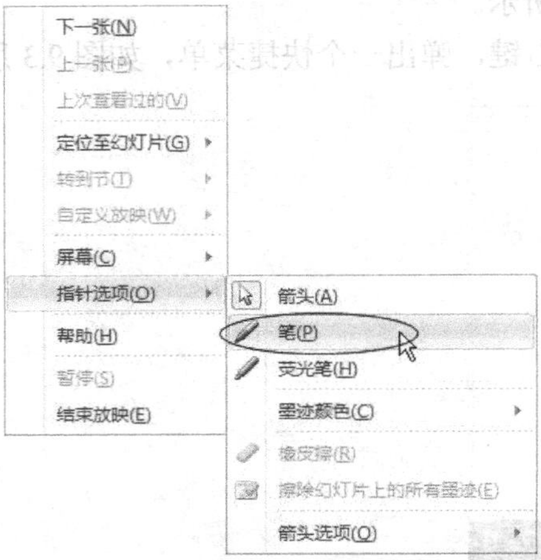

图 9.5 “指针选项”子菜单

③ 把笔形状的光标移到幻灯片中需要添加手画线的地方，按下左键并拖动鼠标。如图 9.6 所示是使用绘图笔在“星期一：第一章 概述”下方画出的一条直线。

图 9.6 用绘图笔绘制手画线

④ 同时按下鼠标左键和【Shift】键，然后拖动鼠标可画出水平或垂直的直线。

⑤ 结束描绘手画线以后，在视图中单击鼠标右键，弹出如图 9.3 所示的快捷菜单。选中“指针选择”命令，在弹出的子菜单中单击“箭头”项，恢复光标的形状。

如果希望改变手画线的颜色，按如下方法操作。

- 在幻灯片放映视图中单击鼠标右键，弹出控制幻灯片放映快捷菜单。
- 在快捷菜单中，选中“指针选项”命令，在弹出的子菜单中，选择“墨迹颜色”命令，然后在弹出的颜色列表中选择一种需要的颜色。

用绘图笔画出的手画线只出现在当前幻灯片的放映过程中，当再次放映该幻灯片时，绘图笔所画的手画线将自动取消。如果希望立即取消当前幻灯片中所画的手画线，可按如下方法和步骤操作。

- 在幻灯片的放映视图中，单击鼠标右键，弹出控制幻灯片放映的快捷菜单。
- 在快捷菜单中，选择“屏幕”项，在弹出的子菜单中单击“显示/隐藏墨迹标记”命令，用绘图笔所画的手画线将从屏幕上消失。

（5）隐藏指针

在幻灯片放映的过程中，如果认为鼠标指针影响幻灯片的播放效果时，可以采用下面的方法将鼠标指针隐藏起来。

① 在幻灯片放映视图中，单击鼠标右键，弹出控制幻灯片放映的快捷菜单，如图 9.3 所示。

② 选择“指针选项”命令，弹出如图 9.5 所示的子菜单。

③ 选择“箭头选项”命令，在子菜单中单击“永远隐藏”命令，在幻灯片放映过程中，指针将不会出现。

（6）结束放映

① 在幻灯片放映过程中，可以随时退出幻灯片的放映。单击鼠标右键，弹出控制幻灯片放映的快捷菜单，如图 9.3 所示。

② 单击快捷菜单中的“结束放映”命令，可退出幻灯片的放映。

（7）放映控制设置

有些情况下，在幻灯片放映过程中单击鼠标右键时，并没有看见弹出控制放映的快捷菜单，此时，应按如下的方法操作。

① 在幻灯片视图中，单击“文件”选项卡，在弹出的菜单中选择“选项”按钮 选项，弹出如图 9.7 所示的“PowerPoint 选项”对话框。

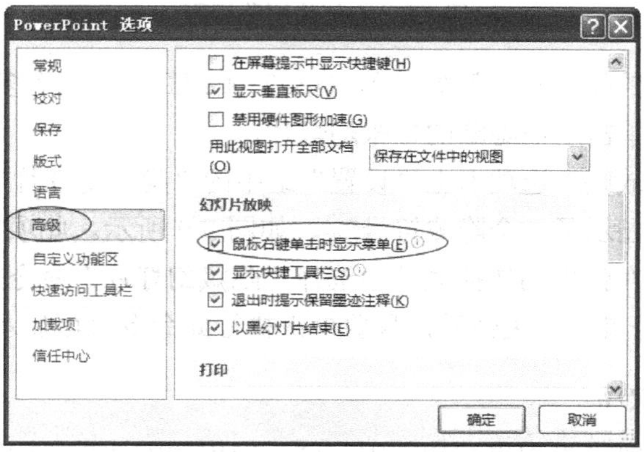

图 9.7 “PowerPoint 选项”对话框

② 单击对话框左侧的“高级”命令，在对话框右侧拖动滚动条，在“幻灯片放映”选项区中有四个复选框。

- 选中“鼠标右键单击时显示菜单”复选框，可以在幻灯片放映的过程中单击右键，弹出控制幻灯片放映的快捷菜单。否则，当取消此复选框时，在幻灯片放映过程中单击鼠标右键，倒退到前一张放映过的幻灯片。
- 选中“显示快捷工具栏”复选框，在放映过程中，晃动鼠标，在视图左下角出现一个弹出菜单按钮，单击此按钮，可以打开快捷菜单。相反，若取消该复选框，弹出菜单按钮在放映过程中将不再出现。
- 选中“以黑幻灯片结束”复选框，放映结束以后，将出现一张黑色的幻灯片。否则，若取消该复选框，放映结束后，将回到幻灯片的其他视图中。

③ 根据需要设置好各个复选框后，单击“确定”按钮。

2. 隐藏幻灯片

有些情况下，希望演示文稿中的某些幻灯片不被放映，这时，应将这些幻灯片隐藏起来。其操作方法如下。

（1）单击“视图”选项卡上“演示文稿视图”组中的“幻灯片浏览”按钮，进入幻灯片浏览视图，如图 9.8 所示。

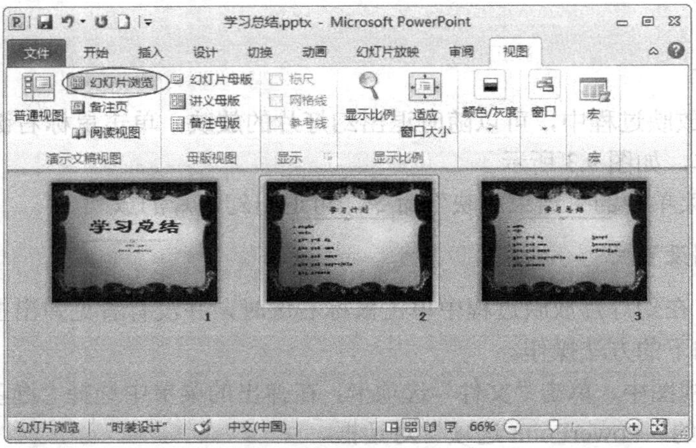

图 9.8 幻灯片浏览视图

（2）单击需要隐藏的幻灯片，例如，单击第 2 张幻灯片。若有多张幻灯片需要隐藏时，按下【Shift】键，依次单击所需隐藏的每张幻灯片。

（3）单击“幻灯片放映”选项卡上“设置”组中的“隐藏幻灯片”按钮，可以看到第 2 张幻灯片的标号 2 上显示了一个隐藏符号，如图 9.9 所示。此项操作也可以通过右击需要设置隐藏的幻灯片，在弹出的快捷菜单中选择“隐藏幻灯片”命令来完成。

“隐藏幻灯片”命令具有开关性质，只要再次执行此命令就可显示隐藏的幻灯片。

3. 重排幻灯片的次序

重排幻灯片的次序时，根据重排的范围不同，应用的方法也不同。

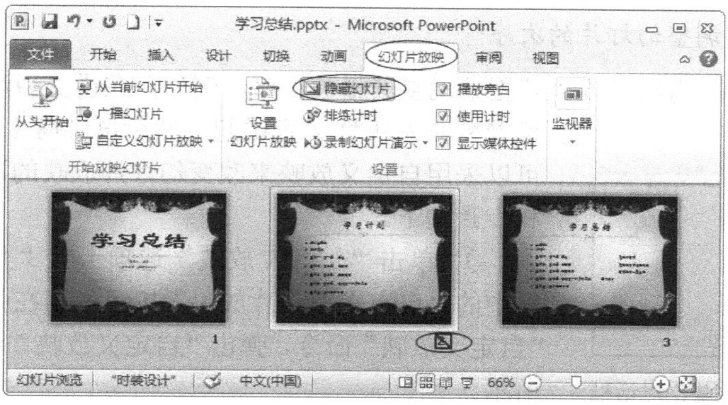

图 9.9　设置隐藏幻灯片

（1）小范围内调整幻灯片的排列次序

① 单击“视图”选项卡上“演示文稿视图”组中的“幻灯片浏览”按钮，进入幻灯片浏览视图。

② 把光标移到需要改变次序的幻灯片上，例如第 1 张幻灯片，按下并拖动鼠标，此时，有一个代表幻灯片的虚线框随鼠标一起移动，当移至所需的位置时，出现一条竖直的放置线，如图 9.10 所示。当竖直放置线出现在第 2 张幻灯片的右侧时，松开鼠标，则第 1 张幻灯片移到了第 2 张的位置。第 2 张幻灯片变成了第 1 张，其结果如图 9.11 所示。

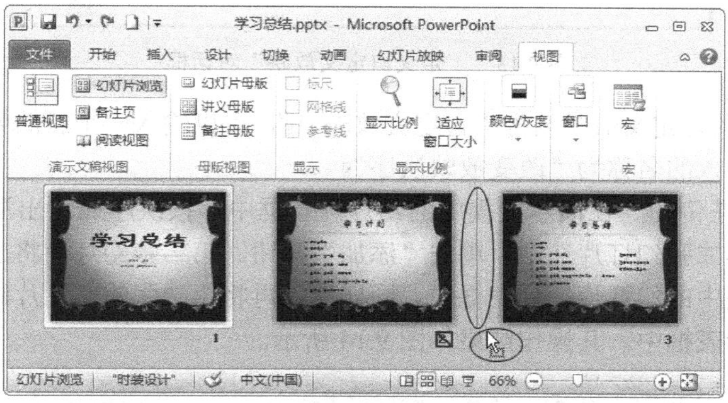

图 9.10　在浏览视图中移动幻灯片

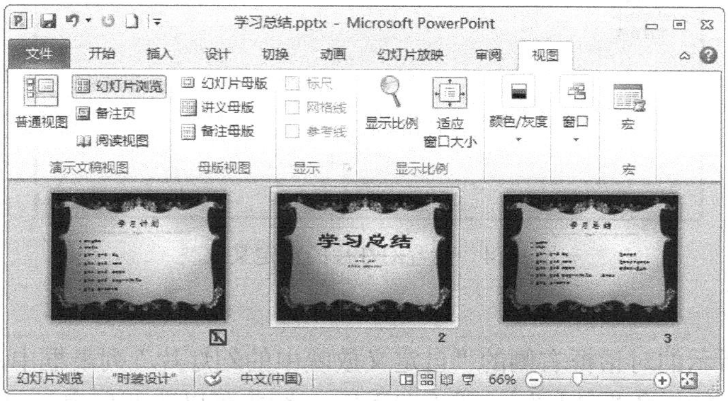

图 9.11　序号调整后的文档

（2）大范围内调整幻灯片的次序

放映幻灯片时，有时需要大范围地调整其播放次序。例如，在讲义型演示文稿中，有时可能需要先从第 2 章讲起，然后再讲第 1 章。这种情况下，可以采用自定义放映来改变幻灯片放映的次序，其操作方法和步骤如下。

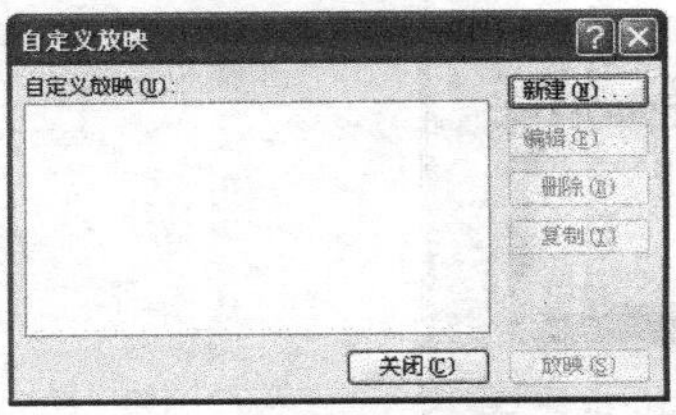

图 9.12 “自定义放映”对话框

① 单击“幻灯片放映”选项卡上“开始放映幻灯片”组中的“自定义幻灯片放映”按钮，在弹出的菜单中选择“自定义放映”命令，弹出“自定义放映”对话框，如图 9.12 所示。

② 第一次设置自定义放映时，单击对话框中的“新建”按钮，弹出“定义自定义放映”对话框，如图 9.13 所示。

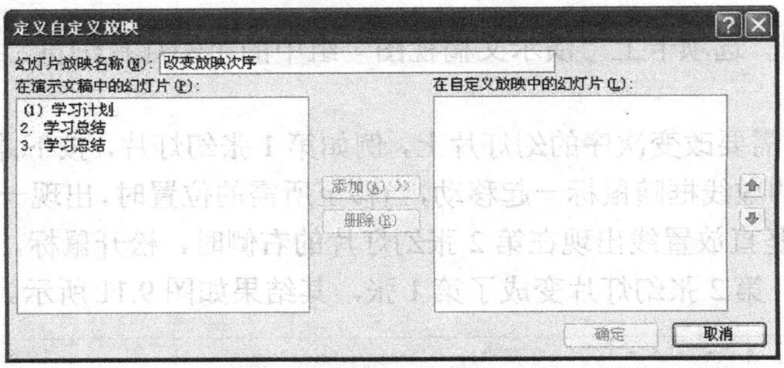

图 9.13 “定义自定义放映”对话框

③ 系统默认的自定义放映名为“自定义放映 1”，可以输入一个新的名称或者采用系统的默认名，这里输入的名称为“改变放映次序”。

④ 在对话框左侧的“在演示文稿中的幻灯片”框中，按次序显示出演示文稿中的全部幻灯片。首先将第二张幻灯片选中，单击“添加”按钮。第二张幻灯片将出现在对话框右侧的“在自定义放映中的幻灯片”列表框中。同样地，再将第一张的幻灯片添加到“自定义放映中的幻灯片”列表框中。其操作结果如图 9.14 所示。

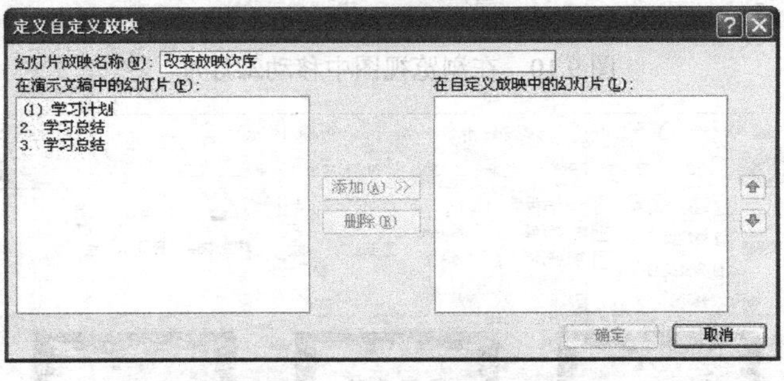

图 9.14 设置幻灯片的自定义放映

⑤ 其他操作

在如图 9.14 所示的对话框右侧的“自定义放映中的幻灯片”列表框中，任意选中一张幻灯片后，单击对话框中的“向上” 或“向下” 箭头可以改变自定义放映次序。

选中对话框右侧的“在自定义放映中的幻灯片”列表框中的一张（或多张）幻灯片，单击“删除”按钮，可以将其从自定义放映中删除。

⑥ 单击“确定”按钮，返回如图 9.12 所示的“自定义放映”对话框。

⑦ 在“自定义放映”对话框中，若单击“放映”按钮，开始按自定义放映所设置的次序放映演示文稿；若单击“关闭”按钮，完成自定义放映的设置。

⑧ 需要放映已设置自定义放映的幻灯片时，单击“幻灯片放映”选项卡上“设置”组中的“设置幻灯片放映”按钮，弹出“设置放映方式”对话框，如图 9.15 所示。在“设置放映方式”对话框中，选中“自定义放映”单选框，并单击其下拉按钮，从列表中选择自定义放映的文件名，然后单击“确定”按钮，即可按“自定义放映”设置的次序放映演示文稿。

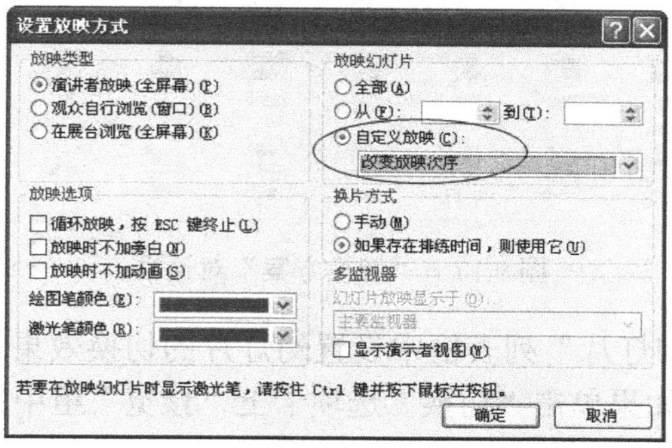

图 9.15 “设置放映方式”对话框

4. 设置幻灯片的切换效果

所谓幻灯片的切换效果是指在幻灯片放映过程中，结束上一张幻灯片，开始下一张幻灯片时所显示的一种视觉效果。在 PowerPoint 2010 中，幻灯片的切换效果可以设置为多种不同的切换方式，如“细微型”、“华丽型”和“动态内容”等。

设置幻灯片切换效果的操作方法如下。

① 单击“视图”选项卡上“演示文稿视图”组中的“幻灯片浏览”按钮，进入幻灯片浏览视图，如图 9.16 所示，并进入“切换”选项卡。

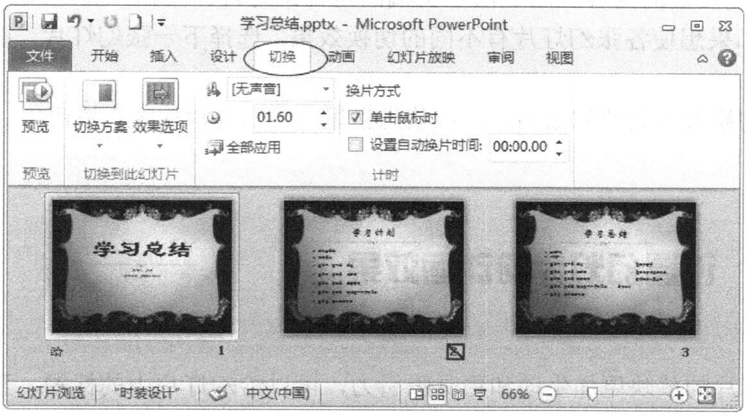

图 9.16 幻灯片浏览视图

② 单击需要设置切换效果的幻灯片。

③ 单击“切换”选项卡上“切换到此幻灯片”组中的“切换方案”按钮，弹出“切

换方案”对话框，如图 9.17 所示。

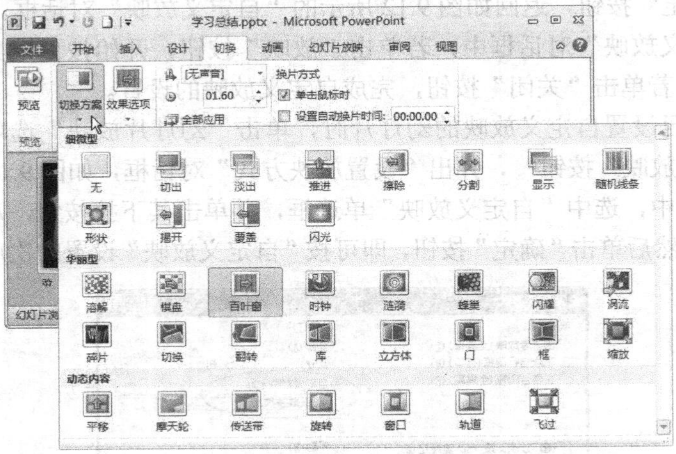

图 9.17　“切换方案”对话框

④ 在“应用于所选幻灯片”列表框中设置幻灯片的切换效果。例如，选择“细微型”选项下的“形状”按钮。如果单击“切换”选项卡上“预览”组中的“预览”按钮，就会自动播放切换效果。

⑤ 在“计时”组中“持续时间”列表框 00.80 中可以设置上一张幻灯片与当前幻灯片之间的切换效果的持续时间，通过设置持续时间来设置幻灯片的切换速度。

⑥ 在“计时”组中，单击“声音”框下拉按钮 鼓声，在弹出的声音列表中选择幻灯片切换时的声音，这里选择“鼓声”。

⑦ 在“计时”组中，“换片方式”选项框中有两个复选框，如果选中“单击鼠标时”复选框，放映时，通过单击鼠标换页；如果选中“设置自动换片时间”复选框，此时，应在右侧的时间框中设置时间，例如，设置为 00:01，即 1 秒，则在放映时，当前一张幻灯片停留 1 秒后，自动开始切换第 2 张幻灯片。这里，选中“单击鼠标时”复选框。

⑧ 如果想使设置的内容应用于演示文稿的全部幻灯片，单击“计时”组中的“全部应用”按钮。如果想使各张幻灯片有不同的切换效果，选择下一张幻灯片，重新设置其切换效果。

幻灯片的切换效果设置完成后，单击状态栏里的“幻灯片放映”按钮，观看设置的切换效果。

9.2　设置幻灯片的动画效果

为了使幻灯片的放映更加生动和更具吸引力，可以给幻灯片中的标题、正文和图片等各种对象增加动画效果。

1. 设置预设动画

① 进入普通视图，选中幻灯片中的对象（标题、正文或图形等），这里选中幻灯片中的标题，如图 9.18 所示。

图 9.18　选中幻灯片中的标题

② 单击“动画”选项卡上“高级动画”组中的“添加动画”按钮，打开“动画”菜单，如图 9.19 所示。选择需要的动画效果。例如，选择“进入”选项组中的“旋转”选项。

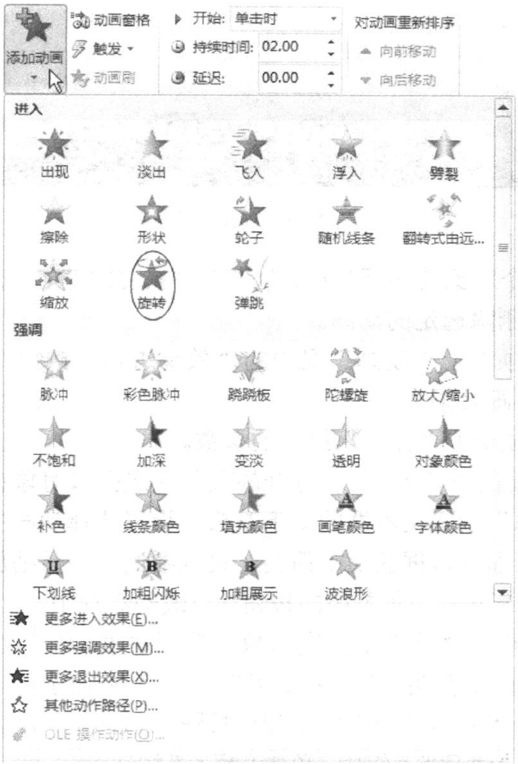

图 9.19　用“添加动画”按钮设置动画效果

③ 单击状态栏中的“幻灯片放映”按钮，可以观看所设置的动画效果。

仿照上述步骤，选中幻灯片中的不同对象，为其设置动画效果。

2．设置自定义动画

除了使用预定义的动画方案外，还可以为幻灯片中的对象进行自定义设置，从而使幻灯片设计更具个性化。

为幻灯片应用自定义动画效果的基本操作方法如下。

① 在演示文稿文档中显示需要设置动画效果的幻灯片。

② 选中“正文”文本框，利用“添加动画”按钮添加“强调”选项组中的“放大/缩小”动画效果。

③ 进行动画设置后，添加了动画效果的对象左上角都有一个编号，它代表动画登场的顺序，如图9.20所示。

图9.20　动画编号

④ 如果想要删除某个对象的动画效果，单击该对象前的编号，选中后的编号高亮显示，然后按下【Delete】键，删除选定的动画。

⑤ 单击“动画”选项卡上“动画”组中的“效果选项”按钮，打开动画效果下拉菜单，在其中选择所需的动画效果。

⑥ 设置“动画”选项卡上“计时”组中的参数。

- 单击“开始”后面的下拉菜单，在打开的菜单中选择该对象在幻灯片中的播放顺序。
- 单击“持续时间”后面文本框的上下箭头，设置选择动画的时间长度。
- 单击“延迟”后面文本框的上下箭头，设置经过几秒后播放选择的动画。
- 单击“对动画重新排序”菜单中的按钮，更改幻灯片中各动画的执行顺序，如果向前改变对象的动画顺序，单击“向前移动”的上箭头按钮；如果向后改变对象的动画顺序，单击“向后移动”的下箭头按钮。

⑦ 在“动画”选项卡上“预览”组中，单击“预览”按钮，将在PowerPoint窗口工作区播放选中幻灯片的动画效果。在动画进行期间，预览按钮上“播放”按钮变成了“停止”按钮，如果要停止播放，按下预览按钮上的“停止”按钮。当动画效果播放完毕，“停止”按钮又变回“播放”按钮。

⑧ 单击“动画”选项卡上“高级动画”组中的“动画窗格”按钮 动画窗格，弹出“动画窗格”任务框，如图9.21所示。在该任务框中，可以查看和修改选定幻灯片文档上所有的动画效果。

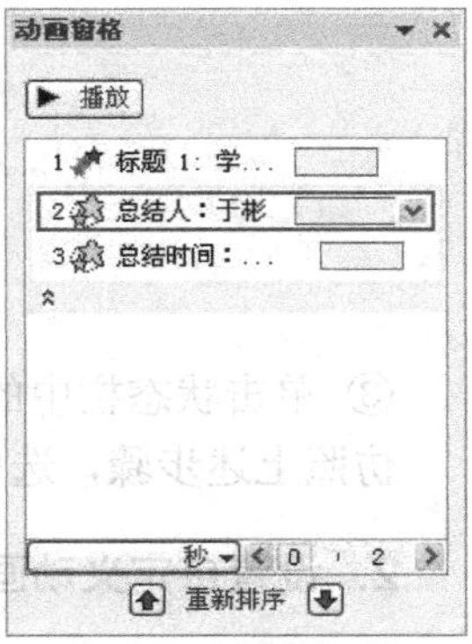

图9.21　“动画窗格”任务框

⑨ 单击状态栏中的“幻灯片放映”按钮，从当前幻灯片开始放映演示文稿。

上面所讲述的是设置动画的大致过程，具体的方法将在下面详细说明。

（1）添加动画进入效果

进入效果指的是对象以何种方式出现在屏幕上。例如，百叶窗式、弹跳式或飞人屏幕等。

① 显示需要设置动画效果的幻灯片。

② 在幻灯片视图中，单击“动画”选项卡上“高级动画”组里的“添加动画”按钮，打开“动画”下拉列表。选择“进入”选项，在其子菜单上选择一种效果即可，如图 9.19 所示。

如果选择其他效果，可选择其子菜单上的“更多进入效果”选项，打开“添加进入效果”对话框，如图 9.22 所示。

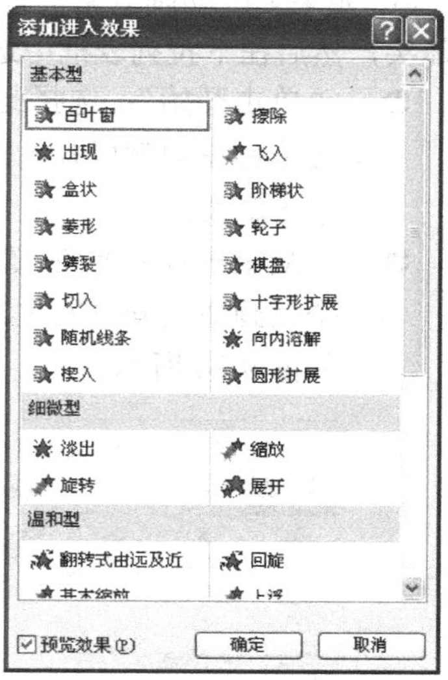

图 9.22 “添加进入效果”对话框

在其中选择一种效果，然后单击“确定”按钮，该“效果”就可应用到幻灯片中选择的对象上。单击“动画”选项卡上“高级动画”组里的“动画窗格”按钮，打开“动画窗格”任务框。这时，“动画窗格”任务框中就显示出该“效果”的设置，而且在幻灯片窗格中的幻灯片对象上就显示动画效果标记，如图 9.23 所示。

图 9.23 设置动画效果

注意：显示在自定义动画列表中的效果按应用的顺序从上到下排列在幻灯片上，播放动画的项目会标注上非打印编号标记，该标记对应于列表中的效果，该标记在幻灯片放映视图中不会显示。

③ 如果更改动画效果的开始方式，可以在“动画窗格”任务框中，单击动画后面的向下箭头，然后在下拉列表框中选择一种选项即可。其中各选项的说明如下。

- “单击开始”：选择此选项，则当幻灯片放映到动画效果序列中该动画效果时，单击鼠标左键就可开始动画显示幻灯片中的对象，否则将一直停在此位置以等待用户单击触发。
- “从上一项开始”：选择此选项，则该动画效果和幻灯片的动画效果序列中的前一个动画效果同时发生，这时其序号将和前一个用单击来触发的动画效果的序号相同，如图 9.24 所示。

图 9.24　幻灯片序号

- “从上一项之后开始”：选择此选项，则该动画效果在幻灯片的动画效果序列中的前一个动画效果播放完时发生，这时其序号将和前一个用单击来触发的动画效果的序号相同。

注意：如果使用“动画窗格”任务窗格中的“播放”按钮▶ 播放来预览幻灯片的动画，则不需要通过单击来触发动画序列。

④ 在如图 9.24 所示的动画下拉列表框中单击“效果选项”命令，弹出该动画效果命令对话框，如图 9.25 所示。

选择“效果”选项卡，在“方向”下拉列表框中选择动画效果的方向。根据动画效果的不同，该下拉列表框也随之发生变化。

⑤ 单击图 9.25 中的“计时”选项卡，或在图 9.24 中的动画下拉列表框中单击“计时”命令，弹出“计时”选项卡，如图 9.26 所示。在“期间”下拉列表框中选择播放动画效果的速度。

⑥ 设置完成后可以单击“播放”按钮▶ 播放和“预览”按钮★来预览动画效果。

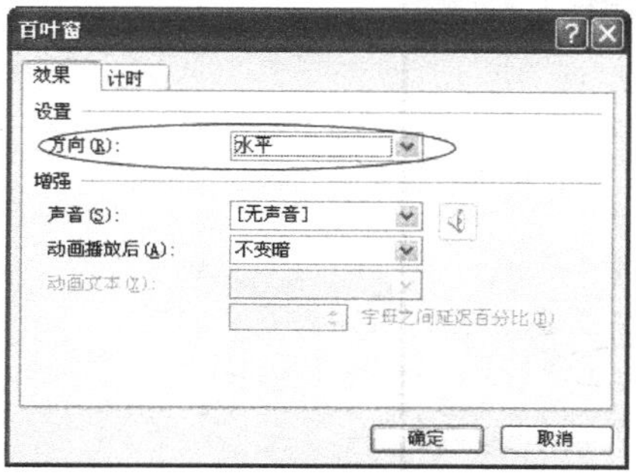

图 9.25 “百叶窗”对话框

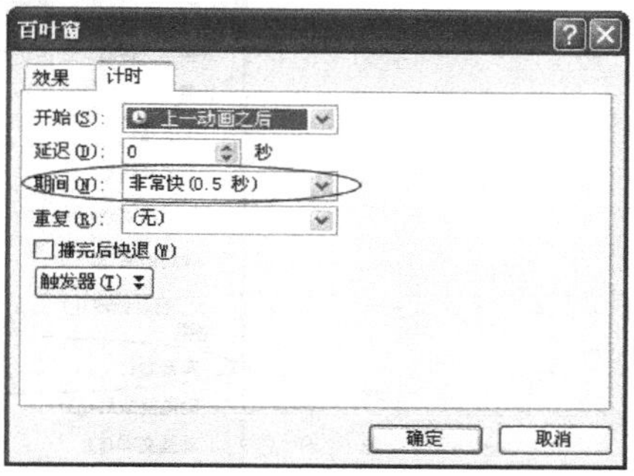

图 9.26 “计时”选项卡

(2)添加动画的强调效果

强调效果指向幻灯片中的文本或对象添加特殊效果。这种效果是向观众突出显示选中的文本或对象，如放大/缩小、脉冲、陀螺旋等。设置对象的强调效果的操作方法如下。

① 选定要设置强调效果的对象。

② 单击“动画”选项卡上“高级动画”组中的“添加动画”按钮，打开下拉列表，选择“强调”选项，在其子菜单上选择一种效果，如图 9.19 所示。

③ 单击所需的效果，使其应用到幻灯片中。如果需要其他效果，单击“更多强调效果”命令，打开“添加强调效果”对话框，如图 9.27 所示。在其中单击选中需要的效果，按“确定”按钮，如果要预览选中的动画效果，选中“预览效果”复选框。

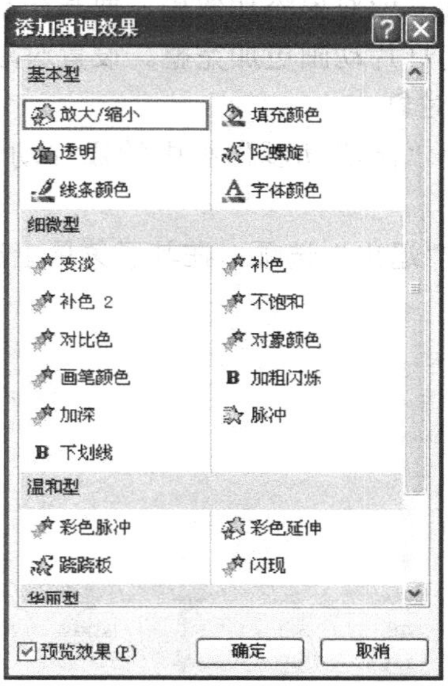

图 9.27 “添加强调效果”对话框

④ 有些效果需要用户来设置属性，而且需要设置的属性随动画效果的不同而不同。例如，选择“放大/缩小”动画效果，在“动画窗格”中选择要设置动画效果的对象，单击右边向下箭头，在下拉列表框中选择“效果选项”命令，弹出如图 9.28 所示的“放大/缩小”对话框。单击“尺寸”框右边的向下按钮，打开 “尺寸”下拉列表，选择文本或对象放大/缩小效果后的尺寸，如图 9.28 所示。

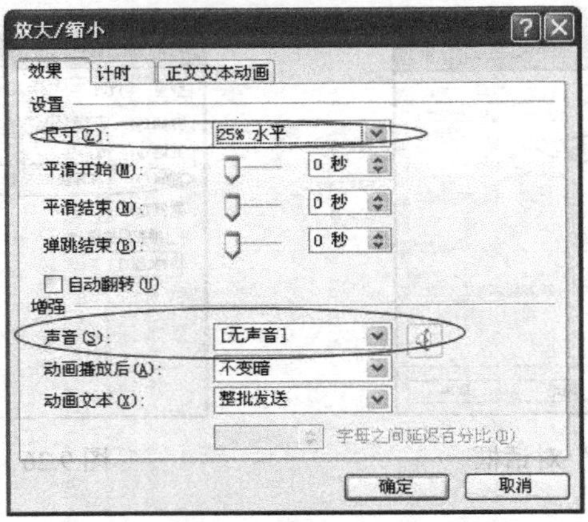

图 9.28 “放大/缩小”对话框

⑤ 在“增强”选项框中，单击“声音”列表框的下拉按钮，打开一个声音列表框，从中选择伴随动画效果的声音。

⑥ 单击“动画播放后”列表框的下拉按钮，打开一个列表框，在这个列表框中列出了各种播放动画以后的效果，选择需要的选项。

⑦ 单击“计时”选项卡，打开“期间”列表框，选择动画运行的速度。

⑧ 单击“确定”按钮应用选定的动画效果。

（3）添加动画的退出效果

退出效果指向幻灯片中的文本或对象添加效果，使其在某一时刻离开幻灯片。它与进入效果的过程正好相反，可以使幻灯片动画更加完整。设置对象退出效果的操作方法如下。

① 选定要设置强调效果的对象。

② 单击“动画”选项卡上“高级动画”组中的添加动画按钮，打开“动画”下拉列表。

③ 拖动垂直滚动条，选择“退出”选项，在其子菜单上选择一种效果，如图 9.29 所示。

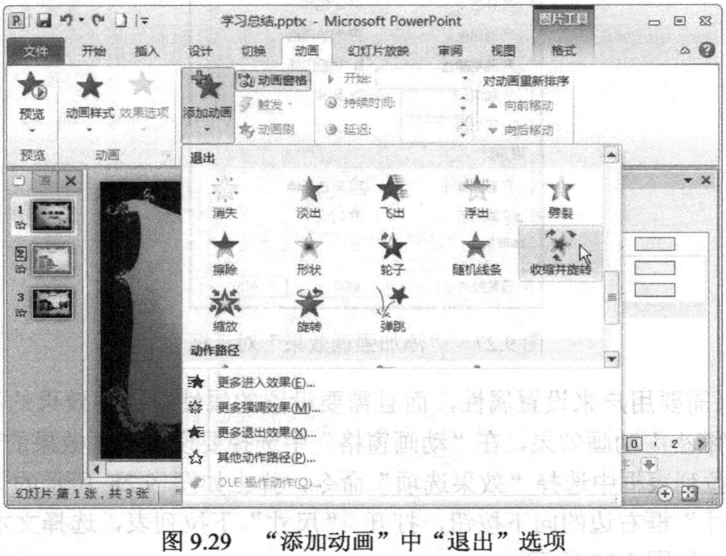

图 9.29 “添加动画”中“退出”选项

④ 单击所需的效果，使其应用到幻灯片中。如果需要其他效果，单击“更多退出效果”命令，打开“添加退出效果”对话框，如图 9.30 所示，在其中单击选中需要的效果，单击“确定”按钮，如果要预览选中的动画效果，选中“预览效果”复选框。

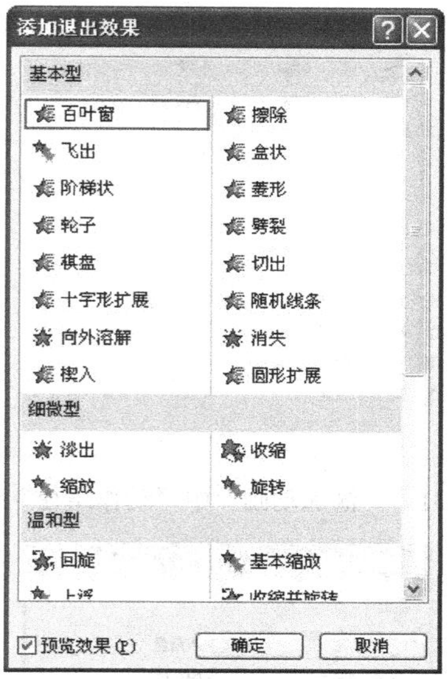

图 9.30 “添加退出效果”对话框

⑤ 有些效果需要用户来设置属性，而且需要设置的属性随动画效果的不同而不同。例如，选择“劈裂”效果，在“动画窗格”任务窗格中打开其“效果选项”对话框里的“效果”选项卡，单击“方向”框右边的向下按钮，打开 “方向”下拉列表，可以选择退出效果的运行方向。

⑥ 选中“效果”选项卡，在“增强”框中，单击“声音”下拉按钮，打开“声音”下拉列表，从中选择伴随动画效果的声音。

⑦ 单击“计时”选项卡上“期间”命令后面的向下箭头，打开“期间”列表框，选择动画运行的速度和运行时间。

⑧ 单击“确定”按钮应用选定的动画效果。

3. 添加动作路径

在 PowerPoint 2010 中新增了“动作路径”动画效果，它可以使选定的对象按照某一条定制的路径功能运行而产生动画。“动作路径”加上“效果选项”就能产生丰富的动画效果。设置对象的动作路径的操作方法如下。

① 选定要设置强调效果的对象。

② 单击“动画”选项卡上“高级动画”组中的添加动画按钮，打开“动画”下拉列表框。

③ 拖动垂直滚动条，选择“动作路径”选项，在其子菜单上选择一种效果，如图 9.31 所示。

④ 单击所需的路径，使其应用到幻灯片中。如果需要更多的动作路径，单击“其他动作路径”命令，打开“添加动作路径”对话框，如图 9.32 所示。在其中单击选中需要的效果，单击“确定”按钮，如果要预览选中的动画效果，选中“预览效果”复选框。

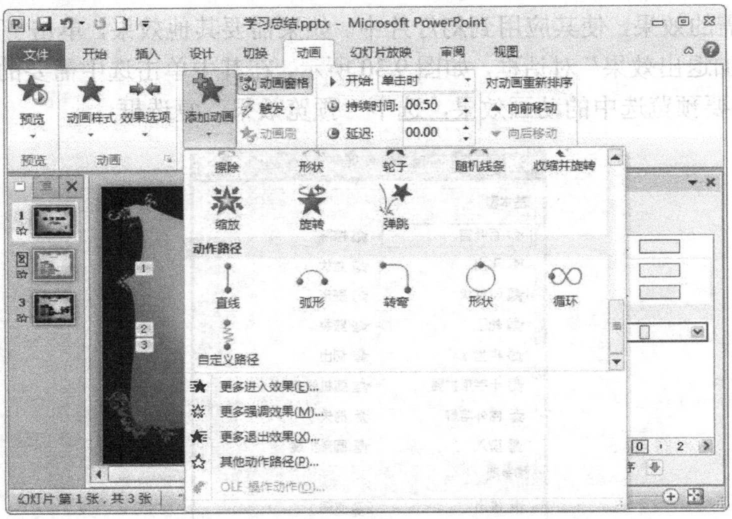

图 9.31 “添加动画”中“动作路径”选项

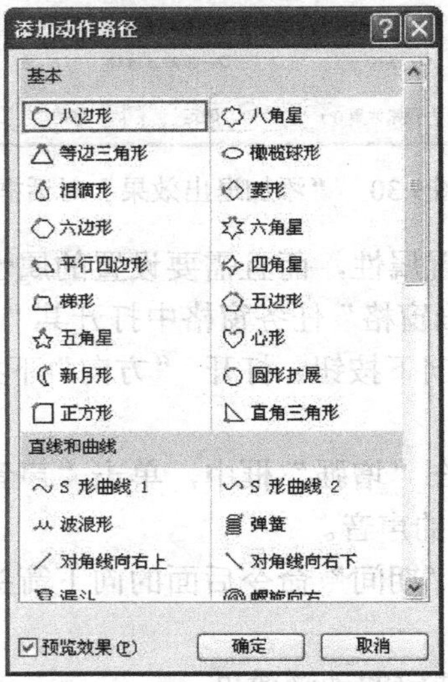

图 9.32 “添加动作路径”对话框

⑤ 如果要创建自己的动作路径，则单击“自定义路径”命令，光标变成十形状，按下鼠标左键，光标变成✎形状，开始绘制路径。绘制方法与前面讲过的绘制图形方法相同。值得注意的是，如果希望结束任意多边形或曲线路径并使其保持开放状态，可在完成后双击；如果希望结束直线或自由曲线路径，释放鼠标按钮；如果希望封闭某个形状，在起点处单击。

设置好的动作路径可以修改，使其更符合整个幻灯片的风格。如果要修改设置好的动作路径，可执行下面一项或几项操作。

➲ 如果要移动路径的起点和终点。单击要修改的路径，右击鼠标，在弹出的快捷菜单中选择“编辑顶点”命令，在路径上出现控制点，用鼠标将起点或终点拖动到新的位置。当编辑曲线时，用鼠标右键单击动作路径，再单击“退出节点编辑”命令。

➲ 调整动作路径的大小。单击要修改的路径，右击鼠标，在弹出的快捷菜单中选择“编辑顶点”命令，在路径上出现控制点，将鼠标指针定位在一个控制点上，若要增加或减少一个或多个方向上的尺寸，右击鼠标，在弹出的快捷菜单中选择“添加顶点”或“删除顶点”命令即可。

- 如果要移动动作路径，将鼠标指针放在动作路径上直到指针变为带有箭头的十字开关，将动作路径拖动到新的位置。
- 要封闭开放的动作路径，用鼠标右键单击终点或起点，再单击“关闭路径”命令。
- 如果要反转动作路径，则在幻灯片上使用鼠标右键单击动作路径，再单击“反转路径方向”命令。

4. 编辑动画效果

设置了动画效果后，还可以根据需要对其进行修改。

（1）更改动画效果

除了按照前面添加动画效果的方法更改动画效果外，还可以在动画效果对话框中进行更改。其操作步骤如下：

① 在普通视图中，打开要重新排序的动画的演示文稿。

② 单击“动画”选项卡上“高级动画”组中的“动画窗格”按钮，打开“动画窗格”任务窗格。可以发现，动画效果在动画窗格列表中按设置的顺序从上到下显示。在普通视图中，在幻灯片上显示播放动画的非打印编号标记，该标记对应于列表中的效果。

③ 在“动画窗格”任务窗格中，在列表中选择要移动的项目并将其拖到列表中需要的位置。此外，也可以通过单击和按钮来调整动画的序列。

（2）删除动画效果

在“动画窗格”任务窗格中选择要删除的动画效果，单击鼠标右键，在弹出的快捷菜单中选择“删除”命令，就可删除选定的动画效果。

9.3 其他设置

1. 在演示文稿中加入声音和音乐

（1）在幻灯片中插入剪辑管理器中的声音

① 打开需要加入声音的幻灯片。

② 单击“插入”选项卡上“媒体”组中的“音频”按钮，弹出子菜单，如图 9.33 所示。

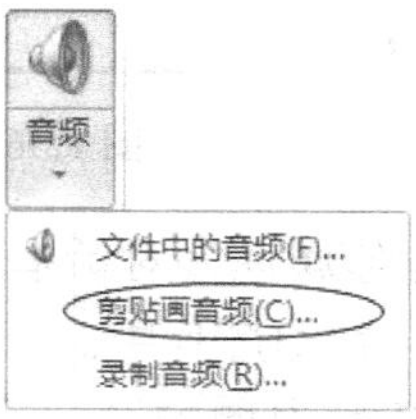

图 9.33 “音频”子菜单

③ 选择“剪贴画音频”命令，打开“剪贴画”任务窗格，如图 9.34 所示。

图 9.34 “剪贴画”任务窗格

④ 拖动滚动条以查找所需的声音，单击声音右边的向下箭头按钮，弹出如图 9.35 所示的下拉列表。选择下拉列表中的“预览/属性”选项对话框可播放声音试听，如图 9.36 所示。

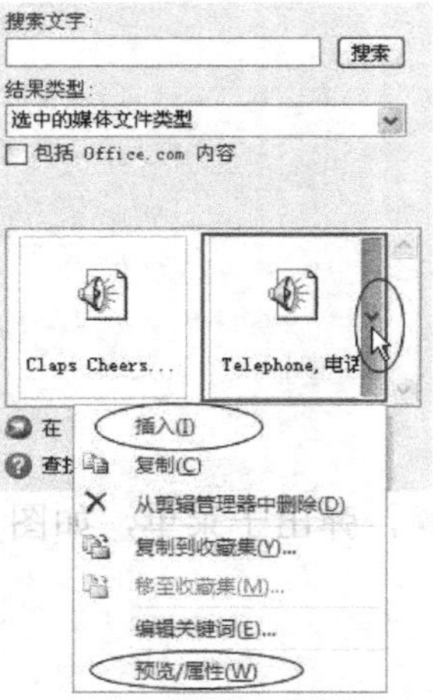

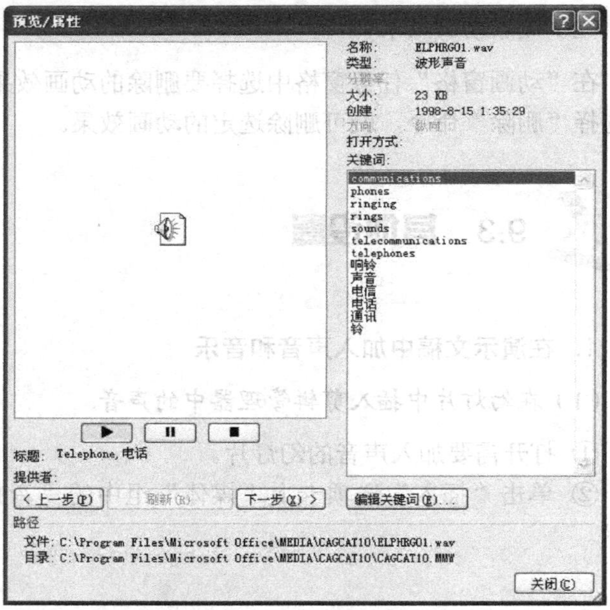

图 9.35 音频文件下拉列表

图 9.36 “预览/属性”选项对话框

⑤ 单击“关闭”按钮可关闭“预览/属性”对话框，选择好声音后，单击如图 9.35 所示下拉列表中的“插入”命令，将其添加到幻灯片中。

⑥ 插入声音剪辑后，在当前幻灯片中增加了一个声音图标和播放控制条，如图 9.37 所示。

图 9.37 幻灯片中的声音图标和控制条

若要设置如何播放这段音乐或声音，需要打开“音频工具”栏上“播放”选项卡上“音频选项”组，如图 9.38 所示。单击“开始”命令后的向下箭头打开下拉列表，如果选择“自动”选项，那么在幻灯片放映时自动播放声音；如果选择“单击时”选项，那么单击声音图标时播放声音。如果要隐藏该图标，则选择“放映时隐藏”复选框；如果选中“循环播放，直到停止”复选框，那么该音频文件将持续播放直到切换到下一张幻灯片。

图 9.38 “音频选项”

该图标可以放大、缩小，还可以根据需要移到幻灯片中的任何位置。调整的方法与其他对象的调整方法相同。

（2）在幻灯片中插入声音文件

① 重复“在幻灯片中插入剪辑管理器中的声音”操作步骤中的①、②。

② 在子菜单中，选择“文件中的音频”命令，弹出图 9.39 所示的对话框，在对话框中选择声音文件的文件夹和文件名后，单击“插入”按钮，将声音文件插入到演示文稿中。

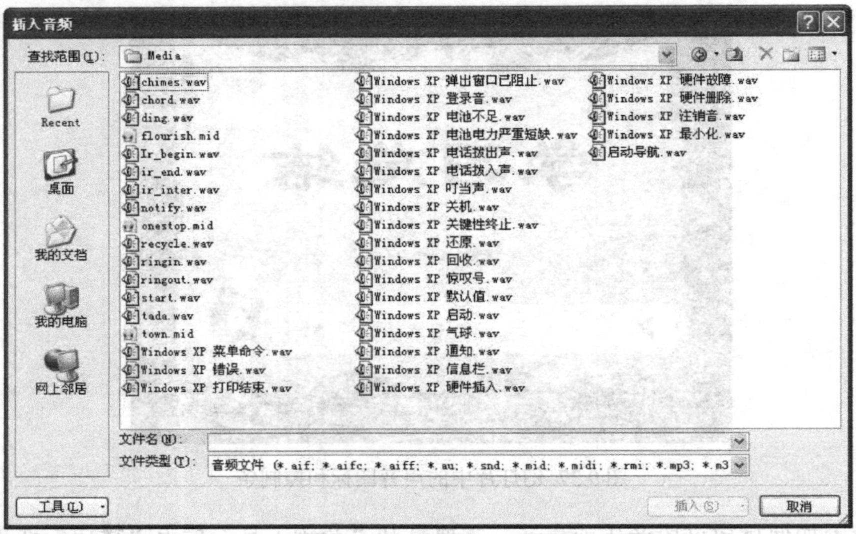

图 9.39 “插入音频”对话框

（3）在幻灯片中插入录制音频

① 重复“在幻灯片中插入剪辑库中的声音”操作步骤中的①、②。

② 在子菜单中，选择“录制音频”命令，弹出如图 9.40 所示的“录音”对话框。

图 9.40 “录音”对话框

③ 检查声卡和麦克风安装正确后，单击“录音”开关，开始录音。完成后单击“停止”开关。

④ 单击“播放”开关，开始播放所录制的内容。检查声音无误后，输入声音的名称。然后，单击“确定”按钮，返回幻灯片视图。此时，在幻灯片中出现了一个声音图标。

2. 在幻灯片中加入影片

（1）在幻灯片中插入剪辑库中的影片

插入影片和插入声音的操作相同。

① 显示需要添加影片的幻灯片。

② 单击“插入”选项卡上“媒体”组中的“视频”按钮，弹出其子菜单，如图 9.41 所示。

图 9.41 “视频”子菜单

③ 选择“剪贴画视频”命令，打开“剪贴画”任务窗格，如图 9.42 所示。

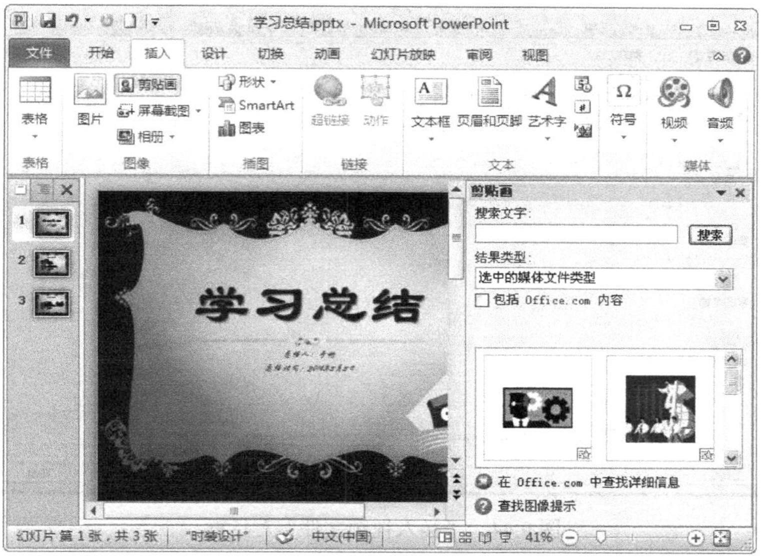

图 9.42 “剪贴画”任务窗格

④ 拖动滚动条以查找所需的影片，单击视频右边的向下箭头按钮，选择下拉列表中的“预览/属性”选项可打开对话框预览影片，如图 9.43 所示。

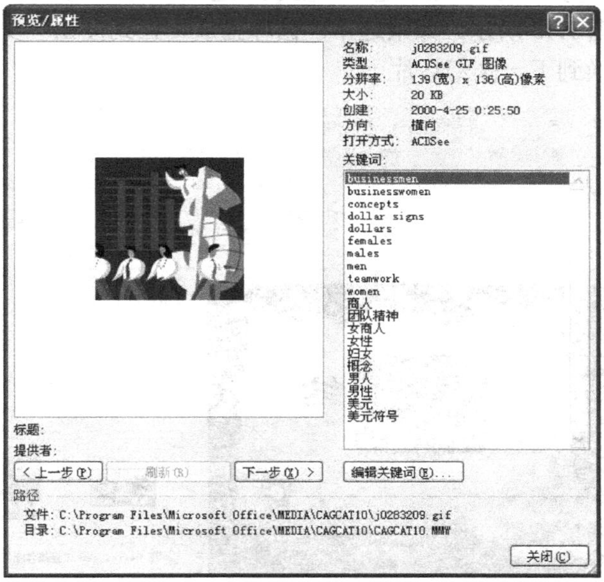

图 9.43 “预览/属性”对话框

⑤ 单击“关闭”按钮可关闭“预览/属性”对话框，选择影片，将其添加到幻灯片中。

（2）在幻灯片中插入文件中的影片

① 重复“在幻灯片中插入剪辑库中的影片”操作步骤中的①、②。

② 在子菜单中，单击“文件中的视频”命令，弹出如图 9.44 所示的对话框，在对话框

中输入影片所在的文件夹和文件名，单击“插入”按钮。

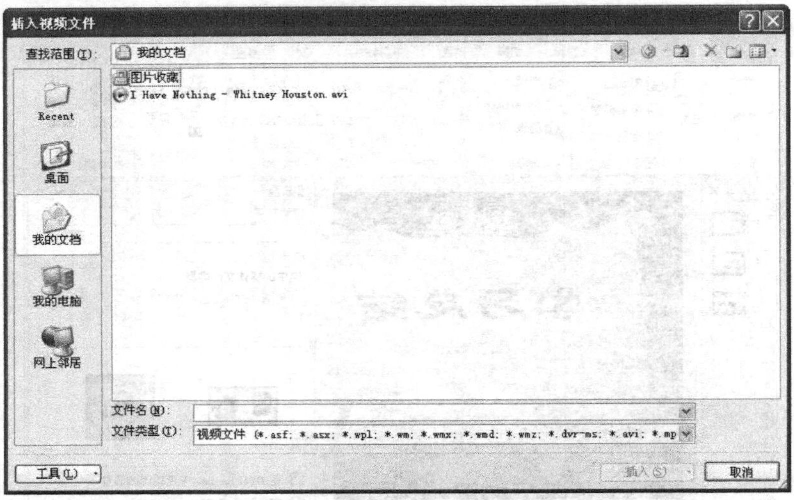

图 9.44　“插入视频文件”对话框

将剪辑管理器中的影片或文件中的影片插入幻灯片后，可以在幻灯片中调整影片的位置和大小，调整方法与其他对象的调整方法相同。

③ 在 Microsoft Office PowerPoint 2010 中可以全屏在演示文稿中查看和播放影片。用鼠标单击选中影片，在“视频工具”栏中选择“播放”选项卡上“视频选项”组，然后选中“全屏播放”复选框，如图 9.45 所示。如果选中“循环播放，直到停止”复选框，那么该视频文件将持续播放直到切换到下一张幻灯片。

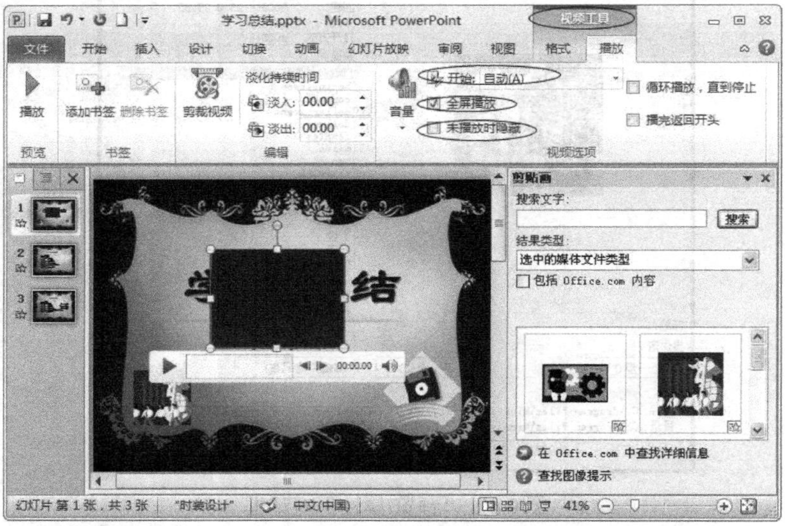

图 9.45　“视频工具”栏

在播放影片时，将以全屏的模式播放。当安装了 Microsoft Windows Media Player 版本 8 或更高版本时，PowerPoint 2010 中对媒体播放的改进可支持其他媒体格式，包括 ASX、WMX、M3U、WVX、WAX 和 WMA。如果未显示所需的媒体编解码器，PowerPoint 2010 将通过使用 Windows Media Player 技术尝试下载它。单击“开始”命令后面文本框的向下箭头，如果选择“自动”选项，那么在幻灯片放映时自动播放视频；如果选择“单击时”选项，那么单击视频图标时播放视频；如果要隐藏该图标，则选择“未播放时隐藏”复选框。

3. 录制旁白

（1）给演示文稿录制旁白

如果希望在幻灯片放映时，讲解每张幻灯片的内容，可以通过给演示文稿录制旁白的方法，把声音加入幻灯片中。

① 检查计算机中的声卡和麦克风的安装是否正确。

② 打开录制旁白的演示文稿。

③ 单击“幻灯片放映”选项卡上“设置”组中的“录制幻灯片演示”按钮 录制幻灯片演示，弹出“录制幻灯片演示”对话框，如图 9.46 所示。选择想要录制的内容，例如选中“旁白和激光笔”复选框。

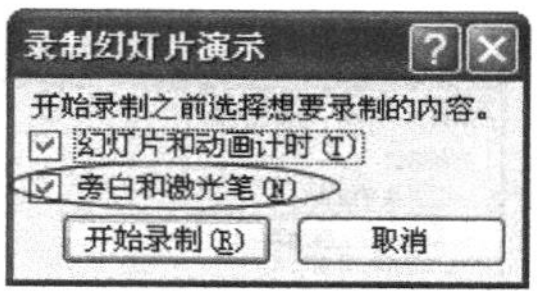

图 9.46 “录制幻灯片演示”对话框

④ 在幻灯片放映的过程中，用麦克风给每张幻灯片录制旁白。

⑤ 放映完最后一张幻灯片后，返回到幻灯片浏览视图。在浏览视图中，幻灯片下方的数字表示该幻灯片的排练时间。

⑥ 录制旁白以后，在每张幻灯片的右下角会出现一个声音图标。在放映幻灯片时，所录制的旁白会自动播放。

（2）删除或隐藏幻灯片的旁白

① 当需要删除幻灯片的旁白时，在幻灯片视图中，选中幻灯片右下角的声音图标，然后按【Delete】键。

② 如果希望在幻灯片放映过程中不播放旁白，而又不想删除所录制的旁白，则按如下方法操作。

单击“幻灯片放映”选项卡上“设置”组中的“设置幻灯片放映”按钮，弹出“设置放映方式”对话框，如图 9.47 所示。在对话框中选中“放映时不加旁白”复选框。

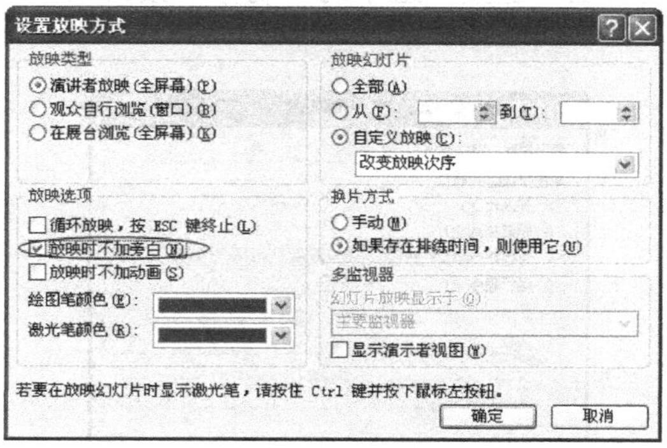

图 9.47 “设置放映方式”对话框

4. 设置幻灯片中视频和音频的播放方式

插入视频或音频后，还可以根据需要对其播放方式进行设置。视频和音频的开始播放方式设置方法如下。

① 在幻灯片上，单击视频或音频图标以选定对象。

② 单击“动画”选项卡上“高级动画”组中的“动画窗格”按钮，打开“动画窗格”任务窗格。

③ 单击“动画窗格”中选定的对象名称后面的向下箭头，在弹出的子菜单中选择“效果选项”命令，打开“播放视频”对话框，如图 9.48 所示。

- 若要自动播放视频或音频，在“开始播放”选项框中，选择“从上一位置”选项。
- 若要在用鼠标单击视频或音频图标之后播放影片或声音，选择“计时”选项卡。单击“触发器”按钮，然后选中“单击下列对象时启动效果”单选按钮，并在其右边的下拉列表框中选择影片或声音，如图 9.49 所示。

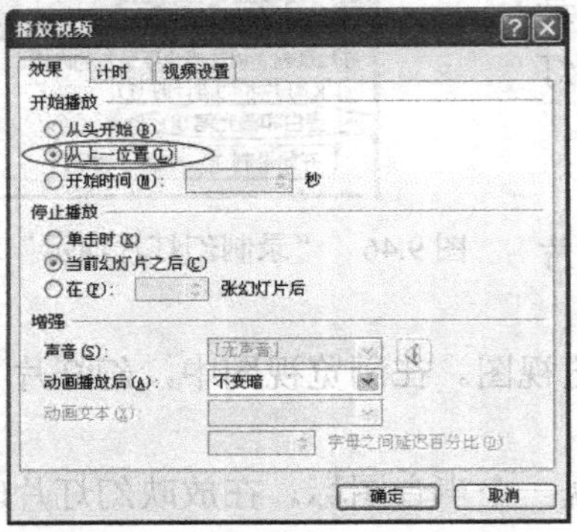

图 9.48 “播放视频”对话框

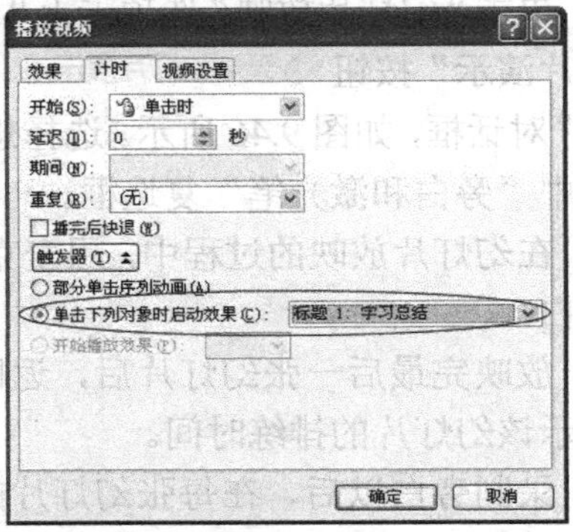

图 9.49 “计时”选项卡

5. 超级链接

PowerPoint 制作的演示文稿，默认情况是按幻灯片的次序逐一播放，但也可使用 PowerPoint 提供的超级链接功能改变幻灯片放映的次序，实现交互式的播放。

（1）用“动作设置”子菜单建立超级链接

① 在幻灯片视图中，选中要建立超级链接的图形、文字或其他对象。

② 单击“插入”选项卡上“链接”组中的“动作”按钮，弹出“动作设置”对话框，如图 9.50 所示。

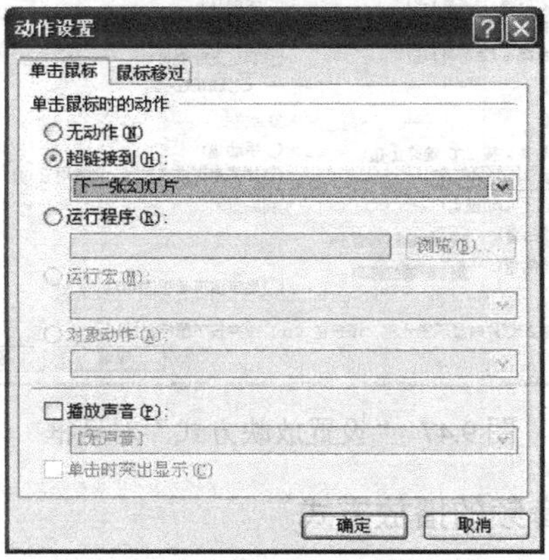

图 9.50 “动作设置”对话框

③ 选择“单击鼠标”选项卡，选中“超级链接到”单选框。

④ 打开“超级链接到”框的下拉按钮，弹出链接目标幻灯片列表，如图 9.51 所示。

⑤ 在超级链接目标列表中选择一个目标。

⑥ 若希望在幻灯片放映时，单击超级链接的对象时能够发出声音，用鼠标单击“播放声音”复选框，打开“播放声音”框的下拉按钮，在声音下拉列表中，选择一种合适的声音。

⑦ 设置完成以后，单击“确定”按钮。

如果在如图 9.50 所示的“动作设置”对话框中，选择“鼠标移过”选项卡，如图 9.52 所示。与“动作设置”对话框中的“单击鼠标”选项卡的设置相同，选中“超级链接到”复选框，单击“超级链接到”框的下拉按钮，在弹出的链接目标列表中选择一个目标。选中“播放声音”复选框，并选择一种声音，然后，单击“确定”按钮。

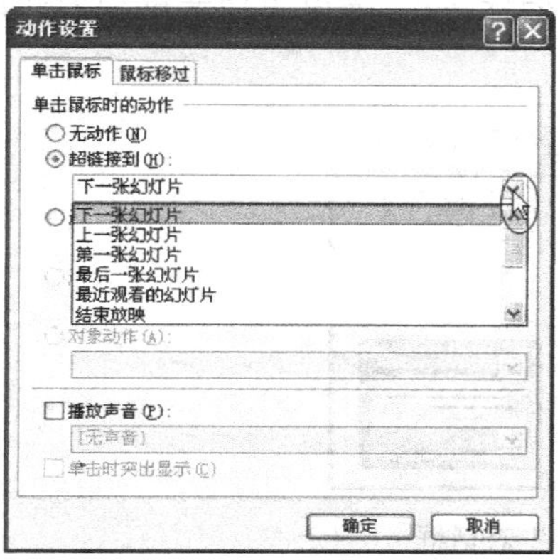

图 9.51 链接目标幻灯片列表

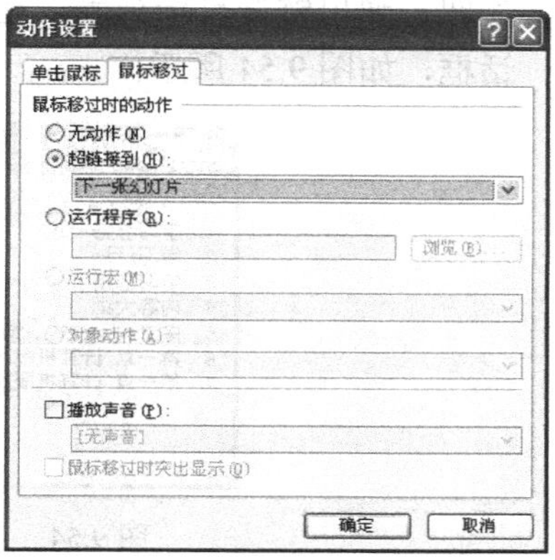

图 9.52 “鼠标经过”选项卡

（2）用“动作按钮”子菜单建立超级链接

① 在幻灯片视图中，显示需要建立超级链接的幻灯片。

② 单击“插入”选项卡上“插图”组中的形状按钮，在弹出的列表框中，拖动滚动条找到“动作按钮”组，如图 9.53 所示。

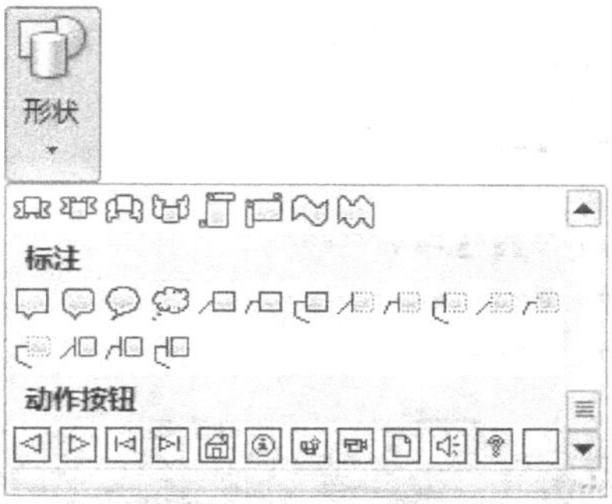

图 9.53 “形状”对话框中的“动作按钮”组

③ 在“动作按钮”组中，共有 12 个动作按钮，每个动作按钮都有其特殊的含义。当把光标放在按钮上，停留片刻将显示出该按钮的定义。选择一个合适的动作按钮用鼠标单击，此时，鼠标指针变成了十字形状。

④ 将十字形状的光标移到幻灯片中放置动作按钮的地方，按下左键并拖动鼠标，当按

钮的大小符合要求时，松开鼠标。此时，弹出如图 9.51 所示的“动作设置”对话框。

⑤ 与使用“动作设置”菜单建立超级链接的方法相同，在对话框中建立超级链接。

下面通过实例介绍如何使用动作按钮建立超级链接。在幻灯片放映过程中，要求在第 2 张幻灯片中，用鼠标单击动作按钮时，跳转到第 5 张幻灯片中。

➲ 在幻灯片视图中，显示演示文稿的第 2 张幻灯片。

➲ 单击“插入”选项卡上“插图”组中的形状按钮，在弹出的列表框中，拖动滚动条找到“动作按钮”组中的“下一项”按钮▷，此时鼠标指针将变成了十字形状。

➲ 在当前幻灯片的右下角按下并拖动鼠标，当图标的尺寸大小合适时，松开鼠标。弹出“动作设置”对话框。

➲ 在“单击鼠标”选项卡中，选中“超链接到”单选框，单击“超链接到”框的下拉按钮，弹出链接目标列表。在列表中选择“幻灯片”，弹出“超链接到幻灯片”对话框，如图 9.54 所示。

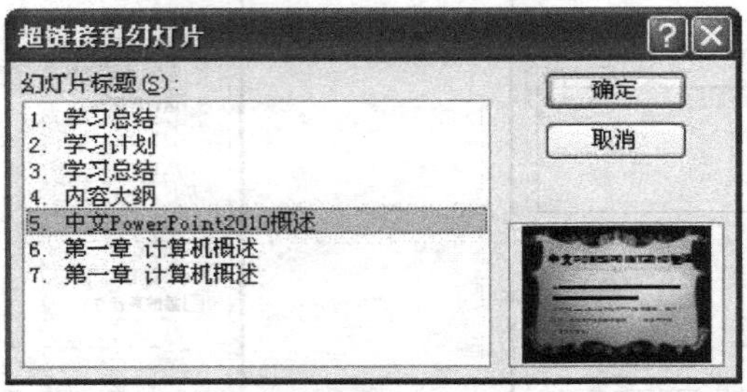

图 9.54 “超链接到幻灯片”对话框

➲ 在幻灯片标题框中选择序号为 5 的幻灯片，然后，单击“确定”按钮。建立超级链接的幻灯片，如图 9.55 所示，它的右下角有一个“下一项”按钮。

图 9.55 建立超级链接的幻灯片

➲ 单击状态栏里的“幻灯片放映”按钮，在幻灯片放映视图中，用鼠标指向建立超级链接的“下一项”按钮，当鼠标指针变成手的形状时，单击该按钮。将跳转到第 5 张幻灯片。

9.4 应用举例——制作教学课件演示文稿

下面结合“制作教学课件演示文稿”实例，介绍如何使用 PowerPoint 2010 创建具有交互功能的演示文稿。

1. 创建演示文稿的幻灯片母版

（1）创建演示文稿的幻灯片母版

① 进入 PowerPoint 2010，选择“标题和正文”幻灯片版式，新建一张幻灯片。

② 单击“视图”选项卡上“母版视图”组中的“幻灯片母版”按钮，进入“幻灯片母版”编辑状态，根据第 8 章介绍过的有关母版的编辑方法，设计幻灯片母版中的内容，其效果如图 9.56 所示。

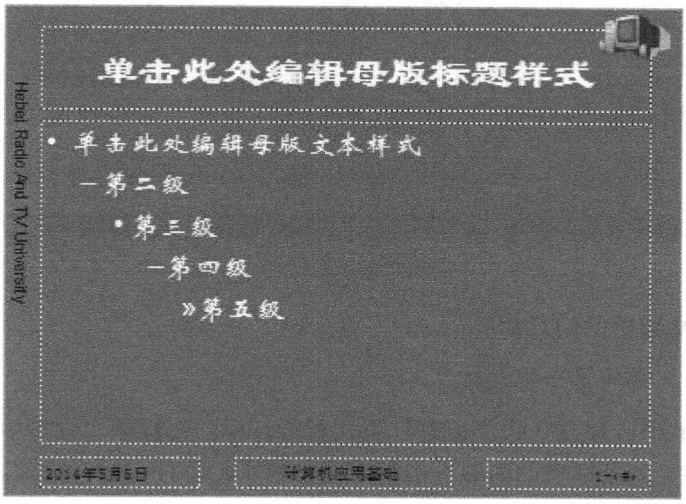

图 9.56 演示文稿的幻灯片母版效果

- 在“背景样式”中，用“蓝色”纯色作为幻灯片背景颜色。
- 标题文字的字体为“隶书”，字号为“44”，字形为“加粗”，颜色为“白色”。
- 正文文字的字体为“华文新魏”，字号为“32”，颜色为“白色”。
- 在“日期区”输入日期，设置字体为“宋体”，字号为“18”，颜色为“黑色”，并在“页眉和页脚”对话框中将日期和时间设置为自动更新。
- 在“页脚区”输入文字“计算机应用基础”，设置字体为“宋体”，字号为“18”，颜色为“黑色”。
- 在“数字区”的“<#>”标记的左侧输入“1-”。设置字体为“宋体”，字号为“18”，颜色为“黑色”。
- 使用“插入”选项卡上“文本”组中“文本框”按钮中的“垂直文本框”，在母版幻灯片的左侧输入文字：“Hebei Radio And TV University”，字体设置为“Arial”，颜色为“黑色”。
- 在母版幻灯片的右上角插入课程图标。

（2）创建演示文稿首页幻灯片母版

① 演示文稿的幻灯片母版创建后，在“幻灯片母版视图”左侧的母版中单击“标题幻灯片”。新的幻灯片母版继承了已创建母版的属性。

② 在新幻灯片母版中，将标题文字的字体设置为“华文彩云”，字号为“48”，字形为“加粗”，颜色为“白色”。将副标题中文字的字体设置为“隶书”，字号为“36”，颜色为“白色”，设置后的效果如图 9.57 所示。

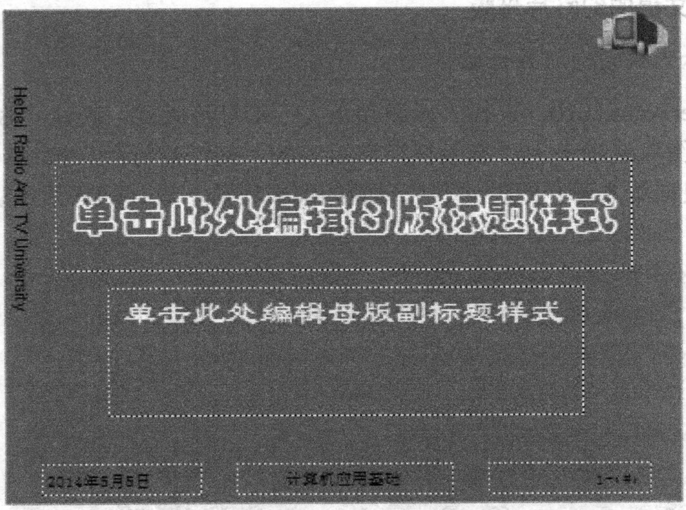

图 9.57　演示文稿标题幻灯片母版效果

2. 创建演示文稿中的幻灯片

（1）创建演示文稿的第一张幻灯片

在 PowerPoint 中，建立一张“标题”版式新幻灯片，在标题占位符中输入标题的内容，在副标题占位符中输入副标题的内容。由于已经创建了幻灯片母版，因此，文字将采用母版中的格式，如图 9.58 所示。

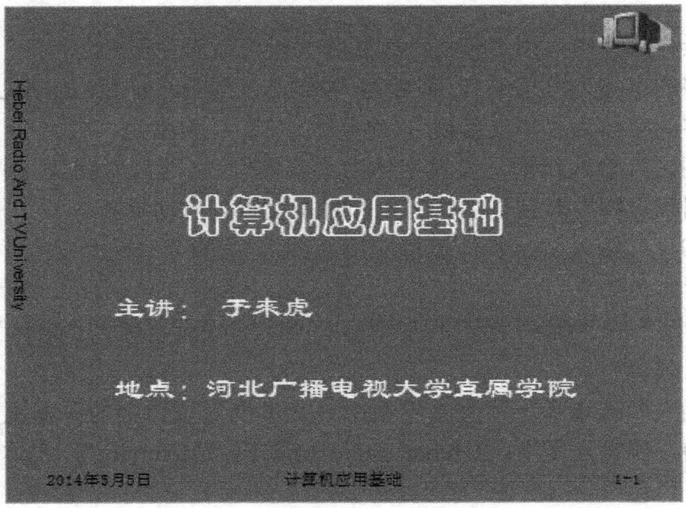

图 9.58　“标题”版式

（2）创建演示文稿中的其他幻灯片

在 PowerPoint 中，单击“新建幻灯片”按钮，在弹出的“Office 主题”列表框中选择“标题和内容”版式的新幻灯片。在幻灯片中输入标题和正文的内容。由于已经创建了幻灯片母版，因此，文字内容将采用母版中的格式，如图 9.59 所示。

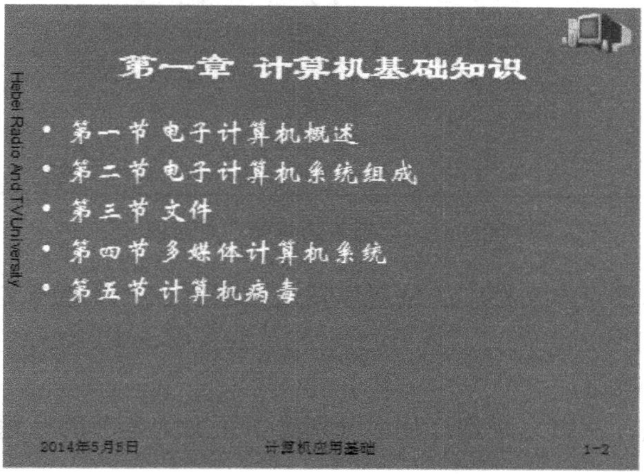

图 9.59 “标题和内容”版式幻灯片

根据课程内容的要求，用同样的方法创建演示文稿中的所有幻灯片，效果如图 9.60 所示。

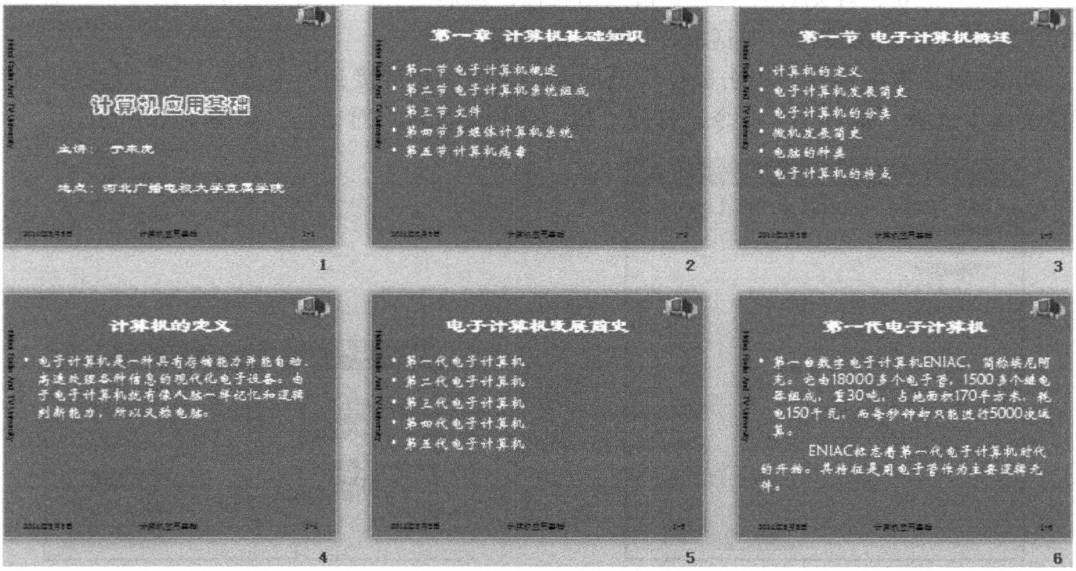

图 9.60 演示文稿中的幻灯片

3. 建立超级链接

在演示文稿中打开第二张幻灯片，如图 9.59 所示，将幻灯片中正文部分的内容与相应的幻灯片建立超级链接。其操作方法如下：

① 选中在第二张幻灯片中选中要建立超级链接的文本，如“第二节 电子计算机系统组成”，单击“插入”选项卡上“链接”组中的“超链接”按钮，弹出“插入超链接”对话框，如图 9.61 所示。

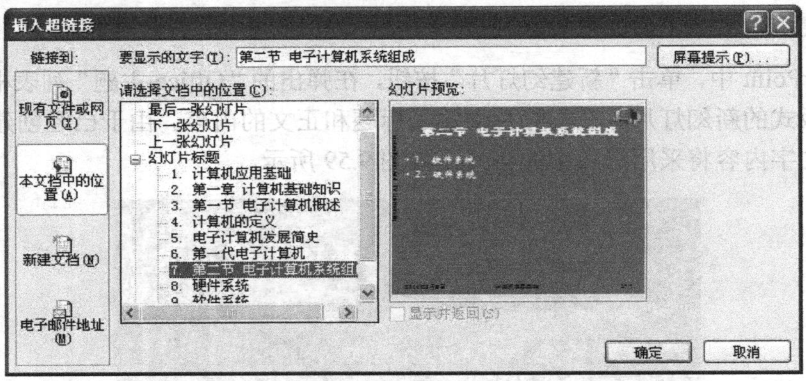

图 9.61 “插入超链接”对话框

② 在对话框中单击“本文档中的位置”按钮，然后在“请选择文档中的位置”选项框中选择序号为 7 的幻灯片。

③ 单击“确定”按钮。

④ 用同样的方法，在第二张幻灯片中分别选中正文中各节的标题，并与相应的幻灯片相链接。

⑤ 打开序号为 7 的幻灯片，单击“插入”选项卡上“插图”组中的形状按钮，在弹出的列表框中，拖动滚动条找到“动作按钮”组中的“后退”按钮，鼠标在幻灯片编辑区中变成了“+”号形状，在幻灯片的右下角拖动鼠标，然后松开。在幻灯片中画出一个“后退”按钮，并打开“动作设置”对话框，如图 9.62 所示。

⑥ 在对话框中选择“单击鼠标”选项卡，选中“超链接到”单选框，在“超链接到”下拉菜单中选择“幻灯片”命令。打开“超链接到幻灯片”对话框，如图 9.63 所示。

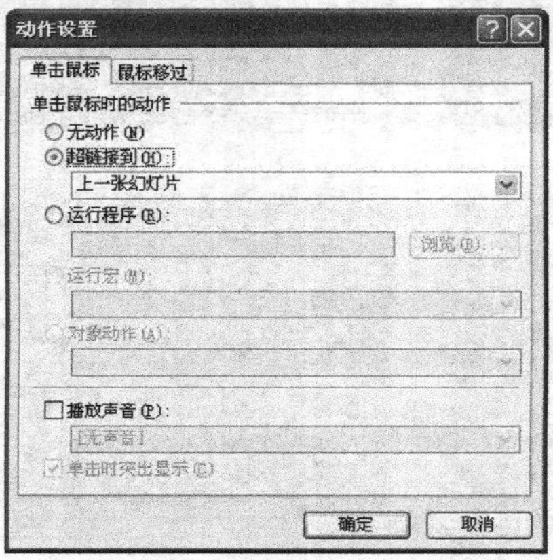

图 9.62 “动作设置”对话框

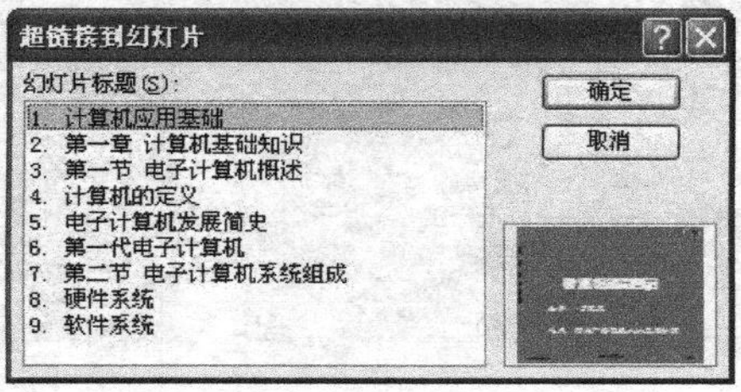

图 9.63 “超链接到幻灯片”对话框

⑦ 在“超链接到幻灯片”对话框的“幻灯片标题”列表框中选择序号为 2 的幻灯片。

⑧ 单击“确定”按钮。

⑨ 建立超链接后，放映幻灯片时，单击第二张幻灯片中的文字“第二节 电子计算机系统组成”，幻灯片跳转到序号为 7 的幻灯片。当在序号为 7 的幻灯片中单击“后退”按钮时，幻灯片又跳转回序号为 2 的幻灯片中。

⑩ 按照相同的方法，在演示文稿中在相互有关联的幻灯片之间建立超级链接，便可制

作具有交互功能的演示文稿。

4．通过超链接解释概念

如果在一段叙述中包括重要的关键词，可以为关键词建立一个超链接，当鼠标指向该关键词时，在幻灯片中显示有关该关键词的解释说明。另外一种方法是，为关键词建立一个超链接，当用鼠标单击该关键词时，跳转到一张用于解释说明该关键词的幻灯片中。

（1）在幻灯片中显示关键词的说明

操作方法如下：

① 在幻灯片中选中需要解释说明的关键词。

② 单击“插入”选项卡上“链接”组中的“超链接”按钮，打开“插入超链接”对话框。

③ 在“请选择文档中的位置”选项框中选择关键词所在的幻灯片，即建立与关键词所在幻灯片本身的超链接。

④ 在对话框中单击“屏幕提示”按钮，打开“设置超链接屏幕提示”对话框，如图 9.64 所示。

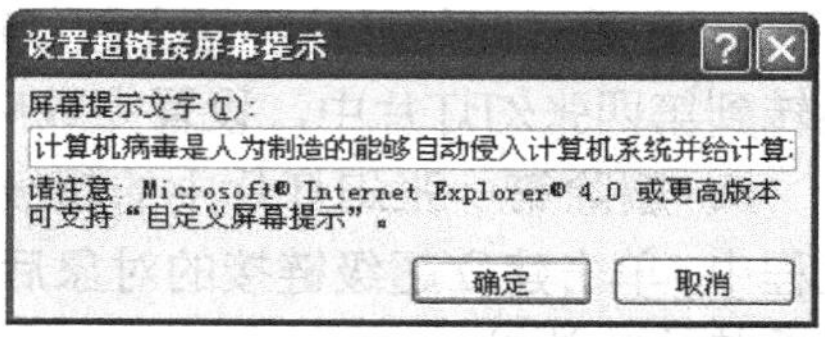

图 9.64 “设置超链接屏幕提示”对话框

⑤ 在“屏幕提示文字”文本框中输入对关键词的解释内容，然后单击“确定”按钮。

⑥ 在放映演示文稿时，建立超级链接的关键词下被添加了下画线，且文字颜色发生改变。当把鼠标指向设置超链接的关键词时，出现一个提示框，显示对该关键词解释说明的内容，如图 9.65 所示。

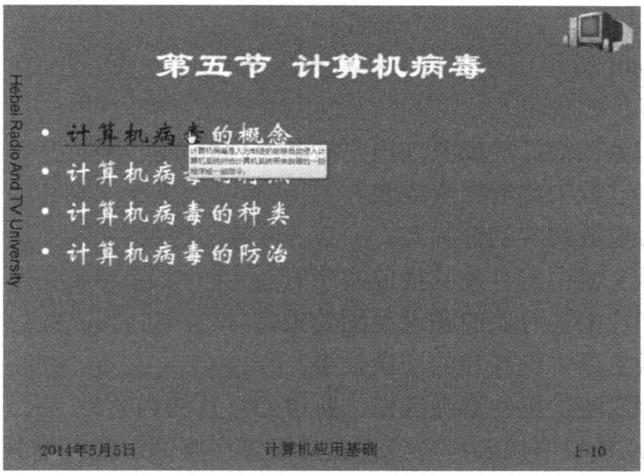

图 9.65 在幻灯片中显示关键词的说明

（2）为关键词建立与另一张幻灯片的链接

① 首先在演示文稿中制作一张幻灯片，在该幻灯片中输入关键词的解释内容。

② 在幻灯片中选中需要加以说明的关键词，建立与另一张包括关键词解释内容的幻灯片的超级链接。

上机实习 9

1．进入 PowerPoint 2010，打开文件名为 PP2 的演示文稿。

2．在演示文稿的第一张幻灯片中，加入 Microsoft 剪辑库中的一段音乐，使它在幻灯片放映过程中自动播放。

3．给所有幻灯片中的对象设置动画效果。

4．设置幻灯片的切换效果。

5．设置幻灯片的放映方式为自动播放，要求在前一对象出现 3 秒后，自动播放其后的对象，然后观看其放映效果。

6．将幻灯片的放映方式设置为单击鼠标后播放下一个对象，观看其放映效果。

7．在第一张幻灯片中建立超级链接，要求在放映过程中，单击建立超级链接的对象后，跳转到第四张幻灯片中，设置完成后观看其放映效果。

8．删除第一张幻灯片中的超级链接，并在第四张幻灯片中建立超级链接，要求在放映过程中，单击建立超级链接的对象后，由第四张幻灯片跳转至第二张幻灯片中。设置完成后，观看其放映效果。

习题 9

一、问答题

1．播放 PowerPoint 2010 演示文稿有哪几种方法？

2．怎样控制幻灯片的放映？

3．如何使用绘图笔在幻灯片放映过程中绘制手画线？

4．在幻灯片放映过程中如何结束放映？

5．如何隐藏不希望放映的幻灯片？

6．如何调整演示文稿中幻灯片的播放次序？

7．如何设置幻灯片中各对象的预设动画效果？

8．如何设置演示文稿中幻灯片的切换效果？

9．怎样在幻灯片放映过程中添加旁白，解说幻灯片的内容？

10．怎样在幻灯片放映中加入声音或视频片段等多媒体对象以增强放映的感染力？

11．如何在幻灯片中建立超级链接，创建交互式的演示文稿？

二、选择题

1．进入幻灯片放映视图后，经过适当的操作，可以放映________。

A．下一张幻灯片　　B．上一张幻灯片

C．演示文稿中的任意一张幻灯片　　D．演示文稿中的最后一张幻灯片

2．进入幻灯片放映视图后，可以使用“绘图笔”在幻灯片中绘出________。

A．水平直线　　B．垂直直线

C．手工绘制任意形状　　D．简单文字

3．要退出正在播放的幻灯片，不可以执行的操作有________。

A．在右键快捷菜单中单击“结束放映”　　B．【Esc】键

C．【Alt+F4】组合键　　D．【Ctrl+W】组合键

4．如果希望演示文稿中的一些幻灯片暂不放映，可以采用的方法有________不放映的幻灯片。

A．在演示文稿中删除　　B．在演示文稿中隐藏

C．在演示文稿中剪切　　D．以上方法都正确

5．在放映演示文稿时，下列选项中，________是对象动画的开始方式。

A．之前　　B．单击鼠标

C．之后　　D．按【Enter】键

6．如果要编辑自己绘制的动画路径，下列选项中________不属于可编辑的内容。

A．改变动画路径的起点位置　　B．调整动画路径的大小

C．移动动画路径的位置　　D．反转动画路径的起始点位置

7．下列选项中________不属于可以在幻灯片中插入的声音。

A．剪辑管理器中的声音　　B．文件中声音

C．自己录制的声音文件　　D．CD 音乐

8．在幻灯片中建立超级链接，可以改变幻灯片放映的次序，设置超链接的方法有________。

A．使用“动作设置”子菜单　　B．使用“动作按钮”子菜单

C．使用幻灯片浏览视图　　D．以上三种方法都正确

三、判断题

1．幻灯片放映视图与 PowerPoint 其他视图一样，它的窗口大小可以调整。（　）

2．放映幻灯片时，只能按制作幻灯片的顺序进行。（　）

3．放映幻灯片时，可以在幻灯片中绘制手画线，并可以更改手画线的颜色。（　）

4．调整幻灯片的排列次序时，应在“备注页”视图中操作。（　）

5．在一个演示文稿中可以设置多个不同放映次序的自定义放映。（　）

6．在一个演示文稿中，所有幻灯片的切换方式只能采用同一种效果。（　）

7．幻灯片中对象的动画速度是不能进行调整的。（　）

8．如果将对象的动画开始方式设置为“之前”，该对象的动画和幻灯片动画序列中的前一个对象的动画同时发生。（　）

9．可以为幻灯片中每一个对象的动画添加声音。（　）

10．为幻灯片中的对象设置动画路径后，还可以为该对象设置伴随的其他动画效果，从而使动画效果更加丰富。（　）

11．在幻灯片中不能为插入的剪贴画建立超级链接。（　）

12．超级链接的目标幻灯片不仅可以是当前演示文稿中的幻灯片，也可以是其他演示文稿中的幻灯片。（　）

第 10 章

PowerPoint 2010 的网络功能

随着计算机技术的发展及信息高速公路的提出，Internet 在全球范围内得到了飞速发展。网络已经进入了人们的生活、工作、学习及娱乐的各个方面。为了适应网络技术的迅速发展和网络的普及，PowerPoint 2010 中文版提供了强大的网络访问功能，提供了许多与朋友、同事利用网络一起轻松处理演示文稿的方式，这也是 PowerPoint 2010 的新亮点。

10.1 保存并发送

PowerPoint 2010 强大的网络功能是借助“保存并发送”命令来实现的。单击“文件”选项卡上的“保存并发送”命令，可以看到 6 种不同的处理方式，如图 10.1 所示。

1. 使用电子邮件发送

单击“使用电子邮件发送”命令，可以通过电子邮件以附件、链接、PDF 文件、XPS 文件或 Internet 传真的形式将 PowerPoint 2010 演示文稿发送给其他人，如图 10.2 所示。

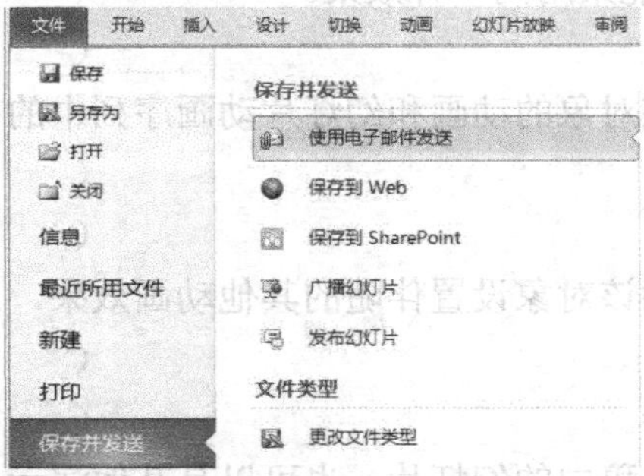

图 10.1 “保存并发送”命令

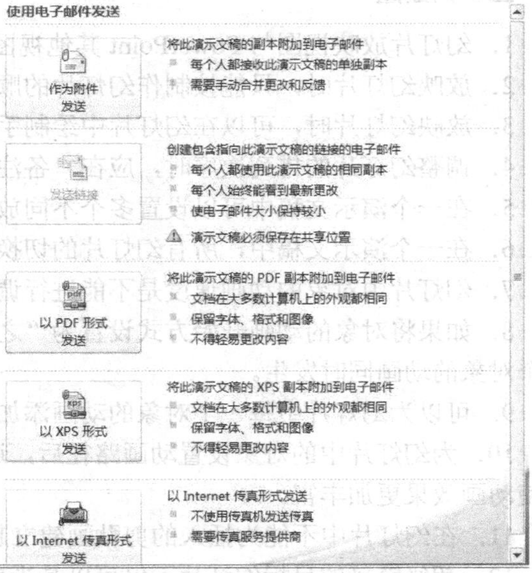

图 10.2 使用电子邮件发送

2. 保存到 Web

单击“保存到 Web”命令，可将演示文稿保存到 Microsoft OneDrive 中，你和他人都可以在 Web 浏览器中使用 Office Web Apps 查看和编辑这些文稿，如图 10.3 所示。

图 10.3　保存到 Web

3. 保存到 SharePoint

单击“保存到 SharePoint”命令，将演示文档保存在组织的 SharePoint 网站上的库中，你和他人将获得一个用于访问该文档的中央位置，如图 10.4 所示。

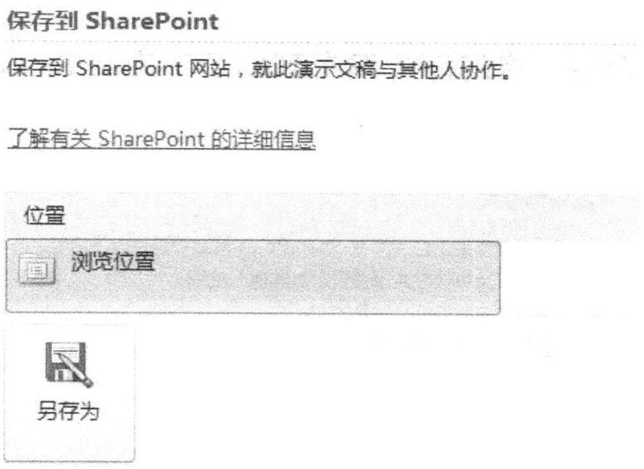

图 10.4　保存到 SharePoint

4. 广播幻灯片

单击“广播幻灯片”命令向可以在 Web 浏览器中观看的其他人广播幻灯片，如图 10.5 所示。

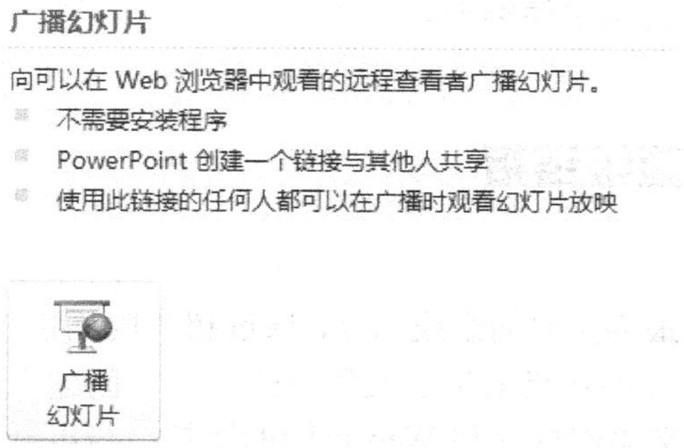

图 10.5　广播幻灯片

单击“广播幻灯片”按钮，弹出如图 10.6 所示的“广播幻灯片”对话框。

图 10.6 “广播幻灯片”对话框

5．发布幻灯片

单击“发布幻灯片”命令，将幻灯片发布到幻灯片库或 SharePoint 网站中，如图 10.7 所示。

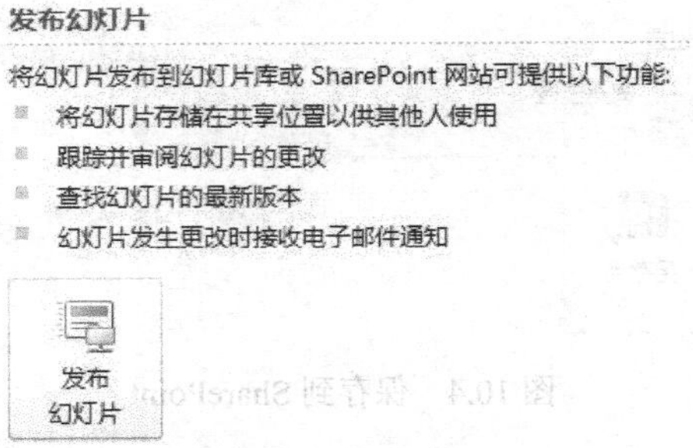

图 10.7 发布幻灯片

6．更改文件类型

可将演示文稿保存为其他文件类型。

10.2 创建超级链接

超链接是 Web 页面中最为重要的组成部分，通过超链接，用户可以在不同的页面间进行跳转。除在第 9 章中介绍过的在当前演示文稿各幻灯片之间建立超链接外，可以建立超链接的内容还有与其他演示文稿幻灯片和 Web 页间的链接、与电子邮件地址的链接、与可执行文件间的链接等。

1. 创建与其他演示文稿幻灯片文档和 Web 页及可执行文件间的链接

创建与其他演示文稿幻灯片间的链接的操作方法如下：

① 在当前演示文稿的幻灯片中，选中建立超链接的文本或图形。

② 单击“插入”选项卡上“链接”组中的“超链接”按钮，打开“插入超链接”对话框，如图 10.8 所示。

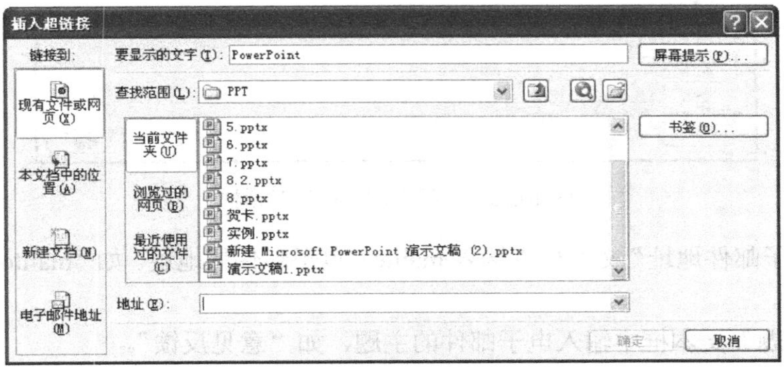

图 10.8 “插入超链接”对话框

③ 在对话框中单击“现有文件或网页”按钮。

④ 执行下列操作之一，设置超链接的目标文档。

- 若建立与本地计算机中文件的超链接，在“地址”文本框中输入超链接目标文档的路径和文件名。如“D:\演示文稿\课件 1.ppt”、“D:\演示文稿\课件 2.htm”。
- 若建立与本地计算机中可执行文件的超链接，启动可执行文件，在“地址”文本框中输入可执行文件的路径和文件名。如“C:/Program Files/Macromedia/Flash MX/Flash.exe”。
- 若建立与 Internet 上 Web 页的链接，在“地址”文本框中输入 Web 页的 URL 地址。如“http://www.hebnetu.edu.cn”。

⑤ 若要使鼠标指向超级链接时能够显示提示信息，单击“屏幕提示”按钮，打开“设置超级链接屏幕提示”对话框，如图 10.9 所示。在“屏幕提示文字”文本框中输入提示的文字，单击“确定”按钮。

图 10.9 “设置超级链接屏幕提示”对话框

⑥ 在“插入超链接”对话框中单击“确定”按钮。

2. 创建与电子邮件地址的链接

创建与电子邮件地址的链接，其操作方法如下：

① 在当前演示文稿的幻灯片中，选中建立超链接的文本或图形。

② 单击“插入”选单中的“超链接”命令，打开“插入超链接”对话框。

③ 在对话框中单击“电子邮件地址”按钮，“插入超链接”对话框如图 10.10 所示。

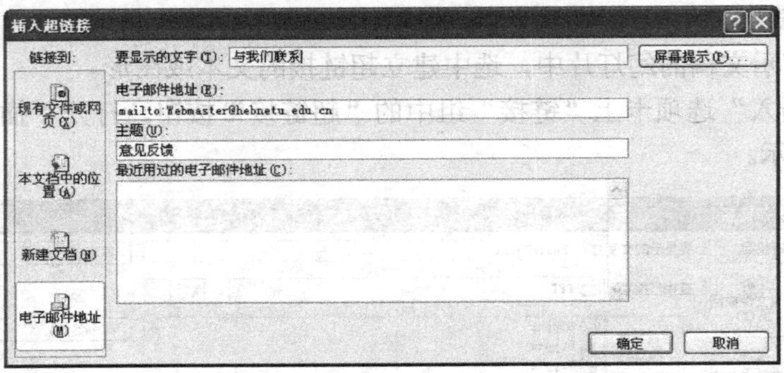

图 10.10 “插入超链接”对话框

④ 在“电子邮件地址”文本框中输入 mailto：电子邮件的地址。如“mailto：Webmaster@hebnetu.edu.cn”。

⑤ 在“主题”文本框中输入电子邮件的主题，如“意见反馈”。

⑥ 单击“确定”按钮。

10.3 压缩演示文稿文档

在将 PowerPoint 制作的演示文稿发布到 Internet 上之前，首先要对制作的 PowerPoint 文档进行优化和压缩。文档的优化就是寻找文件大小和显示质量的最佳结合点，对文档进行优化。

1. 压缩文稿中的音频和视频文件

压缩文稿中的音频和视频文件，这是 PowerPoint 2010 的新功能。操作方法如下：

① 打开包含音频或视频文件的演示文稿。

② 单击“文件”选项卡上的“信息”命令，在“媒体大小和性能”选项中单击“压缩媒体”按钮，如图 10.11 所示。根据不同的用途，选择不同的压缩质量。

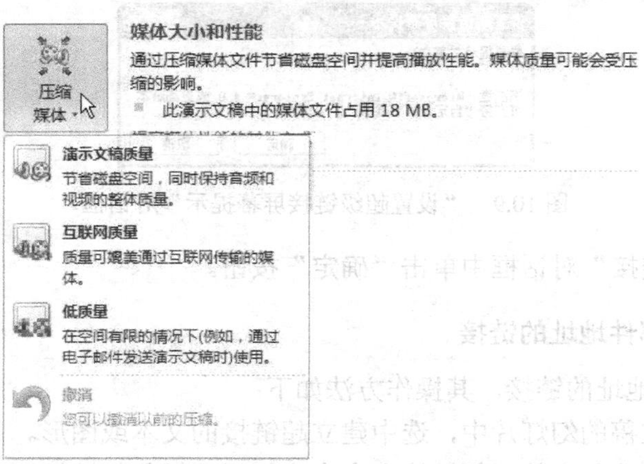

图 10.11 压缩媒体

2．压缩文档中的图像

通过压缩图片来压缩整个文档的大小，对制作的 PowerPoint 文档中的图片进行优化和压缩，其操作方法如下：

① 打开要进行优化压缩的 PowerPoint 演示文稿。

② 单击选中演示文稿中的图片，出现“图片工具”栏“格式”选项卡，如图 10.12 所示。

图 10.12　“图片工具”栏“格式”选项卡

③ 单击“调整”组中的“压缩图片”按钮，打开“压缩图片”对话框，如图 10.13 所示。

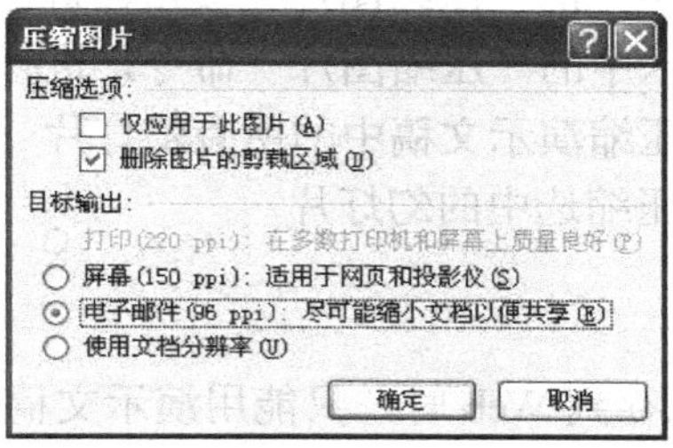

图 10.13　“压缩图片”对话框

④ 在“压缩图片”对话框的“压缩选项”区域中不勾选“仅应用于此图片”复选框，在“目标输出”选项区域选中“电子邮件”单选框，其余设置如图 10.13 所示。

⑤ 单击“确定”按钮。比较压缩图片前后的演示文稿大小变化。

上机实习 10

1．进入 PowerPoint 2010，打开文件名为 PP2 的演示文稿。

2．在演示文稿中新建一张幻灯片，在幻灯片中输入两行文字：“欢迎访问我们的网站”和“单击此处发送反馈意见”，并在幻灯片中输入其他一些适当的内容。

3．在幻灯片中，选中“欢迎访问我们的网站”，创建与“http://www.hebnetu.edu.cn”的链接。

4．在幻灯片中，选中“单击此处发送反馈意见”，建立与电子邮件地址 Webmaster@hebnetu.edu.cn 的链接。

5．将演示文稿文档用原文件名 PP2 存盘。

6．将演示文稿文档以文件名“PPWeb”保存到 Web。

习题 10

一、问答题

1．PowerPoint 2010 的网络功能有哪几种形式？

2．怎样为演示文稿添加超级链接？

3．如何减小上传演示文稿的大小？

二、选择题

1．幻灯片中的对象可以和________建立超级链接。

A．当前演示文稿中的幻灯片　　B．Internet 上的其他 Web 页

C．电子邮件地址　　D．本地计算机中的可执行文件

2．下列关于压缩图片的论述，正确的是________。

A．单击“图片”工具栏中的“压缩图片”按钮，进行图片压缩

B．单击“编辑”选项卡中的“压缩图片”命令，进行图片压缩

C．可以在一次操作中压缩演示文稿中的所有幻灯片

D．只能在一次操作中压缩选中的幻灯片

三、判断题

1．将制作好的演示文稿保存到 Web 时，只能用演示文稿的原文件名保存。　（　　）

2．演示文稿中的对象不可以链接电子邮箱。　（　　）